JN056829

改訂新版

SPSSによる 統計データ解析

― 医学・看護学・生物学、心理学の例題による統計学入門 ―

柳井晴夫・緒方裕光 編著

現代数学社

（執筆者紹介）

柳井晴夫（大学入試センター名誉教授）

緒方裕光（女子栄養大学大学院教授）

石井秀宗（名古屋大学大学院　教育発達科学研究科教授）

伊藤　圭（大学入試センター　研究開発部准教授）

佐伯圭一郎（大分県立看護科学大学　看護学部教授）

椎名久美子（大学入試センター　研究開発部教授）

西川浩昭（聖隷クリストファー大学　看護学部教授）

林　篤裕（名古屋工業大学大学院　工学研究科　社会工学教授）

吉本泰彦（QST 量子医学・医療部門放医研人材育成センター

教務課研究員）

はじめに

本書は，パソコン統計ソフトとして広く普及している SPSS を利用できる環境にある読者が，多変量解析を含む統計学の各種手法についての具体的計算法を平易に理解できるように配慮して執筆された．大学や大学院の講義や演習用，および社会人が実際に統計解析を行う際の統計学の補助テキストとして利用可能なものである．例題には，なるべく多くの実際例（特に医学，看護学，生物学，心理学，教育心理学）を取りあげるようにつとめた．また，統計的分析手法は第 I 部の基礎編において，データの要約的手法（記述統計），統計的推論（推定および検定），分散分析，回帰分析・重回帰分析，分散分析をとりあげ，第 II 部の応用編においては，測定の信頼性と妥当性，主成分分析，因子分析，クラスター分析，判別分析，ロジスティック回帰分析，対数線形モデル，生存時間データの解析といった比較的幅広い手法を取り扱っている．ただし，これらの章においては，各種手法の数学的原理の記述は最小限にとどめ，SPSS の使い方を教示しながら，各種手法の原理，利用法，分析結果の解釈を記載した．なお，本文中に記載したデータは，1 枚の CD におさめ，読者の利用しやすいように配慮した．なお，第 14 章は，因子分析，主成分分析，回帰分析，などの理論をより平易に理解して頂くために，相関係数のベクトル表現に関する基礎的事項を解説し，多変量解析の理論にもある程度の知識をつけられるように配慮した．さらに，項目反応理論（IRT），共分散構造分析（構造方程式モデル），正準相関分析といった理論についての簡単な解説を加えた．

本書は具体的には次のような読者のニーズに応えることを目的として執筆されたものである．

1）統計学に関する知識は大学で一通りのことは習ったが，実際にパソコンの統計ソフトを利用して計算するために SPSS を購入し，計算を始めてみようとしている人
2）SPSS のアウトプットをどのように読めばよいかについての知識が十分でない人
3）SPSS の基本的使い方に慣れたい人
4）SPSS を通して実際のデータを用いた解析を行う事によって，重回帰分析，主成分分析，因子分析，判別分析などの多変量解析の手法の基本原理等を学びたい人
5）論文や報告書に現れる統計的データ解析結果の解釈に悩んでいる人．

この他に，本書の特色としては，SPSS の使い方で困った際に手助けとなるように

各章にＱ＆Ａのコーナーを設け，読者の便宜をはかるようにした．

　なお，本書の各章の執筆者は目次に記載した．また，編集は，編者の２人（柳井・緒方）が行った．全文を読んで，必要に応じ加筆・修正を行った部分もある．また，執筆者の西川浩昭氏（日本赤十字豊田看護大学），伊藤圭氏（大学入試センター）にも本書の全文を読んでもらい，必要な修正を指示していただいた．

　記述した解析例は，原則として SPSS 13.0 を用いて計算されたものである．2005 年 12 月にすでに SPSS 14.0 が発売されているが，本書の主目的は統計学の基礎を理解することにあり，そのための計算手段として SPSS を用いている．したがって，読者が使用するソフトウェアのバージョンが著しく古いものでない限りは基本的に大きな問題はないと考える．このことは，具体的な統計的手段の応用と，それに用いられるソフトウェアのバージョンに関係する問題であり，一般的には，統計学の基本を学ぶのに必ずしも常に最新バージョンの統計ソフトウェアを必要とするわけではない．

　本書で取り扱われている統計的手法とそれを実行するにあたって必要な SPSS の主な分析メニュー項目との関係を整理すると，以下のようになる．

章	題	使用する SPSS の主な分析メニュー項目
2	データの要約	［記述統計］，［相関］，［平均の比較］
3	統計的推論	［平均の比較］，［相関］
4	分散分析	［平均の比較］，［一般線型モデル］*
5	回帰分析	［回帰］
6	測定の信頼性と妥当性	［尺度］，［相関］
7	主成分分析	［データの分解］
8	因子分析	［データの分解］
9	クラスター分析	［分類］
10	判別分析	［分類］
11	ロジスティック回帰分析	［回帰］*
12	対数線形モデル	［対数線型］*
13	生存時間データの解析	［生存時間］*
14	さらに進んだ分析法―多変量解析を中心にして	［データの分解］*

　注) SPSS にはベースシステム (Base) とその他のオプションがあり，* 印のついた項目では主にオプションの機能を用いる．なお，SPSS 14.0 では，新オプションとして多変量異常値の検出などを行うことができるデータ検証機能が追加された．

SPSS には多くの統計的方法が含まれており，そのオプションまで含めればきわめて多様な分析方法がカバーされている．本書では，SPSS で実行可能なすべての方法に関して網羅的に解説することよりも，実際の計算例を通じて統計学全般を学ぶことに重点を置いている．したがって，多くの読者にとって汎用性が非常に高いと思われる主な統計的方法をとりあげて解説している．本書は基礎編と応用編から構成されており，前半の基礎編では一般的に広く利用される基本的な統計的方法について記述し，後半の応用編ではより専門的な分野で用いられる応用的方法を扱っている．入門書として基礎的な統計学を学ぶためには基礎編のみを読めば良いように配慮した．なお，本文中の解析例で用いたデータについては，その一部分のみを図表で示したものが多いので，実際のデータについては添付のファイルを参照されたい．

なお，本書を統計学の授業で使用する場合，「基礎編」「応用編」をともに学ぶ場合には 1 年間，「基礎編」のみの場合には半年間のカリキュラムに相当すると思われる．さらに，学部で「記述統計」「統計的検定」「分散分析」等の基礎的統計について十分な知識と実際データへ適用経験のある大学院生が使用する場合，「基礎編」はとばして「応用編」のみをカリキュラムに組むことも考えられる．

いずれの方法を採用するにしても，本書が統計学の講義や演習用のテキストとして広く利用されることを願っている．

2006 年 2 月

編者を代表して　　柳井晴夫

増刷（第 3 刷）にあたって

コンピュータのあらゆるソフトウェアは常にバージョンアップを続けており，統計解析ソフトウェアについても例外ではない．SPSS については，ほぼ毎年 1 回くらいのペースでバージョンアップがなされており，2010 年 3 月現在，「IBM SPSS」という名称でバージョン 18.0 が発売されている．なお，バージョン 17.0 の時点で一旦 PASW という名称に変更されたが，現在再び SPSS という名称が使われている．

本書の今回の増刷にあたっては，SPSS のバージョンアップに伴い内容を一部修正した点もあるが，基本的には初版の内容を変更していない．したがって，初版後に加えられた SPSS の新機能や変更については十分には対応していない．しかしながら，本書の最大の目的は，実際の計算を通じて統計学の理論と応用を学ぶことにあり，基本的な部分については，本書の内容によって読者は十分にその目的を達成することができるはずである．

2010 年 3 月　　柳井晴夫，緒方裕光

改訂新版刊行によせて

　本書の初版の刊行から 14 年が経過し，本書を活用いただいた読者の皆さんからのご要望もあり，今般，改訂版を刊行することとなった．本書は，統計ソフトウェアとして広く普及している SPSS の利用を通じて，読者が統計学の基本的な理論を理解し，それを現実のデータ解析に応用できるようになることを目標にして執筆された．とくに医学・看護学，生物学，心理学などの分野で統計学を利用する学生・社会人・研究者の方々が使いやすいように，上記分野の例題をなるべく多く取り上げている．

　2000 年以降，医学・保健学をはじめとする様々な分野において，エビデンスに基づく判断や意思決定がますます重視されるようになってきている．これらのエビデンスの多くは数量的データを含んでおり，適切なデータ解析の実行が「エビデンスの質」に直結する重要な要素となっている．データ解析の合理性を高めるためには，統計学に関する知識と技術は必要不可欠である．そもそも統計学はそれ自身がひとつの数学的な理論体系ではあるが，現実の様々な問題に適用されることによってさらに大きな意味を持つことになる．

　統計学を実際のデータ解析に活用していくためには，統計学の理論と応用の両面を理解する必要がある．しかしながら，通常，多くの人にとって複雑な数式の意味を一つ一つ理解しながらデータ解析を実行していくことには大きな困難を伴う．一方で，現代のコンピュータ環境においては，ソフトウェアさえあれば複雑な計算も瞬時にして実行可能である．したがって，最小限の統計学的理論を理解したうえで SPSS のようなソフトウェアの活用に習熟することは，統計学を現実社会に活かすためには最も現実的なアプローチであると考えられる．

　本改訂版では，本書の当初の目的と内容を大幅に変えることなく，なるべく読みやすくなるように，また SPSS のバージョンアップ（2020 年現在 Ver.26）にも対応できるように必要最小限の改訂を行った．本書の活用を通じて，少しでも多くの読者が統計学への理解を深め，統計学を現実の問題に適用できるようになることを期待している．

　なお，本文中に記載されたデータに関しては，現代数学社のホームページ https://www.gensu.co.jp/ の「書籍関連」のページから自由にダウンロードできるようになっている．

2020 年 1 月 10 日

緒方裕光

目　次

第Ⅰ部 基礎編

第1章　SPSSの基本的使い方

　SPSSで様々な分析を行う際のはじめの一歩となる作業は，データファイル（データセット）の作成である．また，ある条件に合うケースのみを選択したり，既存の変数から新しい変数を作成したりする技術は，2章以降の分析を行うために必須となる技術である．本章では，データファイルの作成手法のうち典型的なものを紹介すると共に，データの基本的な加工について説明する．

1.1　データファイルの作成手法

[1] 方法の概要

　一口にSPSSで用いるためのデータファイルを作成すると言っても，元となるデータがどの状態にあるかによって，作業量が異なる．図1.1.1は，分析開始までの手順をフローチャートで示したものである．既にSPSSで扱える形式（SPSS形式）で作成されたデータファイルがあるなら，そのファイルを開くだけで分析を始めることができるが，そうでなければ，何らかの方法でSPSS形式のデータファイルにする必要がある．

　本節では，SPSS形式のデータファイルにおいて，変数の特性や値がどのように表現されているかを説明する．SPSSはメニューを選ぶだけで分析ができると思われがちだが，データファイルが誤った書式で作成されていると，使おうとする解析手法が使えない場合もある．変数の特性を考慮した上で適切な書式のデータファイルを作成することが大切である．

　図1.1.1に示すように，データファイルはSPSSを用いて新規に作成することもできるし，他の形式で作成された既存のデータファイルをSPSS形式に変換することもできる．データの状態，使い慣れたソフトウェアの有無などを考慮して，作業量や入力ミスが最小になるような作成方法を選んで欲しい．

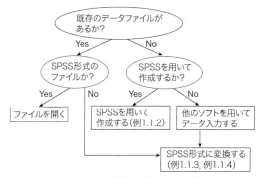

図1.1.1　分析開始までの手順

[2] データファイルの構成と変数の表現

1）データファイルの構成

　既にSPSS形式のデータファイルが存在する場合は，データファイルのアイコンをダブルクリックすれば，SPSSが起動する．図1.1.2(a)は，"進学時重視事項.sav"という名前のSPSS形式データのアイコン例である．ファイルの拡張子は"sav"である．あるいは，SPSSを起動させてから，[ファイル]→[開く]→[データ]を選択して，データファイルを選択してもよい．SPSSを起動させるには，スタートメニューから[IBM SPSS Statistics]→[IBM SPSS Statistics 26]をクリックする．そのほかの起動方法として，スタートメニューにピン留めされたSPSSのタイル（図1.1.2(b)）をダブルクリックしたり，タスクバーにピン留めされたSPSSのアイコンをクリックしたりする方法がある．

(a) SPSS形式のデータファイルのアイコン例　　　(b) SPSSのタイル

図1.1.2　SPSSのデータファイルのアイコン例とSPSSのタイル

　図 1.1.3 は, SPSS 形式のデータファイル"進学時重視事項.sav"を開いた状態である. これは, 大学生を対象に, 5 つの事項に関して進学先を決める際に重視したかどうかを 3 段階で回答させたデータである. SPSS のデータファイルは, データビュー(図 1.1.3(a))と変数ビュー(図 1.1.3(b))で構成されており, 下部のタブをクリックすることで表示を切り替えることができる.

　データビューでは, 各行が各ケースを表している. アンケートであれば, 1 行が 1 人の回答者のデータを表す. 各列は変数を表しており, 列の一番上に変数名が表示される. 表計算ソフトに慣れた人は, スプレッドシートに似ていると感じるだろう. ただし, 表計算ソフトでは 1 枚のスプレッドシートに変数の特性と値の両方が表現されているが, SPSS のデータビューに表現されるのは値のみである. 変数の特性は, 変数ビューで表現されている.

　変数ビューは, 1 行が 1 つの変数を表しており, 各列に表示されるのは「名前」「型」などの変数の特性である.

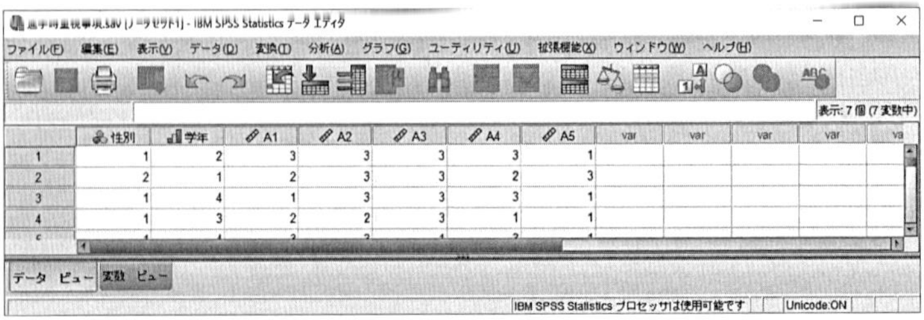

(a) データビュー

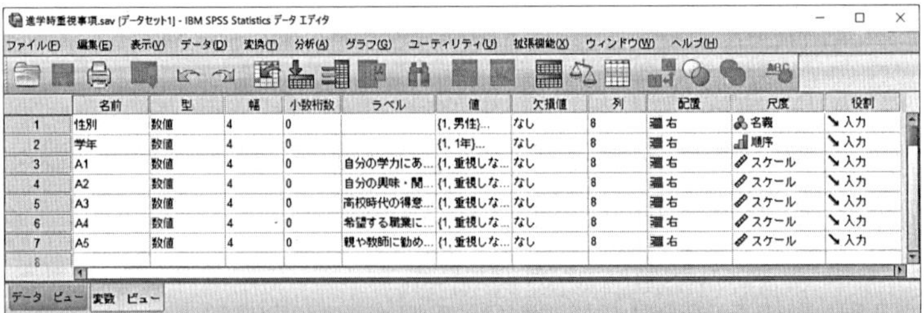

(b) 変数ビュー

図 1.1.3　SPSS のデータファイルを構成する 2 つのビュー(例:進学時重視事項.sav)

2）変数の特性と変数ビュー

　変数ビューに記述される変数の特性のうち、「型」と「尺度」は、変数がどのような規則に基づいて測られたか−尺度（scale）−を示すものである。表 1.1.1 に、尺度の種類と、変数ビューの「型」及び「尺度」の指定の対応を示す。表 1.1.2 には、変数ビューにおける「型」と「尺度」以外の主な特性に関する説明と注意事項を示す。

表 1.1.1　尺度の種類と変数ビューにおける「型」及び「尺度」の対応

尺度の種類	SPSS の変数ビューにおける指定	
	型	尺度
名義尺度（文字のまま扱う場合）	文字列	名義
名義尺度（数値化して扱う場合）	数値	名義
順序尺度（SPSS では通常は数値化して扱う）	数値	順序
間隔尺度	数値	スケール
比尺度	数値	スケール

表 1.1.2　変数ビューにおける主な特性に関する注意事項

変数ビューでの表示	説明	注意事項
名前	変数の名前	長さは 64 バイト（日本語のみなら 32 文字）まで。空白を含んではいけない。他の変数の名前と重複しないこと。
ラベル	変数の説明	長さは 256 バイト（日本語のみなら 128 文字）まで。空白を含んでもよい。他の変数のラベルと重複してもよい。入力は必須ではない。
値	値の内容説明	変数のうち、名義尺度と順序尺度において、それぞれの値が示す内容を記述する。長さは 120 バイト（日本語のみなら 60 文字）まで。
欠損値	欠損値とみなす値の指定	入力した値のうち欠損値とみなすべきものがあれば（例えば 999）、指定する。
役割	変数の役割（独立変数、従属変数など）の指定	デフォルトでは「入力」になっている。ごく一部のダイアログボックス（例：自動線型モデリング）では、役割の指定に応じた変数が自動的に表示される機能がついている。原則として、そのようなダイアログボックスは本書で扱う分析には出てこないので、デフォルトのままでよい。

　性別や都道府県名のように，測定対象に備わった性質をある基準で分類した尺度を名義尺度 (nominal scale) と呼び，変数ビューの「尺度」では「名義」を指定する．「型」については，「男性」「女性」などの文字列をそのまま用いる場合は「文字列」を指定する．「男性」を 1，「女性」を 2 のように数値化して扱う場合は，「数値」を指定する．数値化された名義尺度では，性質を分類するために便宜的に数値を割り当てているだけなので，数値の大小には意味がない．

　飲酒の頻度「全く飲まない」「時々飲む」「飲まない日がたまにある」「毎日飲む」のように，回答値に順序関係がある尺度を，順序尺度 (ordinal scale) と呼び，変数ビューの「尺度」では「順序」を指定する．SPSS では，「全く飲まない」に 0，「時々飲む」に 1，…のように順序関係と数値の大小が対応するような割り当てをして，「数値」として扱うのが普通である．言葉のままで入力して「文字列」として扱うと順序関係が表現できないからである．順序尺度では，「3. 毎日飲む」－「1. 時々飲む」＝ 2 という計算をしても，2 という値の意味づけはできない．値の順序（大小）には意味があるが，差には意味がない尺度である．

　数値で表される変数のうち，例えば距離では，500 m と 800 m の差には明確な意味がある．また，距離がゼロというのは全く同じ地点であることを意味する．重さや時間，金額についても同様である．このように，数値の差とゼロという値の両方に意味がある尺度を，比尺度 (ratio scale) という．温度も数値で表される変数であるが，温度 0 度だからと言って，温度の存在がなくなるわけではない．このように，数値の差には意味があるが，ゼロという値には意味がない尺度を，間隔尺度 (interval scale) という．比尺度も間隔尺度も，変数ビューの「型」として「数値」，「尺度」として「スケール」を指定する．

　尺度についての詳細は，森・吉田 (1990) および豊川 (1982) を参照のこと．

例 1.1.1

1) データ

　表 1.1.3 に，"進学時重視事項.sav"（図 1.1.3）に含まれる変数と尺度の種類および回答選択肢を示す．A1 から A5 までの変数は 3 段階の評定であり，厳密には順序尺度である．しかし，質問紙の中で「1. 重視しなかった」「2. どちらともいえない」「3. 重視した」のように選択肢に数字を付加した状態で回答させたので，1 と 2 の違い，2 と 3 の違いをほぼ同じとみなして，間隔尺度として扱っている．

表1.1.3 "進学時重視事項.sav"に含まれる変数と尺度の種類および回答選択肢

変数	尺度の種類	回答選択肢
性別	名義尺度	1：男　2：女
学年	順序尺度	1：1年　2：2年　3：3年 4：4年　5：その他
A1　自分の学力にあっている A2　自分の興味・関心を生かせる A3　高校時代の得意科目を生かせる A4　希望する職業につくことができる A5　親や教師に勧められた	間隔尺度	1：重視しなかった 2：どちらともいえない 3：重視した

2) データファイルにおける変数の表現

　変数ビュー（図1.1.3(b)）には，表1.1.3に示された各変数の尺度の種類に応じて「型」と「尺度」が指定されている．

　A1からA5の変数については，変数ビューの「ラベル」欄に詳しい説明が示されている．各行の「値」セルの右側の"…"の部分をクリックすると，「値ラベル」ダイアログボックスが現れて（図1.1.4），数値と性質の対応が表示される．図1.1.4の例は，1が男性，2が女性に対応することを示す．

図1.1.4 「値ラベル」の例

　データビュー（図1.1.3(a)）では，どのセルにも数値が表示されているが，メニューから［表示］→［値ラベル］を選択して「値ラベル」にチェックマークを付けると，数値化された名義尺度や順序尺度については，変数ビューの「値ラベル」での指定に従って，文字による表示に変わる（図1.1.5）．

図 1.1.5　データビューで値ラベルを表示させた状態

　アンケートなどの質問紙調査のデータでは，回答拒否や記入忘れのために値が得られない部分が生じる場合もある．変数ビューの「欠損値」セルで特に指定がなければ，データが欠損している部分は，数値型の変数であればデータビューの該当セルに "."（ピリオド）が表示され，文字型変数であれば該当セルが空白となる．

　変数ビューの「欠損値」セルで数値（例えば99）が指定されていれば，データビューで見かけ上は 99 が表示されているセルは，欠損値とみなさなければならない．

[3] SPSS を用いたデータファイルの作成方法

例 1.1.2

1）データ

　表 1.1.3 に示す変数で構成されるデータファイル（図 1.1.3）を，SPSS のみを用いて作成する．

2）作成方法

① 変数ビューにおける「名前」「型」「ラベル」の入力

　SPSS を起動すると「無題」のデータエディタになる．SPSS のデータファイルを開いた状態であれば，[ファイル]→[新規作成]→[データ]を選択する．変数ビューでは各行が各変数に対応している．例えば，表 1.1.3 の 1 番目の変数「性別」の特性は，変数ビューの 1 行目で表される．1 行目の「名前」セルに変数名「性別」を入力すると，「名前」以外のセルに数字や文字が現れる（図 1.1.6）．

図 1.1.6　1 番目の変数の「名前」として「性別」を入力したところ

「型」セルにはデフォルトで「数値　…」と表示されている．「…」の部分をクリックすると，「変数の型」ダイアログボックスが現れる（図 1.1.7）．数値型の変数の場合は「数値」をラジオボタンで選び，「幅」と「小数桁数」で，変数の値が取り得る桁数より広い幅と適切な小数桁数を指定する．例えば，「性別」は 1 ケタの整数の値を取る変数であるが，余裕を持たせて「幅」には "4" を入力して，「小数桁数」には "0" を入力しておく．文字型の変数の場合は「文字列」をラジオボタンで選び，「文字」に文字列が取り得る長さの最大値より大きな値を入力する．

表 1.1.3 の「A1 自分の学力にあっている」～「A5 親や教師に勧められた」のように長い変数名を持つものについては，「名前」セルには短い名前を入力して，「ラベル」セルを利用して変数の補足説明を入力することができる．「性別」のように，意味が明確で短い変数名の場合は，「ラベル」をつけなくてもよい．その場合は，「ラベル」セルは空欄にしておく．

図 1.1.7　「変数の型」ダイアログボックス

② 変数ビューにおける「列」「配置」「尺度」の入力

「列」と「配置」は，データビューにおける変数の表示幅と位置の指定である．データビューで作業がしやすい表示幅と位置を入力すればよい．

「尺度」では，表 1.1.1 を参考にして変数の尺度の種類を指定する．「尺度」

セルの右側の▼部分をクリックして,「スケール」「順序」「名義」の中から適切な種類を指定する.図1.1.8は,「性別」の「尺度」として「名義」を選択した状態である.

図1.1.8 「測定」セルでの尺度の水準の選択

③ 変数ビューにおける「値ラベル」の入力

数値型の名義尺度や順序尺度では,変数ビューの「値」セルに数値と性質の対応関係をしておく.例えば,「性別」に関しては,"1"が男性,"2"が女性に対応していることを入力する.

「値」セルにはデフォルトでは「なし …」と表示されているが,「…」の部分をクリックすると,「値ラベル」ダイアログボックスが現れる.「値」の欄に"1",「ラベル」の欄に"男性"を入力した状態で「追加」ボタンをクリックすると,下部の長方形部分に「1＝"男性"」と表示される(図1.1.9).同様に,女性についても「値」と「ラベル」への入力を済ませた状態で「追加」ボタンをクリックすると,図1.1.4と同じ表示になり,「OK」ボタンをクリックすれば「値」セルへの入力が完了する.

図1.1.9 「値ラベル」ダイアログボックスにおける入力(作業途中の状態)

「A1」～「A5」の3段階評定は共通しているので,「A1」の「値」セルの内容を「A2」～「A5」の「値」セルにコピーして労力を節約することができる.図1.1.9と同様のやり方で「A1」の「値ラベル」の指定を済ませたら,「A1」の行の「値」

セル内で右クリックして「コピー」を選択する (図1.1.10(a)).「A2」〜「A5」
の範囲の「値」セルをマウスで選択した状態で右クリックして「貼り付け」を選
択することによって (図1.1.10(b)),「A1」の「値」セルの内容を,「A2」〜「A5」
の「値」セルにコピーすることができる.

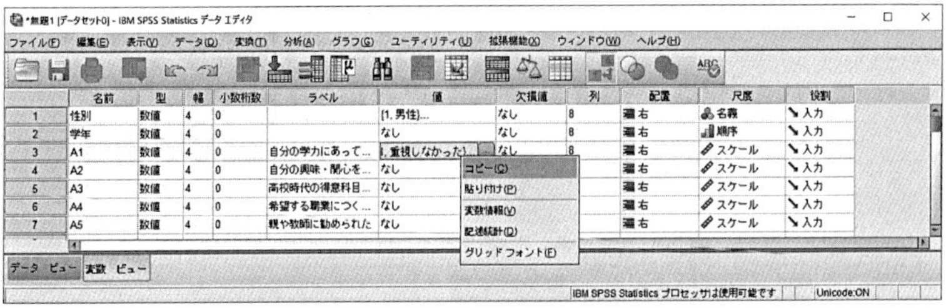

(a)「値」セルのコピー

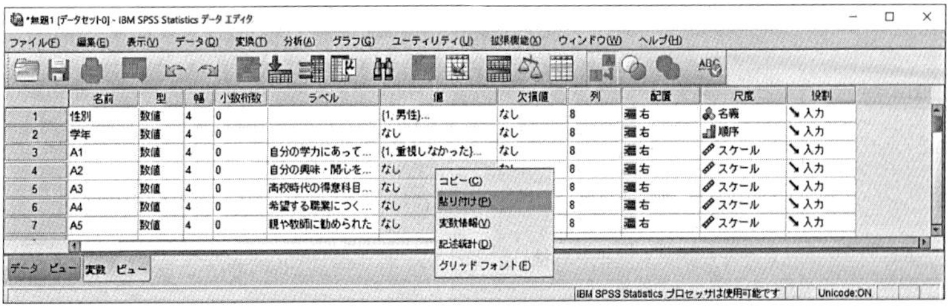

(b)「値」セルの貼り付け

図1.1.10　「値」セルの内容を他の変数にコピーする手順

④ データビューにおける値の入力

表1.1.3の変数すべてについて,変数ビューへの入力が済むと,図1.1.3(b)
と同じ状態になる. 次に,「データビュー」タブをクリックして, すべてのケー
スについて各変数の値をデータビューに入力する.

⑤ データファイルの保存

作成したデータファイルをはじめて保存する時は, [ファイル]→[名前を付
けて保存]を選択して保存場所とファイル名を指定する. 2回目以降の保存は
[ファイル]→[上書き保存]によって行う. なお, データファイルは, 何らかの

事故で途中の入力作業が失われる場合に備えて，適度な頻度で保存するのが望ましい．

[4] Excel形式のデータファイルをSPSS形式に変換する方法

例1.1.3

1）データ

Excel形式のデータファイル"重視事項_tmp.xlsx"をSPSS形式に変換する方法を示す．"重視事項_tmp.xlsx"ファイルには，先頭行に変数名が入力されており，2行目以降は1つの行が1つのケースを表している（図1.1.11）．

図1.1.11　「重視事項_tmp.xls」の冒頭部分

2）作成方法

① Excel形式データファイルの指定

SPSSのメニューから［ファイル］→［開く］→［データ］を選択すると，「データを開く」ダイアログボックスが現れる．「ファイルの種類」欄の右端の▼をクリックして，「Excel（*.xls，*.xlsx，*.xlsm）」を選択する．「ファイルの場所」を選び「ファイル名」として"重視事項_tmp.xlsx"を指定して，「開く」ボタンをクリックする．別のやり方として，［ファイル］→［データのインポート］→［Excel］を選択しても，上記と同じ「データを開く」ダイアログボックスが現れる．

② 読み込み範囲の指定

「Excelファイルの読み込み」ダイアログボックスが現れる（図1.1.12）．

"重視事項_tmp.xlsx"ファイルでは，先頭行に変数名が入力されているので，「データの最初の行から変数名を読み込む」のチェックボックスにチェックを

入れる．Excelファイルが複数のシートを含む場合は，「ワークシート」欄でどのシートから読み込むかを指定する．シートが1枚のみであればデフォルトのままでよい．

「範囲」欄は，すべてのケースを取り込む場合は特に指定する必要はない．ここでは，最初の10ケースのみを取り込むことにして，「範囲」に「A1:G11」を入力する（図1.1.12）．デフォルトでは「データ型」は自動判定されるので，必要に応じて後から修正する．また，デフォルトではExcelファイルで非表示になっている行と列は取り込まれない．指定が済んだら「OK」ボタンをクリックする．

図1.1.12　読み込むデータの範囲設定

図1.1.13は，最初の10ケースのみが読み込まれた状態である．データビューを見ると（図1.1.13(a)），10ケースより下の行は空白になっていることがわかる．［ファイル］→［名前を付けて保存］によって，ファイルを保存する．

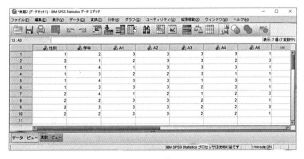

(a) データビュー

	名前	型	幅	小数桁数	ラベル	値	欠損値	列	配置	すべての変数を表示	役割
1	性別	数値	1	0		なし	なし	12	右	名義	入力
2	学年	数値	1	0		なし	なし	12	右	名義	入力
3	A1	数値	1	0		なし	なし	12	右	名義	入力
4	A2	数値	1	0		なし	なし	12	右	名義	入力
5	A3	数値	1	0		なし	なし	12	右	名義	入力
6	A4	数値	1	0		なし	なし	12	右	名義	入力
7	A5	数値	1	0		なし	なし	12	右	名義	入力
8											
9											

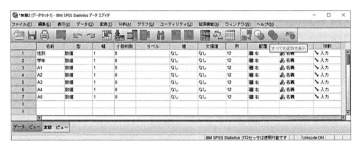

(b) 変数ビュー

図 1.1.13　最初の 10 ケースが読み込まれた直後の状態

③ 変数ビューの入力

変数ビューを見ると (図 1.1.13 (b)),「ラベル」や「値」にはまだ何も入力されていないし,「尺度」はすべて「名義」になった状態である.［3］2）と同じやり方で, 必要に応じて変数の特性を変更して, 図 1.1.3 (b) と同じ状態にする.

[5] テキスト形式のデータファイルをSPSS形式に変換する方法

例 1.1.4

1) データ

テキスト形式のデータファイル“重視事項_tmp2.txt”をSPSS形式に変換する方法を示す.“重視事項_tmp2.txt”は, タブ区切りのテキスト形式ファイルである. 先頭行に変数名が入力されており, 2 行目以降は 1 つの行が 1 つのケースを表している. 変数の間は, タブで区切られている (図 1.1.14).

性	学年	A1	A2	A3	A4	A5
1	2	3	3	3	3	1
2	1	2	3	3	2	3
1	4	1	3	3	3	1
1	3	2	2	3	1	1
1	4	3	3	1	3	1
1	3	3	3	2	3	1
2	4	1	2	1	2	3
2	2	3	3	2	2	1
2	3	3	3	2	2	3
2	2	3	3	2	2	1
1	3	3	3	3	1	1

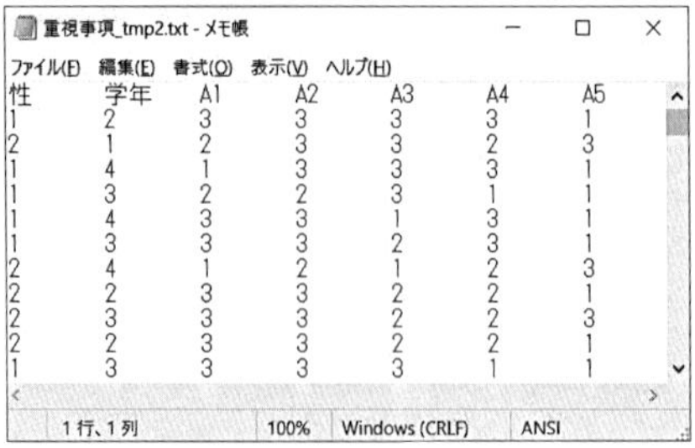

図 1.1.14　「重視事項_tmp2.txt」の中身 (タブ区切りテキスト)

2) 作成方法

① テキスト形式データファイルの指定

　　[ファイル] → [開く] → [データ] を選択して（あるいは [ファイル] → [デー
タのインポート] → [テキストデータ] を選択して），"重視事項_tmp2.txt"を
指定し，「開く」ボタンをクリックする．以降は，テキストインポートウィザー
ドの指示に従って作業する．

② テキストインポートウィザード（ステップ 1/6）（図 1.1.15）

　　ダイアログボックス下部の長方形の部分は，データの読み込み状態のプレ
ビューである．この段階では変数名の日本語が文字化けした状態のプレビュー
になっている．変数名は後述するステップ（5/6）で修正する．「テキストファ
イルは定義済みのファイルに一致しますか？」の部分はデフォルトの「いいえ」
のままで，「次へ」ボタンをクリックする．

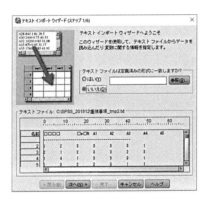

図 1.1.15　「テキストインポートウィザード（ステップ 1/6）」

③ テキストインポートウィザード（ステップ 2/6）

　　"重視事項_tmp2.txt"はタブ区切りのテキスト形式なので，「元データの形
式」に対しては「自由書式」を選択する．「ファイルの先頭にファイル名を含んで
いますか？」に対しては「はい」を選択する．「次へ」ボタンをクリックする．「元
データの形式」が「固定書式」の場合については，章末の付録 1）を参照のこと．

④ テキストインポートウィザード–自由書式 (ステップ 3/6)

「最初のケースの取り込み開始行番号」「ケースの表される方法」「インポート するケース数」の 3 つの項目に関して，ダイアログボックス内の説明に従って 選択肢を選ぶ．それぞれ，「2」「各行が 1 つのケースを表す」「すべてのケース」 を選択して，「次へ」ボタンをクリックする．

⑤ テキストインポートウィザード–自由書式 (ステップ 4/6)

「変数間に使用する区切り記号」は複数選択することも可能である．ここで は「タブ」のみにチェックマークを付ける．

「テキスト修飾子」で指定した符号で囲まれた値は，符号の中身だけが読み込 まれる．例えば，テキストファイルに，「"男性"」のように二重引用符で囲まれ た状態で入力されている場合は，「二重引用符」を選ぶと，二重引用符が外れた 状態で「男性」という文字列のみが読み込まれる．ここでは，「テキスト修飾子」 は「なし」を選択する．

データプレビューには，ここまでの作業が実行された場合に作成される SPSS 形式のデータファイルの「データビュー」の冒頭部分が表示される．「次 へ」をクリックする．

⑥ テキストインポートウィザード–自由書式 (ステップ 5/6) (図 1.1.16)

各変数の変数名とデータ形式を指定することができる．例えば，「変数名」に 「性別」と入力することで，ステップ 1/6 で文字化けしていた変数名を修正す る．また，「データ形式」として「数値」を選ぶ．他の変数も必要に応じて変数 名やデータ形式を修正する．「次へ」をクリックする．

図1.1.16　「テキストインポートウィザード (ステップ5/6)」

⑦ テキストインポートウィザード–自由書式 (ステップ6/6) (図1.1.17)

　「あとで使用できるようにこのファイル形式を保存しますか？」に対しては，通常はデフォルトの「いいえ」のままでよい．「はい」を選択して形式に名前を付けて保存する必要があるのは，同じ書式のテキストファイルを変換する機会が今後あり得る場合である．

　「シンタックスを貼り付けますか？」に対して「いいえ」を選択した状態で「完了」ボタンをクリックすると，データがSPSS形式で読み込まれるので，ファイル名を付けて保存する．「シンタックスを貼り付けますか？」に対して「はい」を選択した場合については，章末の付録2) を参照のこと．

図1.1.17　「テキストインポートウィザード (ステップ6/6)」

⑧ 変数ビューの入力

　[3] 2) と同じやり方で，変数ビューの特性を必要に応じて変更して，図1.1.3 (b) と同じ状態にする．

1.2 データの加工

[1] 方法の概要

データの作成過程において，複数のファイルに分散して作成されたデータを1つのファイルにまとめる必要が生じる場合がある．また，分析を進めるうちに，データファイルに何らかの変更を加える必要が生じる場合もある．2章以降の分析を行うためにも，データの加工方法を熟知することが不可欠である．

「ケースの追加」を行うと，入力作業を分担して作成された複数のデータファイルを1つにまとめたり，調査の実施校が複数の場合に，実施校ごとに作成されたデータファイルを繋げたりすることができる．ケースの追加は，データビューの行数の増加となって現れる．

「変数の追加」を行うと，同じ集団に対して実施された2種類の調査のデータファイルを1つにまとめることができる．変数の追加は，データビューでは列数の増加，変数ビューでは行数の増加となって現れる．

「ケースの選択」を行うと，「医学部に在籍する3年生」や「すべての項目に回答した被験者」など，特定の条件を満たすケースのみを以後の分析対象にすることができる．

「変数の計算」を行うと，既存の変数を用いた計算によって，新たな変数を作成することができる．計算するための数式として，複数の変数を用いた演算を行ったり，関数を用いたりすることができる

「他の変数への値の再割り当て」を行うと，既存の変数の特定の値または値の範囲に対して，新しい値を対応づけた新しい変数を作成することができる．ただし，「変数の計算」では，計算するための数式として，複数の変数を用いた演算や関数を用いることができるが，「他の変数への値の再割り当て」では，1つの変数のみに基づいて，新たな値を対応づける．演算や関数を用いることはできない．

「ケースの並べ替え」を行うと，指定する変数の値の大小に従って，データビューにおけるケースの表示順を並べ替えることができる．例えば，「変数の計算」によって計算された「合計得点」が高い順に並べ替えることができる．

[2] ファイルの結合 ──ケースの追加──

例 1.2.1

1) データ

　表 1.2.1 は，大学生に対して，学んでいる専門分野に関する感想 8 項目について回答を求めた調査データに含まれる変数である．"適応度_1000 人.sav"には 1000 人分のデータ，"適応度_671 人.sav"には追加調査で得られた 671 人分のデータが含まれている．この 2 つのファイルを結合して 1 つのファイルにする例を示す．なお，説明のため，"適応度_671 人.sav"では，変数名は「性」と入力してある．

表 1.2.1　「学んでいる専門分野に関する感想」の調査データに含まれる変数と尺度の種類および回答選択肢

変数	尺度の種類	回答選択肢
性別 (ただし，"適応度 671人.sav"における変数名は「性」	名義尺度	1：男　2：女
学年	順序尺度	1：1年　2：2年　3：3年 4：4年　5：その他
B1　自分の性格にあっている B2　自分の興味・関心にあっている B3　自分の能力を生かすことができる B4　高校時代の得意科目を生かすことができる B5　希望する職業につくことができる B6　自分の求めている生き方ができる B7　現在の専門を学んでいることを誇りに思う B8　新しく自分の専門分野を学び直せるとしてもやはり現在の専門を選ぶ	間隔尺度	1：あてはまらない 2：どちらともいえない 3：あてはまる

2) 手順

　"適応度_1000 人.sav"を開いた状態から，[データ]→[ファイルの結合]→[ケースの追加]を選択して，追加するデータの入ったファイル"適応度_671 人.sav"を指定する．

　「ケースの追加」ダイアログボックスが現れる（図 1.2.1（a））．元のファイルと追加するファイルで変数名が一致する変数は，「新しいアクティブなデータセットの変数」欄に表示される．変数名が一致しない変数は（「性別」と「性」

で不一致），「対応のない変数」の欄に表示される．不一致が解消されない変数
は，ケースの追加を行って作成されるデータファイルには読み込まれないので
注意が必要である．

　「対応のない変数」欄で「性（＋）」を選択して，「名前の変更」ボタンをクリッ
クすると，別のダイアログボックスが現れるので，変数名を「性別」に変更す
る．「対応のない変数」欄には「性 −〉性別（＋）」と表示される（図1.2.1（b））．
Ctrlキーを押しながら「性別（＊）」「性 −〉性別（＋）」の両方を選択して，「ペア」
ボタンをクリックすると，2つとも「新しい作業データファイルの変数」欄に移
動して，「対応のない変数」欄は空白になる．

　以上の作業の後で「OK」ボタンをクリックすると，"適応度_1000人.sav"ファ
イルに671人分のデータが追加された状態になるので，別名（例えば"適応度
_1671人.sav"）をつけて保存する．

(a) 変数が一致しないものは，対応のない変数として表示される

(b) 変数名を一致させる作業

図1.2.1　ケースの追加手順例

[3] ファイルの結合 ──変数の追加──

例 1.2.2

1) データ

　表 1.2.1 に示された変数のうち，B1 から B5 の 5 項目の回答データが "適応度_5 項目.sav" に，B6 から B8 の 3 項目の回答データが "適応度_3 項目.sav" に入っている．この 2 つのファイルを結合して 1 つのファイルにする例を示す．なお，それぞれのファイルに記録されたケースの並び順は同じになっているものとする．

2) 手順

　"適応度_5 項目.sav" を開いた状態から，[データ]→[ファイルの結合]→[変数の追加] を選択して，追加するデータの入ったファイル "適応度_3 項目.sav" を指定する．

　「変数の追加」ダイアログボックスが現れる（図 1.2.2）．追加するデータファイルの変数のうち，元のファイルに含まれる変数と変数名が重複しているものは，「除外された変数」の欄に表示される．この欄に表示された変数は追加されない．

　以上の作業の後で「OK」ボタンをクリックすると，"適応度_5 項目.sav" ファイルに "適応度_3 項目.sav" ファイル内の B6 から B8 までの 3 つの変数が読み込まれた状態になる．データビューに列が 3 つ増えると共に，変数ビューに行が 3 つ増えているのがわかる．別名（例えば "適応度_8 項目.sav"）をつけて保存する．

図 1.2.2　変数の追加手順例

[4] ケースの選択

例 1.2.3

1) データ

[3] で作成した "適応度_8 項目.sav" に含まれるケースのうち、「医学系の学部に在籍する 3 年生」のケースのみを選択して分析対象とする例と、「すべての項目に回答した被験者」のケースのみを選択して分析対象とする例を示す．

2) 手順

分析するファイルを開いた状態から、[データ] → [ケースの選択] を選択する．「ケースの選択」ダイアログボックスが現れる (図 1.2.3)．「選択状況」については「IF 条件が満たされるケース」を選択する．「出力」については、「選択されなかったケースを削除」を選んでしまうと元に戻せないので、特別な理由がない限り、デフォルトの「選択されなかったケースを分析から除外」のままでよいだろう．条件を指定するには「IF 条件が満たされるケース」の下にある「IF」ボタンをクリックする．

図 1.2.3 「ケースの選択」ダイアログボックス

「ケースの選択:IF 条件の定義」ダイアログボックスが現れる (図 1.2.4)．右上の長方形の内部に条件式を記述する．左側に表示された変数は、矢印ボタンをクリックすることで、右上の長方形内に表示させることができる．また、数字や算術演算子や関係演算子は、クリックしたものが右上の長方形内に表示される．

表 1.2.2 に、条件式の記述に用いられる関係演算子の意味を示す．また、「関

数」欄に表示されている関数を用いて条件を記述することもできる．関数の種類や用い方については「ヘルプ」を参照して欲しい．条件の定義が済んだら「続行」ボタンをクリックする．

図1.2.4 「ケースの選択：IF条件の定義」ダイアログボックス

表1.2.2 関係演算子の意味と使用例

関係演算子	意味	使用例	使用例の意味
<	未満	A<2	A は 2 より小さい
<=	以下	A<=2	A は 2 以下である
>	より大	A>2	A は 2 より大きい
>=	以上	A>=2	A は 2 以上である
=	等しい	A=2	A は 2 に等しい
~=	等しくない	A~=2	A は 2 でない
&	かつ	A>2 & A<5	A は 2 より大きく，かつ 5 より小さい
¦	または	A<2 ¦ A>5	A は 2 より小さいか，また 5 より大きい

図1.2.5は，「医学系の学部に在籍する3年生」を指定する場合の記述例である（医学系の学部が11と数値化されている場合）．

図1.2.5 「医学系の学部に在籍する3年生」の記述例

　図1.2.6 は，「B1〜B8 の 8 項目のいずれにも欠損値を含まないケース」を指定する場合の記述例である．NMISS は，作業中のデータファイル内の 1 つ以上の変数名を引数とする数値型の関数で，欠損値のある引数の個数を返す．

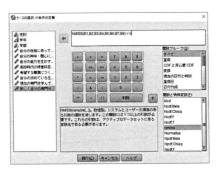

図 1.2.6 　「B1〜B8 の 8 項目のいずれにも欠損値を含まないケース」の記述例

　条件の指定が済んで「続行」ボタンをクリックすると，「ケースの選択」ダイアログボックスに戻る．「IF」ボタンの右側に，指定した条件が表示されている（図は省略）．この状態で「OK」ボタンをクリックすると，ケースの選択作業が終了する．

　図 1.2.7 は，「B1〜B8 の 8 項目のいずれにも欠損値を含まないケース」のみが選択された状態である．データビュー（図 1.2.7（a））には "filter_$" という変数の列が増えており，条件を満たすケースには 1，満たさないケースには 0 が表示されている．また，条件を満たさないケースについては，データビューのケース番号に斜線が表示されている．斜線のついたケースは，以後の分析の対象にならない．

　変数ビュー（図 1.2.7（b））を見ると，最終行に "filter_$" という変数が加わっているのがわかる．ラベルの欄に，指定した条件が記述されている．"filter_$" という変数名をわかりやすい名前（例えば「欠損なし」）に変更して保存しておけば，次回以降にこのファイルを用いる際に「欠損なし＝1」という条件式を指定することができる．

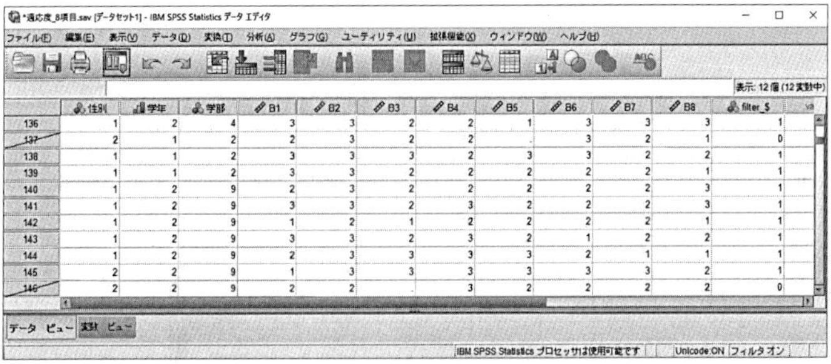

(a) データビュー

(b) 変数ビュー

図 1.2.7　ケースの選択が終了した状態
(「B1〜B8 の 8 項目のいずれにも欠損値を含まないケース」)

[5] 値の計算

例 1.2.4

1) データ

　“適応度_8 項目.sav”において，8 項目の回答値の合計を計算して適応得点という新しい変数を作成する例を示す．

2) 手順

　分析するファイルを開いた状態から，[変換] → [変数の計算] を選択する．

　「変数の計算」ダイアログボックスが現れる (図 1.2.8)．「目標変数」の欄には，これから計算して作成する新しい変数の名前を入力する (例えば「適応得点」)．目標変数を入力したら，「型とラベル」ボタンをクリックして現れる「変数の計算: 型とラベルの定義」ダイアログボックス (図は省略) で，型とラベルを定義する．

「ラベル」欄は空白のままでもよいが,「型」は「数値」か「文字型」のどちらかを選択する(ここでは「数値」を選択).「続行」ボタンをクリックすると,「変数の計算」ダイアログボックスに戻る.

「数式」欄には,変数名,数字,演算記号,関数を組み合わせて,数式を入力する.数式の入力方法は,「[3] ケースの選択」の場合の「ケースの選択:IF条件の定義」ダイアログボックスで条件式を入力する方法と同じである.図1.2.8 の「数式」欄は,B1 から B8 までの回答値の和を取る関数"SUM" を用いて適応得点の計算式を入力した例である.「数式」欄に,"B1+B2+B3+B4+B5+B6+B7+B8" という数式を入力してもよい.

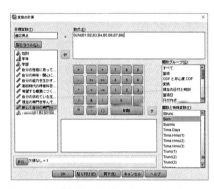

図1.2.8 「変数の計算」ダイアログボックス

「IF」ボタンで何も指定しなければ,「変数の計算」ダイアログボックスで入力した計算式は,「ケースの選択」機能を使って選択されたかどうかにかかわらず,すべてのケースについて適用されて,新しい変数の値が計算される.しかし,ある条件にかなったケースについてのみ,計算式を適用したい場合もある.例えば,B1 から B8 の 8 項目すべてに有効回答したケース,すなわち欠損値を1 つも含まないケースについてのみ適応得点の値を計算する場合は,「IF」ボタンをクリックして現れる「変数の計算:IF条件」ダイアログボックス(図は省略)で,「IF条件を満たしたケースを含む」を選択して,その下の長方形内に条件式(例えば「欠損なし = 1」)を入力して続行すればよい.入力した条件式は,「変数の計算」ダイアログボックスの「IF」ボタンの右側に表示される(図1.2.8 参照).「OK」ボタンをクリックすると,計算作業が実行される.

図1.2.9 は,計算作業が完了した状態のデータビューである(「適応得点」の

「尺度」は「スケール」に修正済の状態）．「適応得点」という新しい変数の列が
増えている．図1.2.9中，ケース番号137と146については，B1〜B8に欠損
値が含まれているので計算式が適用されず，「適応得点」が欠損値になっている
のがわかる．

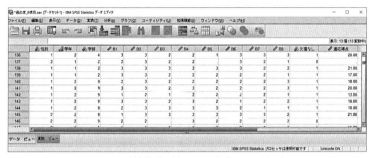

図1.2.9　計算作業が完了した状態のデータビュー

[6] 他の変数への値の再割り当て

例1.2.5

1) データ

"適応度_8項目.sav"において，例1.2.4で作成した変数「適応得点」の範
囲に基づいて，専門分野への適応の度合いを低，中，高と3段階の変数に対応づ
ける例を示す．

2) 手順

分析するファイルを開いた状態の値の再割り当てから，[変換]→[他の変数へ
の値の再割り当て]を選択する．[同一の変数への値の再割り当て]を選択すると，
元の変数の値が，再割り当てされた新たな値で上書きされる．得点をいくつかの
段階に分けるような場合，値を上書きしてしまうと，元の得点を用いた分析がで
きなくなってしまう．通常は，元の変数はそのまま残しておいて，他の変数へ新
たな値を出力するのがよい．

「他の変数への値の再割り当て」ダイアログボックスが現れる．「入力変数─≫
出力変数」欄に，元の変数（入力変数）を左側の変数一覧から選択して移動させ
る．例えば，「適応得点」を選択して欄に移動させると，「入力変数─≫ 出力変数」
という表示が「数値型変数─≫ 出力変数」に変わり，その下の欄には「適応得点

--》?」と表示される．「変換先変数」の名前（必須）とラベル（省略可能）を入力して（例えば「適応段階」と入力），「変更」ボタンをクリックすると，「数値型変数―》出力変数」の下の欄の表示が「適応得点 --》適応段階」に変わる（図 1.2.10）．「IF」ボタンをクリックして，値の再割り当てを行う条件を指定することもできるが，ここでは条件指定を行わない．この状態で，「今までの値と新しい値」ボタンをクリックする．

図 1.2.10 「他の変数への値の再割り当て」で，入力変数と出力変数の指定が済んだ状態

「他の変数への値の再割り当て：今までの値と新しい値」ダイアログボックスが現れるので（図 1.2.11），「今までの値」と「新しい値」の対応づけを指定する．ここでは，適応得点の 15 点以下を低，16 〜 20 点を中，21 点以上を高，と対応づけることにする．ただし，出力変数となる「適応段階」は，「1:低, 2:中, 3:高」と値ラベルを付けて数値型の変数として扱うことにする．

「今までの値」で「範囲：最小値から次の値まで」を選択して「15」を入力し，「新しい値」で「値」に「1」を入力する．「追加」ボタンをクリックすると，「旧--》新」欄に「Lowest thru 15 --》 1」と表示される．

同様に，「今までの値」で「範囲」を選択して「16」から「20」を指定し，「新しい値」で「値」に「2」を入力する．「追加」ボタンをクリックすると，「旧 --》 新」欄に「16 thru 20 --》 2」と表示される．「今までの値」で「範囲：次の値から最大値まで」を選択して「21」を入力し，「新しい値」で「値」に「3」を入力する．「追加」ボタンをクリックすると，「旧 --》 新」欄に「21 thru Highest --》 3」と表示される．また，「適応得点」での欠損値は，新しい変数でも欠損値に割り当てる．

図 1.2.11 は，ここまでの指定が済んだ状態を示している．元の変数（ここでは「適応得点」）が取り得るすべての値が，新しい変数の値に割り当てられているかどうか，確認ができたら，「続行」ボタンをクリックする．「他の変数への値の再割り当て」ダイアログボックスに戻るので，「OK」ボタンをクリックする．

図1.2.11 「他の変数への値の再割り当て：今までの値と新しい値」における新旧の値の対応指定

　再割り当て作業が完了した状態のデータビューには，「適応段階」という新しい変数の列が増えている（図1.2.12 (a)）．変数ビューには，「適応段階」という新しい変数の行が増えている．図1.2.12 (b)は，変数ビューにおいて，「適応段階」の「小数桁数」を「0」に変更し，「値」セルで「1：低，2：中，3：高」の対応を指定し，「尺度」を「順序」にするなど，変数の特性の変更が完了した状態である．

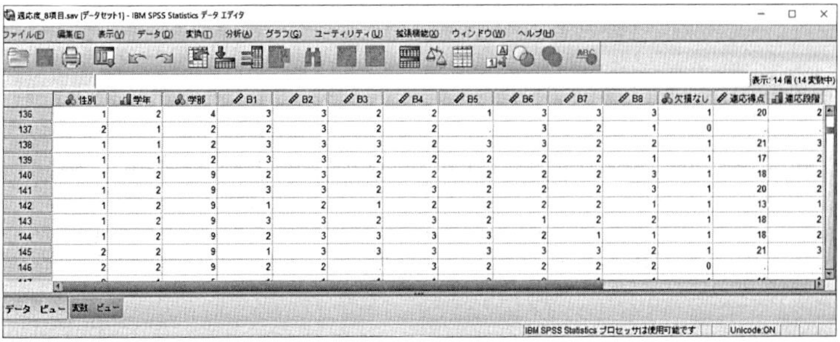

(a) データビュー

(b) 変数ビュー

図1.2.12 「適応得点」から「適応段階」への値の再割り当てが済んだ状態

[7] ケースの並べ替え

例 1.2.6

1) データ

　"適応度_8 項目.sav" において, [5] 値の計算 で作成された「適応得点」の大きい順にケースを並べ替える例を示す. 同点のケースについては「学年」の値の小さい順に並べ替えるものとする.

2) 手順

　分析するファイルを開いた状態から, [データ] → [ケースの並べ替え] を選択する.

　「ケースの並べ替え」ダイアログボックスが現れる (図 1.2.13). 「並べ替え」欄に, どの変数に着目して並べ替えるかを, 左欄に表示される変数一覧から選んで入力する. 「並べ替え」欄には複数の変数を指定することもできる. 「並べ替え」で指定した変数の順に着目する変数の優先順位が決まる. 「ソート順」については, 「昇順」(小さい順) か「降順」(大きい順) を選択する. 図 1.2.13 は, 「適応得点」の大きい順に並べ替えて, 更に「学年」の小さい順に並べ替えるよう指定した例である.

　「ソートしたデータのファイル保存」にチェックを入れてファイル名 (例えば "適応度_8 項目_sorted.sav") を指定すると, 並べ替え後の状態のファイルを別名で保存することができる.

　「OK」ボタンをクリックすると, 並べ替えが実行される. ケースの順番が並べ替えらえたことが, データビューで確認できる.

図 1.2.13　並べ替えの条件の指定例

付 録

1）固定書式のテキストファイルの変換

　1.1［5］例1.1.4においてテキストインポートウィザードで固定書式のテキストファイルを読み込むには，元データの文字コードがShift-JIS（ANSI）で保存されている必要がある．例えば「メモ帳」などのエディタで，「名前を付けて保存」する際に「文字コード」をANSIにして元データを保存すればよい．

　SPSSで読み込む際には，「ファイルの種類」を「テキスト（ *.txt， *.dat， *.csv， *.tab）」，「エンコード」を「ローカルエンコード」と指定して，「開く」をクリックする（下図参照）．「テキストインポートウィザード固定書式（ステップ4/6）」ダイアログボックスでは，データプレビュー（図は省略）を見ながら変数の区切り方をマウスで指定する．

図　「データを開く」ダイアログボックスでの「ファイルの種類」と「エンコード」の指定

2）シンタックスについて

　1.1［5］例1.1.4 2）⑦で「シンタックスを貼り付けますか？」に対して「はい」を選択すると，シンタックスエディタが開いて，①〜⑦の一連の作業手順を記述したコマンド言語が表示される（下図）．表示されたコマンド言語群は，［ファイル］→［名前を付けて保存］でシンタックスとして保存することができる．

　保存したシンタックスは，SPSSのメインウィンドウのメニューから［ファイル］→［開く］→［シンタックス］で指定すると，別ウィンドウ「SPSSシンタックスエディタ」が開いて表示される．その状態で，「SPSSシンタックスエディタ」のメニューから［実行］→［すべて］を選択すると，表示されたコマンド言語群

が実行されて, ⑦が完了した状態と同じになる. シンタックスについては, シンタックスエディタのメニューから [ヘルプ] → [シンタックス参照コマンド] を選択することでマニュアル (英文) にアクセスすることができる.

図　シンタックスエディタ

参考文献

森敏昭・吉田寿夫編著 (1990)「第1章第1節　測定と尺度」,『心理学のためのデータ解析テクニカルブック』, p.2-5, 北大路書房.

豊川裕之 (1982)「第2章　統計データと調査」, 豊川裕之・柳井晴夫編『医学・保健学の例題による統計学』, p.6-7, 現代数学社.

第2章 データの要約

収集したデータそれ自体は値の集まりに過ぎないが，適切に整理すれば，多くの情報を引き出すことができる．本章では，変数の値の分布の様子や変数間の関係について，数値を用いて客観的に要約したり，グラフを用いて視覚的に表現したりする方法を説明する．

2.1 度数分布表

[1] 方法の概要

データファイルの中の1つの変数のみに着目した集計を行うことを，単純集計と呼ぶ．

名義尺度や順序尺度で表される変数－質的変数－に関して，変数が取り得るそれぞれの値のケースの個数－度数（frequency）－を表にしたものを，度数分布表と呼ぶ．例えば，「性別」の度数分布表は，「1.男性」「2.女性」それぞれのケースの個数を表にしたものである．

比尺度や間隔尺度で表される変数－量的変数－に関しては，変数が取り得る値が連続的で非常に多いので，変数が取り得る値をいくつかの区分－階級（class）－に分けて，各階級に属するケースの個数を表にしたものを度数分布表とするのが，一般的である．

度数分布表に併記される値としては，値または階級の値の小さいほうから度数を積み上げた累積和－累積度数（cumulative frequency）－や，それぞれの値ま

たは階級の度数が全ケースの数に占める割合−相対度数（relative frequency）−や，値または階級の値の小さいほうから相対度数を積み上げた累積和−累積相対度数（cumulative relative frequency）−などがある．

　SPSSで作成される度数分布表には，「度数」の他に，「パーセント」「有効パーセント」「累積パーセント」という列がある．「パーセント」の列には，欠損値のケースも含んだ全ケースを分母として算出した相対度数がパーセントを単位として表示される．「有効パーセント」の列には，全ケースから欠損値のケースを除いた数を分母として算出した相対度数がパーセントを単位として表示される．

　「累積パーセント」の列には，「有効パーセント」を値の小さいほうから積み上げた値が表示される．ただし，「性別」や「住居」のような数値化された名義尺度で表される変数では，値の大小に意味がないので，値の小さいほうから積み上げた「累積パーセント」には特に意味はない．「累積」された割合が意味を持つのは，名義尺度以外の尺度で表される変数の度数分布表である．

[2] 解析例

例 2.1.1

1）データ

　"通学時間.sav"は，ある大学に通う95人から得たデータで，性別（1:男性，2:女性），住居（1:自宅，2:自宅外），通学時間（単位　分）に関する回答が含まれている．図2.1.1に，"通学時間.sav"のデータビューと変数ビューの一部を示す．このデータの「性別」と「住居」それぞれについての度数分布表を作成する．

(a)データビュー

(b) 変数ビュー

図 2.1.1 "通学時間.sav"のデータビューと変数ビュー

2) 分析の手順

　[分析]→[記述統計]→[度数分布表]を選択すると，「度数」ダイアログボックス（図2.1.2）が現れる．左側の長方形には，ファイルに含まれる全ての変数が表示される．ラベルが付された変数は，ラベル［変数名］のように表示される（例：自宅／自宅外［住居］）．これらの変数一覧の中から，集計を行う変数「性別」と「住居」を選択して，「変数」欄に移動させる．

図 2.1.2 「度数」ダイアログボックスにおける「変数」の指定

　「OK」ボタンをクリックすると，SPSS ビューアが開いて，度数分布表が表示される（図2.1.3）．この新しく開いた SPSS ビューアは，［ファイル］→［名前を付けて保存］によって保存することができる．図2.1.3は，"単純集計.spv"という名前を付けて保存した例である（"spv"は，SPSS ビューアの拡張子）．メニューバーの［分析］と［グラフ］に表示される分析を実行した結果は，SPSS ビューア内に表示される．

　SPSS ビューア内の図表は，他のソフトウェアでも用いることができる（付録1）参照）．

3) 結果

　SPSSビューア（図2.1.3）は左右2つに分割されている．分析結果は右側に出力され，左側には図表のタイトルのみが表示される．変数にラベルが付いていれば，SPSSビューア内には変数の名前の代わりにラベルが表示される．

　図2.1.3内の「統計量」という表には，「性別」「住居」それぞれの変数について，有効な値が回答されたケースの度数と，無回答で欠損値となったケースの度数が示されている．「性別」については全員が"1"か"2"を回答しているが，「住居」については無回答の者が1名いることがわかる．

　「度数テーブル」以下には，「性別」「住居」それぞれの度数分布表が示されている．「性別」に関しては欠損値の度数が0なので，「パーセント」と「有効パーセント」は全く同じ値だが，「住居」に関しては欠損値があるので異なる値になっている．

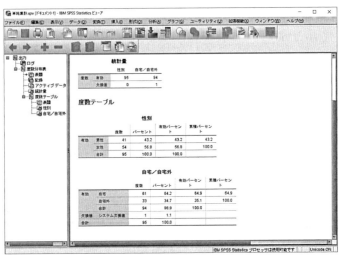

図2.1.3　SPSSビューアに表示された「性別」と「住居」の度数分布表

　度数分布表には「累積パーセント」の値も表示されているが，方法の概要で述べたように，「性別」や「住居」のような数値化された名義尺度で表される変数の場合は，値の大小に意味がないので，値の小さいほうから積み上げた「累積パーセント」には特に意味はない．

例 2.1.2

1) データ

例 2.1.1 で用いた "通学時間.sav" の「通学時間」についての度数分布表を作成する．表 2.1.1 に，例 2.1.1 とまったく同じ手順で作成された度数分布表を示す．度数分布表の値が等間隔に並んでいないため，非常にわかりにくい．度数の分布の様子を把握するためには，「通学時間」が取り得る値をいくつかの階級に分けて，それぞれの階級に属するケースの数－度数－を示す表を作成する．ここでは，「通学時間」の取り得る値を 30 分幅の 7 つの階級に分けた度数分布表を作成する．階級をいくつに区切るかについては，章末の付録 2) を参照のこと．

表 2.1.1　通学時間のヒストグラム (1)

通学時間 (分)

		度数	パーセント	有効パーセント	累積パーセント
有効	5	1	1.1	1.1	1.1
	10	7	7.4	7.4	8.5
	12	1	1.1	1.1	9.6
	15	6	6.3	6.4	16.0
	20	2	2.1	2.1	18.1
	25	1	1.1	1.1	19.1
	30	5	5.3	5.3	24.5
	40	6	6.3	6.4	30.9
	45	4	4.2	4.3	35.1
	50	7	7.4	7.4	42.6
	60	8	8.4	8.5	51.1
	70	3	3.2	3.2	54.3
	75	6	6.3	6.4	60.6
	80	1	1.1	1.1	61.7
	90	19	20.0	20.2	81.9
	100	3	3.2	3.2	85.1
	105	4	4.2	4.3	89.4
	110	1	1.1	1.1	90.4
	120	7	7.4	7.4	97.9
	150	1	1.1	1.1	98.9
	180	1	1.1	1.1	100.0
	合計	94	98.9	100.0	
欠損値	システム欠損値	1	1.1		
合計		95	100.0		

2) 分析の手順

図 2.1.4 に，1.2 節で紹介した「他の変数への値の再割り当て」を用いて，「通学時間」の値がどの階級に属するかを対応づけた新たな変数（「通学時間_階級」）を作成する様子を示す．階級の上限と下限の値がどちらに属するかにつ

いては，「旧 --≫新」の欄で上に書かれたほうが優先される．図2.1.4では，階
級区分の対応づけを値の大きいほうから指定しているので，「150分以上180分
未満」のように，下限値は含まれ上限値は含まれない設定になる．新しい変数
「通学時間_階級」が作成されたら，変数ビューの「値」欄を用いて「値ラベル」
をつけておく（図2.1.5）．

図2.1.4　「通学時間」から「通学時間_階級」への値の再割り当て

図2.1.5　「通学時間_階級」の値ラベル

　ここまでの処理を済ませてから，例2.1.1と同じ手順で度数分布表を作成す
る．すなわち，[分析] → [記述統計] → [度数分布表]を選択して，「度数」ダイ
アログボックスで「通学時間_階級」を「変数」欄に移動させて「OK」ボタンを
クリックする（図2.1.6）．表2.1.2のような度数分布表が，SPSSビューアに
表示される．

図2.1.6　度数ダイアログボックスにおける変数の指定

表2.1.2 通学時間のヒストグラム (2)

通学時間_階級

	度数	パーセント	有効パーセント	累積パーセント
有効 30分未満	18	18.9	19.1	19.1
30分以上60分未満	22	23.2	23.4	42.6
60分以上90分未満	18	18.9	19.1	61.7
90分以上120分未満	27	28.4	28.7	90.4
120分以上150分未満	7	7.4	7.4	97.9
150分以上180分未満	1	1.1	1.1	98.9
180分以上	1	1.1	1.1	100.0
合計	94	98.9	100.0	
欠損値 システム欠損値	1	1.1		
合計	95	100.0		

3) 結果

　度数分布表の見方は, 例2.1.1で作成した度数分布表とほぼ同じであるが, 分布の様子を把握するうえで「累積パーセント」の値が意味を持つという点が異なる.「累積パーセント」は, 各階級の「有効パーセント」を最小の階級からその階級まで足した値であり, すなわち, その階級以下に属するケースの数が有効回答数に占める割合である. 例えば, 通学時間が「30分以上60分未満」までの累積パーセント42.6%は, 通学時間が60分未満の学生の割合を示している.

2.2 単純集計のグラフ表現

[1] 方法の概要

　SPSSには様々な種類のグラフ作成機能が用意されており, 度数分布表に示された度数や割合, 変数の分布の様子などをわかりやすく示すことができる.

　名義尺度や順序尺度によって表される変数は離散的な値をとるので, 棒の高さがそれぞれの値の度数を表す棒グラフによって, 度数の分布を表現する. また, それぞれの値の度数の割合を表現するために, 棒グラフや円グラフを作成することができる.

　連続的な値をとる変数のヒストグラムは, 多くの場合, 変数が取り得る値の範囲が等しい階級幅で区切られた横軸に, 高さが度数と比例する柱を並べたも

のになる．階級幅が異なる横軸の場合は，柱の面積が度数に比例するように柱の高さを決める．

　度数分布表やヒストグラムを作成する際に，階級をどのように設定するかは難しい問題である．SPSSでは，手作業に比べて容易に階級の設定を変更したヒストグラムを作れるという利点がある．極端な凹凸のない滑らかな形状となるような階級，かつ，区切りの良いわかりやすい階級を試行錯誤しながら検討するツールとして，SPSSを活用して欲しい．

　度数分布表に表示される累積パーセントという指標は，累積相対度数（cumulative relative frequency）とも呼ばれ，累積相対度数を折れ線で結んだ曲線（累積相対度数曲線）は，量的変数の分布の形状を把握するのに役立つ．累積相対度数曲線の傾きは，隣接する階級間の度数の差に相当しており，傾きが急な部分での度数の増加が大きいことを示す．累積相対度数曲線が右側にあるほど，度数分布が高い値のほうに寄っていることを示す．すなわち，累積相対度数曲線1本で，ヒストグラム1個分の情報を表現することができる．

　SPSSでは［グラフ］→［図表ビルダ　］や［グラフ］、［グラフボードテンプレート選択］で対話的にグラフを作成することができるが，本書ではグラフ表現の基礎として［グラフ］→［レガシーダイアログ］以下からグラフの種類を選んで作成する方法を中心に紹介する．

[2] 解析例

例 2.2.1

1) データ

　"通学時間.sav"の変数「住居」について，「自宅」と「自宅外」の棒グラフを作成する．

2) 作成の手順

a) 度数分布表と同時に作成する方法

　例2.1.1と同様の手順（［分析］→［記述統計］→［度数分布表］）で度数分布表を作成する途中，「度数」ダイアログボックスの「図表」ボタンをクリックすると，「度数分布表：図表の設定」ダイアログボックスが現れる（図2.2.1）．

「住居」は名義変数であり，取り得る値は「1. 自宅」「2. 自宅外」の2つに限られる．このように，変数の取り得る値が離散的で少数の場合は，図2.2.1画面で「図表の種類」として「棒グラフ」を選択したほうがよい．「ヒストグラム」は，変数の取り得る値が連続的な場合に選択する．「図表の値」として「度数」を選択して「続行」ボタンをクリックすると，「度数」ダイアログボックスに戻る．

「OK」ボタンをクリックすると，SPSSビューア内に，度数分布表と共に図2.2.2(a)のようなグラフが出力される．図2.2.2(a)の棒の高さは，図2.1.3内の度数分布表の度数を表している．

図2.2.1画面で「図表の値」として「パーセンテージ」を選択した場合は，図2.2.2(b)のようなグラフが出力される．図2.2.2(b)の棒の高さは，図2.1.3内の度数分布表の「有効パーセント」の値を表したものである．例えば，同じ調査を異なる大学で実施したデータであれば，割合をグラフにするほうが，ケースの数に左右されずに大学間の比較ができる．

図2.2.1 グラフの種類とグラフに表現する値の指定

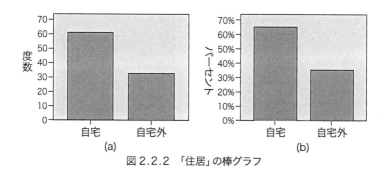

図2.2.2 「住居」の棒グラフ

b) 棒グラフのみを作成する方法

　図2.2.2と同じ棒グラフは，［グラフ］→［レガシーダイアログ］→［棒］を選択しても作成できる．「棒グラフ」ウィンドウでは（図2.2.3），「単純」を選択する．「単純」は，1つの変数のみに着目してグラフを作成する際の指定である．「図表内のデータ」については「グループごとの集計」を選択する．これは，変数の値によってグループに分けた集計を行うという意味である．例えば，「住居」という変数を，「自宅」「自宅外」というグループに分割して，度数や割合を集計する．ここまでの指定が済んだ状態で図2.2.3の「定義」ボタンをクリックすると，図2.2.4が現れる．

　図2.2.4では，左側に表示された変数一覧の中から，着目する変数「自宅／自宅外［住居］」を選択して「カテゴリ軸」欄に移動させる．「棒の表現内容」は「ケースの数」を選択する．「オプション」では「欠損値グループの表示」を選択することも可能であるが，ここでは選択せずに「OK」ボタンをクリックする．以上の手順により，SPSSビューア内に図2.2.2(a)と同じグラフが出力される．図2.2.4において「棒の表現内容」として「ケースの％」を選択すると，図2.2.2(b)と同じグラフが出力される．

　また，図2.2.5のように，「パネル」に質的変数を指定すると（例えば「列」欄に「性別」を指定），性別の値ごとに「住居」のヒストグラムが作成される（図2.2.6参照）．「パネル」の「行」欄に「性別」を指定した場合については，各自試されたい．

図2.2.3　棒グラフの種類の設定

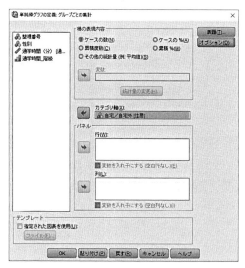

図 2.2.4　棒グラフにする変数および棒で表現する値の設定

図 2.2.5　「パネルの「列」に質的変数「性別」を指定する例

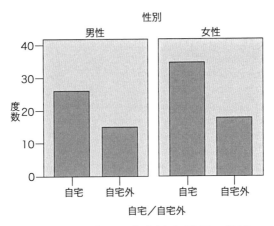

図 2.2.6　性別の値ごとに作成された「住居」の棒グラフ

例 2.2.2

1) データ

"通学時間.sav"の変数「住居」について,「自宅」と「自宅外」の割合を示す円グラフを作成する.

2) 作成の手順

[グラフ]→[レガシーダイアログ]→[円] を選択する.

「円グラフ」ダイアログボックスが現れるので (図 2.2.7),「図表内のデータ」として「グループごとの集計」を選択する. これは, 変数の値によってグループに分けた集計を行うという意味である.

「円グラフ」ダイアログボックスで「定義」をクリックすると, 図 2.2.8 が現れる. 図 2.2.8 では, 左側に表示された変数一覧の中から, 着目する変数「自宅／自宅外[住居]」を選択して「分割の定義」欄に移動させる.「分割の表現内容」は「ケースの%」を選択する.「オプション」では「欠損値グループの表示」を選択することも可能である.

「OK」ボタンをクリックすると, 円グラフが出力される (図 2.2.9). 図 2.2.9では, 後述する「図表エディタ」を用いて, 図 2.1.3 内の度数分布表の「有効パーセント」に相当する数値を表示した.

　なお，[分析] → [記述統計] → [度数分布表] で度数分布表を作成する途中，「図表」ボタンをクリックして「グラフの種類」として「円グラフ」を指定しても同様のグラフを作成することができる．

図2.2.7　「円グラフ」ダイアログボックスにおける「図表内のデータ」の選択

図2.2.8　円グラフにする変数および円の分割で表現する値の指定

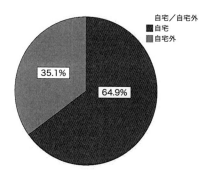

図2.2.9　住居の円グラフ

例2.2.3

1）データ

"通学時間.sav"の変数「通学時間」のヒストグラムを作成する．

2）作成の手順

a）度数分布表と同時に作成する方法

［分析］→［記述統計］→［度数分布表］を選択して度数分布表を作成する途中で，「度数」ダイアログボックスの「図表」ボタンをクリックすると図2.2.10が現れるので，「図表の種類」として「ヒストグラム」を選択する．

図2.2.10 「図表の種類」ヒストグラムの選択

図2.2.11は，SPSSビューアに現れるヒストグラムである．図2.2.2のグラフと違って，柱と柱の間に隙間がない．これは，通学時間を連続量として扱ったからである．

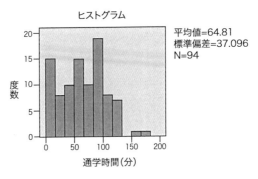

図2.2.11 デフォルトの階級設定で作成されたヒストグラム

　図2.2.11のヒストグラムの横軸に示された階級は，SPSSによって自動的に設定されたものであるが，50分間が3つに区切られており，時間を表現する階級としてはキリが悪い設定になっている．階級の設定を適切に変更する必要がある．

　SPSSビューア内の図表に変更を加えるには，図表エディタを用いる．SPSSビューア内で，編集したいグラフをマウスで選択してダブルクリックすると，図表エディタが別ウィンドウで開く（図2.2.12）．

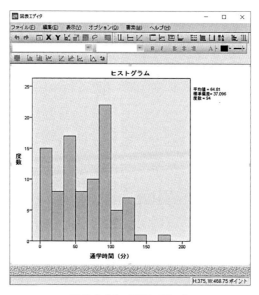

図2.2.12　図表エディタ

　階級の設定を変更する場合は，図表エディタ（図2.2.12）内の柱のどこかをダブルクリックすると，「プロパティ」ダイアログボックス（図2.2.13（a））が現れる．「プロパティ」ダイアログボックスの「ビン」タブでX軸の「アンカー用のユーザー指定値」にチェックを入れて最少の階級の下限値を入力する．図2.2.13（a）は，表2.1.2の度数分布表と同じ階級設定になるよう指定した状態である．

　ここでは，デフォルト値の「0.0」のままである．この値は，変数の最小値以下でなければならない．これは，変数の最小値が所属する階級が存在するための拘束条件である．

　「ビン」タブのX軸のラジオボタンで「ユーザー指定」を選択すると，「間隔の数」か「間隔の幅」のどちらかを指定することができる．「間隔の数」は階級の数，「間隔の幅」は階級の幅に対応する．図2.2.13(a)は，「間隔の幅」を選んで「30」と入力した例である．「適用」をクリックすると，図表エディタ内のヒストグラムに変更が反映されて図2.2.13(b)のようになる．

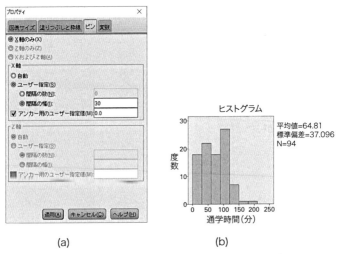

(a) 　　　　　　　　　　　　　　(b)

図2.2.13　階級設定の変更および変更後のヒストグラム

　図2.2.13(b)では，階級設定は変更されたが，横軸の目盛りが50分刻みのままであり，変更した階級設定とちぐはぐである．「図表エディタ」ウィンドウの上部の「X」ボタンをクリックして現れる「プロパティ」ダイアログボックスでは，表示される目盛りを変更することができる．図2.2.14(a)は，「スケール」タブの画面である．

　「範囲」については，「最小値」「最大値」「大分割の増分」「原点」のうち，SPSSの自動設定に任せるものには「自動」欄にチェックマークを付けて，任せないものは「自動」欄のチェックマークを外して「ユーザー指定」欄に数値を入力する．「最小値」と「最大値」では，それぞれ，横軸に表示したい目盛りの範囲の下限値と上限値を指定する．「最小値」と「最大値」の間に，すべてのデータの値が含まれるように設定する必要がある．「大分割の増分」では，横軸に値が表示され

る目盛り（大分割）の増分の大きさを指定する．横軸の大分割は，「最小値」で指定した値から開始され，指定された増分ごとに値が表示される．大分割は，区切りのよい値を指定するのが良い．「原点」では，横軸の原点となる値を指定する．「原点で線を表示」にチェックマークを入れると，「原点」で指定した値のところに縦線が表示される．

図 2.2.14 (a) は，0 分から 210 分まで 30 分おきに目盛りに表示されるよう指定すると共に，「下部の余白」と「上部の余白」をデフォルトの "5" から "0" に変更した例である．「適用」ボタンをクリックすると，図表エディタ内のヒストグラムに変更が反映されて，図 2.2.14 (b) のようになる．

図表エディタを閉じると，SPSS ビューア内に，図 2.2.14 (b) のようなヒストグラムが表示される．ヒストグラムの階級では，下限値は含まれ，上限値は含まれないことに注意が必要である．例えば，図 2.2.14(b) の最も下の階級は，下限値が 0，上限値が 30 であるが，これは「0 分以上 30 分未満」を意味する．

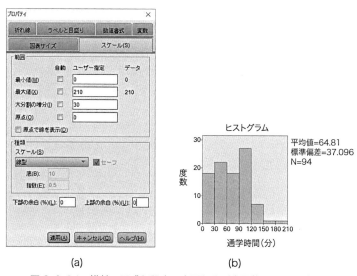

(a)   (b)

図 2.2.14　横軸の目盛り設定の変更および変更後のヒストグラム

図表エディタでは，その他，データラベルとして度数の値をグラフ内に表示させたり，軸のフォントの大きさを変更したり，グラフの色を変更したりすることができる．図表エディタ内から起動させた「プロパティ」ダイアログボックス

での変更を「適用」すると，図表エディタ内に表示されたグラフに変更が反映される．SPSS ビューア内のグラフには，図表エディタを閉じてから変更が反映される．

　図 2.2.15(a) は，階級幅を 10 分に設定したヒストグラムである．図 2.2.15(b) は，階級幅を 60 分に設定したヒストグラムである．階級の設定によって，ヒストグラムから受ける印象が異なる．階級の区切り方が細かすぎると，凹凸が激しくなって全体的な分布の形状を把握しにくくなるし，大きすぎると，細部の情報が埋もれてしまう．実際の作業では，いくつかの階級設定によるヒストグラムを試作して，値の分布の様子を把握するのに適切な階級を探ることになる．

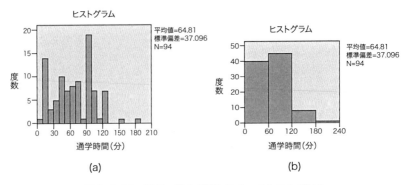

図 2.2.15　階級の設定が異なる 2 つのヒストグラム

b) ヒストグラムだけを作成する方法

　[グラフ]→[レガシーダイアログ]→[ヒストグラム] を選択すると，「ヒストグラム」ダイアログボックスが現れる (図 2.2.16)．変数一覧の中から，「通学時間」を「変数」欄に移動させた状態にして，「OK」ボタンをクリックする．あとは a) と同様である．

図 2.2.16　ヒストグラムにする変数の指定

例 2.2.4

1) データ

　"通学時間.sav"の変数「通学時間_階級」の累積相対度数曲線を作成する．

2) 作成の手順

　［グラフ］→［レガシーダイアログ］→［折れ線］を選択すると，「折れ線グラフ」ダイアログボックスが現れる（図 2.2.17）．1つの変数のみに着目したグラフなので「単純」を選択して，「図表内のデータ」は「グループごとの集計」を選択する．

図 2.2.17　折れ線グラフの種類の設定

図 2.2.18　折れ線にする変数および線の表現内容の指定

　この状態で「定義」ボタンをクリックすると，図 2.2.18 のダイアログボックスが現れる．「カテゴリ軸」には例 2.1.2 で作成しておいた変数「通学時間_階級」を指定して，「線の表現内容」には「累積％」を指定する．この状態で「OK」ボタンをクリックすると，SPSS ビューアに図 2.2.19 のようなグラフが表示される．ただし，図 2.2.19 は，図表エディタで折れ線にマーカーを追加したり目盛りやフォントなどを変更したりした後の状態である．

　図 2.2.19 のグラフの折れ線は，累積相対度数曲線と呼ばれる．折れ線の傾きが急な部分は，相対度数が急激に増えた階級に対応している．

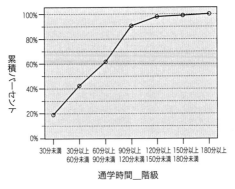

図 2.2.19　「通学時間」の累積相対度数曲線

2.3 代表値と散らばりの指標

　分布の様子を客観的に把握するためには，分布の中心傾向や散らばり具合を数値で表現するのが有効である．本節では，集めたデータの分布形状などの特性を数量的にとらえて要約するための値–統計量 (statistic)–を紹介する．

[1] 概要

1) 代表値–中心傾向の指標–

　分布の様子をただ 1 つの値で代表させる場合に，分布の中心を示す指標として用いられる値が代表値 (average) である．

a) 平均値

　代表値として最も一般的に用いられるのが，平均値 (mean) である．平均値は，ケースの値の総和をケースの総数 (n) で割った値である．変数 x の各ケースの値が $x_1, x_2, \cdots, x_n$ と表されるとき，平均値 x_{mean} は，

$$x_{\mathrm{mean}} = (x_1 + x_2 + \cdots + x_n)/n \tag{1.1}$$

で計算される．平均値は，各ケースの値に重み 1 を割り当てて数直線上に並べた時に，支点となる位置–重心位置–と考えると理解しやすい．分布が左右対称であれば，平均値は分布の中央の値と一致するが，左右のどちらかに偏った分布では，裾をひいた側にずれた値となる．

b) 中央値とパーセンタイル

　中央値 (median) は，ケースの値を小さい順 (または大きい順) に並べたときに，真ん中に位置する値である．ケースの総数が奇数の場合は，中央値を境に，右側と左側に並ぶケースの数が同じになる．ケースの数が偶数の場合は，真ん中に並ぶ 2 つの値の平均を中央値とする．中央値は，分布が左右非対称でどちらかに裾をひいている場合でも，極端な値に引っ張られることがない．

　中央値のように，ケースの値の小さい順に並べて分割する考え方で算出されるのがパーセンタイル (percentile) である．小さいほうから数えてケースの総数の p パーセント ($0 < p \leqq 100$) を上回る最初の位置に並んでいるケースの値を p パーセンタイル値という．よく用いられるのは，25, 50, 75 パーセンタイル

値に相当する 3 つの値で，4 分位点 (quartile) と総称される．50 パーセンタイルは中央値のことである．4 分位点で分けると，ケースの数が等しい 4 つのグループに分割することができる．

　SPSS では，ケースの値の小さい順に並べてケースの数が等しい k 個のグループに分割するための値を求めることもできる．また，p の値を指定して，p パーセンタイル値を求めることもできる．ぴったり p パーセントが含まれる位置に該当するケースがない場合の計算方法については，章末の付録 3) を参照して欲しい．

c) 最頻値

　最頻値 (mode) は，変数の値のうちで最も度数が多い値である．最頻値は，峰が 1 つしかない分布の場合は，有効な代表値となるが，複数の峰のある分布の場合は，分布の様子を代表するという意味が薄れてしまう．

2) 散らばりの指標

　分布の中心を表す指標だけでは，分布の中央の周りに値が集中しているのか，中央から広い範囲に散らばっているのか，までは表現できない．分布の形状を表現するには，分布の中心傾向の指標と共に，散らばりの指標が必要である．

a) 分散

　ケースの値の散らばりの指標を考える際に，各ケースの値と平均値の間の隔たりである平均偏差 (deviation from mean) が基本となる．以降，平均偏差を偏差 (deviation) と略記する．

　変数 x のケース k における偏差$_k$ は $x_k - x_{mean}$ で計算される（x_{mean} は平均値）．各ケースの値 x_k の平均値からの距離が大きければ，偏差$_k$ は大きくなる．x_k の値が平均値より大きければ偏差$_k$ は正の値をとり，小さければ負の値をとる．分布の重心に位置するのが平均値なので，どんな分布でも，すべてのケースについての偏差を加算するとゼロになってしまって，散らばり具合の指標にならない．

　そこで，偏差を 2 乗して非負の値にしたものの平均をとったのが，分散 (variance) である．平均値から離れている値がたくさんあるほど，偏差の 2 乗

和の値は大きくなる．平均をとるのは，ケースの数が異なるデータどうしの散らばりを比較可能にするためである．

SPSSで算出される分散の詳しい定義については，章末の付録4）を参照のこと．

b) 標準偏差

分散は，偏差の2乗の平均なので単位も2乗になる．例えば，変数 x が「通学時間（分）」であれば，分散の単位は分^2 となる．元の測定単位とそろえるために，分散の平方根をとった値が，標準偏差（standard deviation）である．標準偏差は平均値と同じ単位なので，平均値±標準偏差のような表現が可能であり，データの中心からの散らばり具合を感覚的に把握しやすくなる．例えば，正規分布に従う変数の場合は，平均値±1標準偏差の範囲に約68%，平均値±2標準偏差の範囲に約95%のケースが含まれる．

c) 平均値の標準誤差

例えば，ある小学校の6年生から抽出した5人の身長の平均値を算出するという作業を何回か行った場合，平均値はいつも同じとは限らない．どの5人が抽出されたかによって平均値は変動する．データから算出された平均値がどれくらい散らばるかの指標が平均値の標準誤差（standard error of mean value）である．平均値の標準誤差は，標準偏差／$\sqrt{n}$ で算出される（n はケースの総数）．定義から明らかなように，n が大きいほど，平均値のばらつきは小さくなる．これは，たくさんデータを集めたほうが平均値が安定することを意味する．

3) 分布の形状

歪度（skewness）は，分布の非対称性の指標であり，偏差の3乗和をもとに算出される．正規分布のように左右対称な分布では歪度は0となる．歪度は，右の裾が長い分布では正，左の裾が長い分布では負の値をとる．

尖度（kurtosis）は，分布の中心付近の山の尖り具合の指標であり，偏差の4乗和をもとに算出される．正規分布では，尖度は0となる．尖度は，正規分布よりも山頂付近が尖って長い裾を持つ分布では正，正規分布よりも山頂付近がなだらかで短い裾を持つ分布では負の値をとる．

　歪度と尖度の定義式については，一般的な統計の教科書（例えば，東京大学教養学部統計学教室編 (1991) を参照されたい．

[2] 解析例

例2.3.1

1）データ

　"通学時間.sav" の変数「通学時間」の代表値と散らばりに関する統計量を算出する．SPSSでは，順序尺度，比尺度，間隔尺度について算出可能である．

2）分析の手順

a）統計量の算出のみを行う方法

　[分析] → [記述統計] → [記述統計] を選択すると，「記述統計」ダイアログボックスが現れる（図2.3.1）．左の長方形の中には，ファイルに含まれる全ての数値型の変数の名前（とラベル）が表示される．数値型であれば「尺度」が「名義」や「順序」の変数でも表示されるが，名義尺度や順序尺度で表される変数について算出するのは意味がない．

図2.3.1　「記述統計」ダイアログボックスにおける変数の指定

　図2.3.1は，変数一覧から，「通学時間」を「変数」欄に移動させた状態である．「オプション」ボタンをクリックすると，「記述統計：オプション」ダイアログボックス（図2.3.2）が現れる．算出したい統計量にチェックマークを付けて「続行」ボタンをクリックすると，「記述統計」ダイアログボックス（図2.3.1）に戻る．「OK」ボタンをクリックすると，SPSSビューアに算出結果が表示される（表2.3.1）．

図 2.3.2　算出する統計量の指定

表 2.3.1　通学時間の記述統計量

記述統計量

	度数 統計量	最小値 統計量	最大値 統計量	平均値		標準偏差 統計量
				統計量	標準誤差	
通学時間（分）	94	5	180	64.81	3.826	37.096
有効なケースの数 （リストごと）	94					

b）度数分布表の作成と同時に算出する方法

　[分析]→[記述統計]→[度数分布表]を選択すると，「度数」ダイアログボックスが現れる．「度数」ダイアログボックス内の「統計量」ボタンをクリックすると，「度数分布表：統計」ダイアログボックス（図 2.3.3）が現れる．この中で，算出したい統計量にチェックマークを付ける．図 2.3.2 より図 2.3.3 のほうが，算出できる統計量の種類が多い．

　「続行」ボタンをクリックすると，「度数」ダイアログボックスに戻る．この状態で，「OK」ボタンをクリックすると，SPSS ビューアに，度数分布表と共に統計量の算出結果（表 2.3.2）が表示される．

図 2.3.3　算出する統計量の指定

表2.3.2　通学時間の記述統計量

統計量

通学時間（分）

度数	有効	94
	欠損値	1
平均値		64.81
平均値の標準誤差		3.826
中央値		60.00
最頻値		90
標準偏差		37.096
パーセンタイル	25	37.50
	50	60.00
	75	90.00

3）結果

　表2.3.1や表2.3.2をみると，平均値64.81と中央値60.00は比較的近い値だが，最頻値90は他の2つの中心傾向の指標と離れた値である．完全に左右対称の分布であれば，3つの値は一致する．通学時間に関しては，非対称の分布であることがわかる．また，標準偏差が37.096でかなりばらつきの大きな分布であることもわかる．分布の形状を把握するには，数量的な指標と視覚的な図（ヒストグラムなど）を併用するのが望ましい．

　表2.3.2をみると，中央値と50パーセンタイル値が一致しているのがわかる．パーセンタイル値の算出方法については，章末の付録3）を参照のこと．

2.4　クロス集計表とグラフ表現

[1] 方法の概要

　複数の変数を含むデータにおいて，同時に2つの変数（多くの場合，名義尺度または順序尺度で表される変数）に着目した集計を行って，2つの変数の値の組み合わせに関して度数や割合を算出した表をクロス集計表（cross table）と呼ぶ．2つの変数の値が交差するマス目をセル（cell）と呼ぶ．

　各セルには，度数だけでなく，行（横方向）ごとに算出した相対度数，列（縦方向）ごとに算出した相対度数，各セルの度数がデータ全体に占める割合を算出して表示することができる．本節では，クロス集計表に表された割合をグラフで表現する方法も解説する．クロス集計表については，3章にも説明がある．

[2] 解析例

例 2.4.1

1) データ

"通学時間.sav" に含まれる 2 つの質的変数「性別」と「住居」が取り得る値の組み合わせは, 2 通り (男性／女性)×2 通り (自宅／自宅外) で 4 通りある. この 2 つの変数のクロス集計表を作成する.

2) 分析の手順

[分析] → [記述統計] → [クロス集計表] を選択する.

「クロス集計表」ダイアログボックスが現れる (図 2.4.1). 左の変数一覧の中から, 「行」と「列」の欄にそれぞれ最低 1 つの変数を移動させる. ここでは, 「行」欄に「性別」, 「列」欄に「住居」を移動させる.

「クロス集計表」ダイアログボックス内の「セル」ボタンをクリックすると, 「セル表示の設定」ダイアログボックス (図 2.4.2) が現れる. クロス集計表に表示したい値にチェックマークを付けて選択する. ここでは「パーセンテージ」欄の「行」「列」「全体」にチェックマークを入れる. これら 3 種類の値は, クロス集計表に常に表示させる必要はなく, 分析の目的にかなったもののみを選択すればよい. 例えば, 自宅から通学する学生の割合が性別によって異なるかどうかを見たいのであれば, 「行」のみにチェックマークを入れればよい.

この状態で「続行」ボタンをクリックすると, 「クロス集計表」ダイアログボックスに戻る. 「クロス集計表」の「OK」ボタンをクリックすると, SPSS ビューアにクロス集計表が現れる (表 2.4.1).

図 2.4.1　集計の対象とする 2 つの変数を指定した状態

図 2.4.2　セル表示の設定

表 2.4.1　性別と住居のクロス集計表

性別と自宅／自宅外のクロス表

			自宅／自宅外		合計
			自宅	自宅外	
性別	男性	度数	26	15	41
		性別の％	63.4%	36.6%	100.0%
		自宅／自宅外の％	42.6%	45.5%	43.6%
		総和の％	27.7%	16.0%	43.6%
	女性	度数	35	18	53
		性別の％	66.0%	34.0%	100.0%
		自宅／自宅外の％	57.4%	54.5%	56.4%
		総和の％	37.2%	19.1%	56.4%
合計		度数	61	33	94
		性別の％	64.9%	35.1%	100.0%
		自宅／自宅外の％	100.0%	100.0%	100.0%
		総和の％	64.9%	35.1%	100.0%

3）結果

　表 2.4.1 のクロス集計表の縦方向は,「性別」の取り得る値「男性」「女性」と「合計」の順に区切られている. 横方向は,「住居」の取り得る値「自宅」「自宅外」と「合計」の順に区切られている. すなわち, クロス集計表の縦方向と横方向の区切りは, 図 2.4.1 の「行」欄と「列」欄で指定した変数に対応している.

　表 2.4.1 では, 2 つの変数の値の交差したそれぞれのセルには, 4 種類の値－「度数」「性別の％」「自宅／自宅外の％」「総和の％」－が並んでいる. 「度数」は, 2 つの変数の値の組み合わせに対応する度数である. 「性別の％」「自宅／自宅

外の％」「総和の％」は, 図 2.4.2 の「パーセンテージ」欄の「行」「列」「全体」の
チェックマークにそれぞれ対応した値である.

「性別の％」は, 男子学生と女子学生それぞれに分けて, 住居形態の割合を算
出した値であり, 横方向の和が 100 ％になる. 例えば, 男子学生のうち, 自宅か
らの通学者が 63.4 ％, 自宅外からの通学者が 36.6 ％であることが示されている.

「自宅／自宅外の％」は, 住居形態別に, 男女の割合を算出した値であり, 縦
方向の和が 100 ％になる. 例えば, 自宅から通学している学生のうち, 男子学
生の割合が 42.6 ％, 女子学生の割合が 57.4 ％であることが示されている.

「総和の％」は, 4 つの組み合わせそれぞれの度数が, 有効回答者数に占める
割合を算出した値であり, すべてのセルの和が 100 ％になる. 例えば, 調査対
象となった学生のうち, 自宅から通う女子学生が 37.2 ％を占めており, 最も多
い組み合わせであることが示されている.

例 2.4.2

1) データ

"通学時間.sav" について, 性別に算出した住居形態の割合を円グラフで表現
する. 具体的には, 表 2.4.1 の各セルの 2 行目に示された「性別の％」の値を
円グラフで表現する.

2) 分析の手順

性別の円グラフは, 例 2.2.2 の図 2.2.8 の画面で「パネル」の「行」または「列」
に「性別」を追加すれば作成できるが, その方法で作成される 2 つの円グラフに
表示可能な「データ値ラベル」は, 表 2.4.1 の各セルの 4 行目に示された「総和
の％」の値のみである. ここでは各セルの 2 行目の「性別の％」の値を円グラフ
に表示できる方法を紹介する.

[データ]→[ファイルの分割]を選択すると「ファイルの分割」ダイアログ
ボックスが現れるので, 「グループごとの分析」を選択し, 「性別」を「グループ化
変数」の欄に移動させる(図 2.4.3). さらに「グループ変数によるファイルの
並び替え」を選択する. これはケースを「性別」(男性 = 1, 女性 = 2)の値の昇
順に並べ替えた状態にする必要があるためである. この状態で「OK」ボタンを
クリックしてから例 2.2.2 の方法で円グラフを作成すると(図 2.2.7 及び図

2.2.8参照），男性，女性それぞれについての住居形態の円グラフが作成される．

　2つの円グラフそれぞれで図表エディタを開いて，［要素］→［データラベルの表示］を選択すると「プロパティ」ダイアログボックスが現れる．「プロパティ」ダイアログボックスの「データ値ラベル」タブでは「ラベル」の「表示」の欄に「パーセント」があるのが確認できる（図2.4.4）．また，「数値書式」タブでは，表示する値の桁数などの書式を指定することができる．「テキストのスタイル」タブでは，フォントの種類やサイズを指定できる．

　図2.4.5は，「性別」ごとに作成された住居形態の円グラフに表2.4.1の2行目の「性別の％」の値が表示された状態である（フォントサイズや塗りつぶしも図表エディタで変更済）．

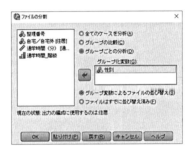

図2.4.3　「ファイルの分割」ダイアログボックスにおける指定

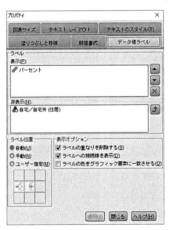

図2.4.4　「データ値ラベル」タブで「パーセント」が「表示」欄にある状態

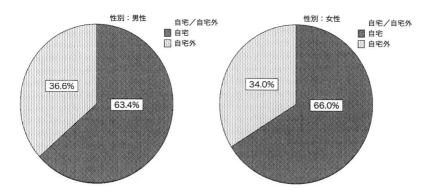

図2.4.5　「性別」ごとに作成された住居形態の割合の円グラフ

[3] クロス集計表とグラフ表現に関するQ&A

Q. 3つの変数のクロス集計表は作成できますか.

A. 2つの変数のクロス集計表を作成する場合と同じように，[分析]→[記述統計]→[クロス集計表]を選択すると「クロス集計表」ダイアログボックスが現れます．図2.4.6は，「行」欄に「通学時間_階級」，「列」欄に「性別」，「層1/1」の変数欄に「自宅／自宅外[住居]」を指定した例です．これによって，「層1/1」で指定した変数の値ごとに（これを「層別」と言います．詳細は2.6節で後述します），「通学時間_階級」と「性別」のクロス集計表を作成することができます（表2.4.2参照）.

図2.4.6　「クロス集計表」ダイアログボックスにおける3つの変数の指定例

表 2.4.2　３つの変数のクロス集計表の作成例
通学時間_階級と性別と自宅／自宅外のクロス表

自宅／自宅外			性別		合計
			男性	女性	
自宅	通学時間_階級	30 分以上 60 分未満	2	9	11
		60 分以上 90 分未満	7	8	15
		90 分以上 120 分未満	12	13	25
		120 分以上 150 分未満	3	4	7
		150 分以上 180 分未満	1	0	1
		180 分以上	1	0	1
	合計		26	34	60
自宅外	通学時間_階級	30 分未満	9	9	18
		30 分以上 60 分未満	5	6	11
		60 分以上 90 分未満	0	3	3
		90 分以上 120 分未満	1	0	1
	合計		15	18	33
合計	通学時間_階級	30 分未満	9	9	18
		30 分以上 60 分未満	7	15	22
		60 分以上 90 分未満	7	11	18
		90 分以上 120 分未満	13	13	26
		120 分以上 150 分未満	3	4	7
		150 分以上 180 分未満	1	0	1
		180 分以上	1	0	1
	合計		41	52	93

2.5　相関係数

[1] 方法の概要

　同時に２つの量的変数に着目した分析を行う際に，横軸と縦軸にそれぞれの変数をとって，各ケースについて２つの変数の値の組み合わせに相当する箇所に点を打ったグラフ－散布図（scatter diagram）－を作成すると，２つの変数間の関係を視覚的にとらえることができる．散布図の点の集まりが右上がりの直線状になっていれば，一方の変数の値が大きければ他方の変数の値も大きいという傾向を示している．２変数間のこのような傾向を，正の相関関係があるという．逆に，一方の変数の値が大きければ他方の変数の値の値が小さい傾向を，負の相関関係があるという．

　散布図にプロットされた点の集まりが直線に近いほど，２変数の間の相関関係は強い．ピアソンの積率相関係数（Pearson's product moment correlation coefficient）－単に相関係数（correlation coefficient）という場合が多い－は相関

関係の強さを表す指標で，－1 以上＋1 以下の値をとる．相関係数＋1 は，全ケースのプロットが 1 本の右上がりの直線上に乗る状態である．相関係数－1 は，1 本の右下がりの直線状に全ケースのプロットが乗る状態である．ピアソンの積率相関係数の定義式は章末の付録 5）で述べる．

相関係数 r の絶対値と相関関係の強さの対応の目安として，森他（1990）p. 220 では，$0 \leq |r| \leq 0.2$ はほとんど相関なし，$0.2 < |r| \leq 0.4$ は弱い相関あり，$0.4 < |r| \leq 0.7$ は比較的強い相関あり，$0.7 < |r| \leq 1.0$ は強い相関あり，としている．

母集団の相関係数がゼロでないかどうかの検定については，3 章で述べる．本節では，散布図の作成方法と相関係数の算出までを扱う．

相関係数は，散布図にプロットされた点が直線に近いかどうかの指標であり，必ずしも一方の変数が原因になって他方の変数に影響を及ぼす因果関係の強さを示すものではないことに注意したい．プロットが直線的でも 2 つの変数のどちらが原因かわからない場合もあるし，プロットが直線的でなくても一方の変数の影響を受けて他方の変数の値が変動する場合もある．

[2] 解析例

例 2.5.1

1）データ

"国数英得点 .sav"（仮想データ）は，100 名の生徒の国語，数学，英語のテスト得点（いずれの教科も 100 点満点）である．各教科のテスト得点間の散布図を作成する．

2）分析の手順

a）2 教科のテスト得点の散布図を 3 枚作成する方法

［グラフ］→［レガシーダイアログ］→［散布図／ドット］を選択すると，「散布図／ドット」ダイアログボックス（図 2.5.1）が現れるので，「単純な散布」を選択して「定義」ボタンをクリックする．「単純散布図」ダイアログボックス（図 2.5.2）が現れる．国語得点と数学得点の散布図を作成するために，「X 軸」に「国語」，「Y 軸」に「数学」を指定して「OK」ボタンをクリックする．

図 2.5.3（a）の散布図が SPSS ビューアに出力される．同様にして，国語得点と英語得点の散布図（図 2.5.3（b）），数学得点と英語得点の散布図（図 2.5.3（c））を作成することができる．

図 2.5.1 「散布図」の種類の指定

図 2.5.2 「単純散布図」ダイアログボックスにおける変数の指定

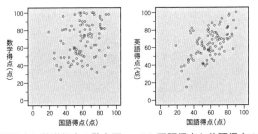

(a) 国語得点と数学得点の散布図　　(b) 国語得点と英語得点の散布図

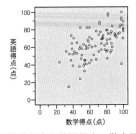

(c) 数学得点と英語得点の散布図

図 2.5.3 国語, 数学, 英語得点の散布図

b) 3 教科のすべての組み合わせを 1 枚のグラフとして作成する方法

[グラフ]→[レガシーダイアログ]→[散布図／ドット]を選択すると，「散布図／ドット」ダイアログボックス（図2.5.4）が現れるので，「行列散布図」を選択して「定義」ボタンをクリックする．「行列散布図」を選択すると，指定した変数を 2 つずつ組み合わたすべてについての散布図が 1 枚のグラフとして作成される．

「散布図の行列」ダイアログボックス（図2.5.5）が現れるので，「行列の変数」として「国語」「数学」「英語」の 3 つの変数を指定する．「OK」ボタンをクリックすると，図2.5.6 の散布図が SPSS ビューアに出力される．

図 2.5.4 「散布図」の種類の指定

図 2.5.5 「散布図の行列」ダイアログボックスにおける「行列の変数」の指定

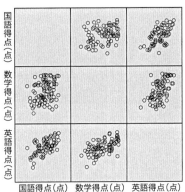

図 2.5.6　３つの変数の行列散布図

例 2.5.2

1）データ

"国数英得点.sav"（仮想データ）において，各教科のテスト得点間の相関係数を算出する．

2）分析の手順

　[分析] → [相関] → [2 変量] を選択すると，「2 変量の相関分析」ダイアログボックスが現れる（図 2.5.7）．左側の変数一覧から，「国語」「数学」「英語」を右側の「変数」欄に移動させる．「OK」ボタンをクリックすると，表 2.5.1 がSPSS ビューアに出力される．

図 2.5.7　「2 変量の相関分析」ダイアログボックスにおける変数の指定

表2.5.1　算出された相関係数

		国語得点（点）	数学得点（点）	英語得点（点）
国語得点（点）	Pearson の相関係数	1	.312**	.580**
	有意確率（両側）		.002	.000
	度数	100	100	100
数学得点（点）	Pearson の相関係数	.312**	1	.588**
	有意確率（両側）	.002		.000
	度数	100	100	100
英語得点（点）	Pearson の相関係数	.580**	.588**	1
	有意確率（両側）	.000	.000	
	度数	100	100	100

**.相関係数は1%水準で有意（両側）です.

3）結果

　表2.5.1より，英語の得点は，数学と国語の両方の得点と比較的強い相関があることがわかる．それらの相関係数に比べると，国語と数学の得点の相関は弱いことがわかる．図2.5.3や図2.5.6の散布図をみると，直線からのデータの散らばり具合と相関係数の大小が対応していることが見てとれる．

2.6 | 層別の分析

[1] 方法の概要

　特性が異なる集団から得られたデータが1つのファイルに混在していると，分布の形状や相関関係の情報が埋もれてしまってあらわに見えない場合がある．こうした場合に，何らかの変数に着目して分割した集団ごとに分析を行うと，集団ごとに変数の分布形状が異なっていたり，各集団内では強い相関関係がみられたりすることがある．1つのデータを，何らかの特性に着目していくつかの集団に分割することを層別（stratification）という．

　ある変数に関して集団ごとの分布の状態を比較するには，箱ひげ図（box-and-whisker plot）による表現が威力を発揮する．箱ひげ図については，解析例の中で説明する．

[2] 解析例

例 2.6.1

1）データ

　"通学時間.sav"には，自宅から通学する学生と自宅外から通学する学生のデータが含まれている．住居形態−自宅／自宅外−で層別化して通学時間に関する統計量を算出する．さらに，通学時間の分布の様子を，層別に示すグラフを作成する．

2）分析の手順

a）層別の統計量の算出方法

　住居形態別の通学時間の平均値や標準偏差は，1.2 節の例 1.2.3 で解説した「ケースの選択」と例 2.3.1 b）の統計量の算出方法を組み合わせて算出することもできるが，ここでは別の方法を紹介する．

　[データ]→[ファイルの分割]を選択すると，「ファイルの分割」ダイアログボックスが現れる（図 2.6.1）．「グループごとの分析」を選択し，層別のための変数として「自宅／自宅外[住居]」を「グループ化変数」の欄に移動させる．さらに「グループ変数によるファイルの並び替え」を選択する．これは，ケースを「住居」（自宅＝1，自宅外＝2）の値の昇順に並べ替えた状態にする必要があるためである．この状態で「OK」ボタンをクリックすると，ケースが「住居」の値の昇順にソートされた状態になり，以後の分析はすべて「住居」の値で層別されて行われる．もし，ファイルがすでに並べ替えが済んでいる状態であれば，図 2.6.1 の画面で「ファイルはすでに並び替え済み」を選択すればよい．

　層別の分析が済んだら，図 2.6.1 のダイアログボックスに戻って「全てのケースを分析」を選択して，元の状態（層別化の前の状態）に戻しておく必要がある．

　表 2.6.1 は，「ファイルの分割」を済ませた後で例 2.3.1 b）の方法を用いて住居形態別に算出した「通学時間」の統計量である．ただし，表 2.6.1 では「住居」の値が欠損のケースについて算出された統計量は省略してある．

　なお，図 2.6.1 の「ファイルの分割」の指定画面で，グループ化変数に「性別」を追加することによって，表 2.6.1 の統計量を住居と性別の組合せごとに求めることができる．

図2.6.1　住居形態で層別するための指定

表2.6.1　住居形態で層別して算出された通学時間の統計量

(a) 自宅からの通学者　　　　　　　　　　(b) 自宅外からの通学者

統計量

通学時間 (分)

度数	有効		60
	欠損値		1
平均値			84.25
中央値			90.00
最頻値			90
標準偏差			28.683
パーセンタイル	25		60.00
	50		90.00
	75		100.00

統計量

通学時間 (分)

度数	有効		33
	欠損値		0
平均値			28.70
中央値			20.00
最頻値			10
標準偏差			20.228
パーセンタイル	25		11.00
	50		20.00
	75		40.00

b) 層別のヒストグラムの作成方法

　例2.2.3の作成の手順b) の図2.2.16ダイアログボックスにおいて,「パネル」「列」に「自宅／自宅外[住居]」を指定することで, 図2.6.2のような層別のヒストグラムを作成することができる. 階級設定や目盛り設定が同じヒストグラムが作成されるので, 住居形態別の分布の形状を比較することが容易である.

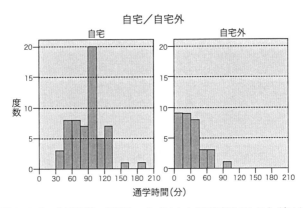

図 2.6.2 住居形態で層別して作成された通学時間のヒストグラム

c) 箱ひげ図の作成方法

箱ひげ図は，量的変数の分布の様子を，小さなスペースで簡潔にまとめて表現できるグラフである．1つの変数の分布が，1組の箱とひげで表現される．層別の分布を比較したい場合に有用な表現手法である．

［グラフ］→［レガシーダイアログ］→［箱ひげ図］を選択すると，「箱ひげ図」ダイアログボックス（図2.6.3）が現れる．ただ1つの変数「通学時間」に着目して分布をグラフにするので，「単純」を選択する．住居形態でグループ分けした分布をみるので，「グループごとの集計」を選択する．

「定義」ボタンをクリックすると，「単純な箱ひげ図の定義：グループごとの集計」ダイアログボックス（図2.6.4）が現れる．「変数」には「通学時間」，「カテゴリ軸」には「自宅／自宅外［住居］」を指定する．「ケースのラベル」については，箱ひげ図に外れ値や極値がプロットされた際につけるラベルとして，「整理番号」を指定する．「オプション」によって欠損値グループを表示するよう指定することもできるが，ここでは指定しない．

以上の指定が済んだら「OK」ボタンをクリックする．図2.6.5のような箱ひげ図がSPSSビューアに出力される（図2.6.5は図表エディタでの編集を経たもの）．

図2.6.3 「箱ひげ図」ダイアログボックスにおける種類の指定

図2.6.4 「単純な箱ひげ図の定義」ダイアログボックスにおける変数とカテゴリ軸の指定

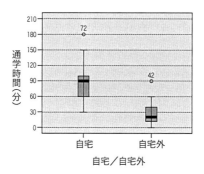

図2.6.5 「通学時間」の箱ひげ図

c）結果

表2.6.1をみると，「住居」で層別して算出した通学時間の平均値は，「自宅」が84.25分に対して「自宅外」が28.70分で，大きく異なっていることがわかる．また，「自宅」に関しては，平均値，中央値，最頻値が比較的近く，通学時間の分

布が比較的対称と予想される．それに対して，「自宅外」に関しては，平均値や中央値に比べて最頻値が非常に低く，分布形状がゆがんでいることが予想される．なお，表 2.3.2 によれば通学時間の有効回答者数は 94 だが，そのうち 1 名は「住居」が欠損値なので，層別の分析における有効回答者数は 93 となる．

図 2.6.2 をみれば，「自宅」と「自宅外」の通学時間の分布形状の違いは明らかである．「自宅」の通学時間は，90 分以上 105 分未満の階級にピークがある山型の分布になっているのに対して，「自宅外」の通学時間は，0 分以上 15 分未満と 15 分以上 30 分未満の階級にピークがあり，それより上の階級になるにつれて度数が単調に減少している．

箱ひげ図の中央の箱の下端，中央の太線，上端の水平線は，25, 50, 75 パーセンタイル値を表す．50 パーセンタイル値は中央値である．表 2.6.1 によれば，「自宅」の通学時間の 25, 50, 75 パーセンタイル値は，それぞれ，60, 90, 100 であり，図 2.6.5 中の「自宅」の箱の下端，中央，上端の値と一致しているのがわかる．

箱の端からひげ状に伸びた先端の水平線は，箱の端から 1.5×箱の長さ以内で最も中央値から遠くにあるデータの値を表す．箱の長さは，75 パーセンタイル値と 25 パーセンタイル値の距離であり，四分偏差 (interquantile range) と呼ばれる．表 2.6.1 によれば，「自宅」の通学時間の四分偏差は 40 である．よって，ひげの上の端の値は，箱の上端 (100) + 1.5×四分偏差 (40) = 160 以内で，最も中央値 (90) から離れたところにあるデータ，すなわち 150 を指すはずである．図 2.6.5 をみると，ひげの上端は 150 であり，表 2.6.1 から算出した値と一致している．図 2.6.5 の他のひげの端についても，同様にして，表 2.6.1 から算出される値と一致することが確認できる．

箱の上端または下端から，四分偏差の 1.5 倍から 3 倍の間にある値を持つケースが存在する場合は，外れ値 (outlier) として○でプロットされる．また，箱の上端または下端から，箱の長さの 3 倍よりも離れた値を持つケースは，極値として＊でプロットされる．外れ値と極値には，図 2.6.4 の「ケースのラベル」で指定した変数の値が，ラベルとして表示される．デフォルトではケース番号がラベルになる．図 2.6.5 では，整理番号 72 と 42 のケースが外れ値としてプロットされている．

以上は，住居形態で層別して表 2.6.1，図 2.6.2，図 2.6.5 を作成すること

によって，2種類の異なる分布がまざっていることが明らかになる例である．

例2.6.2

1) データ

"数学理科得点.sav"（仮想データ）は，80名の生徒の数学と理科のテスト得点（いずれの教科も100点満点）である．数学は全員同じ問題を受験したが，理科については物理と生物のどちらか1科目を選択して受験した．表2.6.2に，"数学理科得点.sav"に含まれる変数を示す．

数学と理科のテスト得点の統計量と相関係数を，理科の選択科目で層別して算出すると共に，数学と理科のテスト得点の散布図を層別して作成する．

表2.6.2　"数学理科.sav"の変数一覧

変数名	尺度の種類	備考
数学得点	間隔尺度	100点満点
理科得点		
理科選択科目	名義尺度	1：物理選択者 2：生物選択者

2) 分析の手順

a) 層別の統計量の算出方法

理科の選択科目別の統計量は，例2.6.1の方法で算出することもできるが，ここでは別の方法を紹介する．

［分析］→［平均の比較］→［グループの平均］を選択すると，「グループの平均」ダイアログボックス（図2.6.6参照）が現れる．「独立変数」として，層別に用いる変数「理科選択科目」を指定する．「従属変数」として，「数学得点」と「理科得点」を指定する．

「OK」ボタンをクリックすると，表2.6.3がSPSSビューアに出力される．

図 2.6.6　「グループの平均」ダイアログボックスにおける変数の指定

表 2.6.3　理科の選択科目別の数学・理科得点の統計量
報告書

理科選択科目		数学得点（点）	理科得点（点）
物理	平均値	76.64	64.44
	度数	36	36
	標準偏差	19.423	15.502
生物	平均値	50.45	72.52
	度数	44	44
	標準偏差	24.492	13.398
合計	平均値	62.24	68.89
	度数	80	80
	標準偏差	25.797	14.850

b）層別の相関係数の算出方法

　数学と理科の得点の相関係数を，理科の選択科目別に算出するには，例 2.6.1 の方法を用いることができる．数学得点と理科得点の相関係数を，全員，物理選択者，生物選択者それぞれについて算出した結果を表 2.6.4 に示す．

表 2.6.4　数学得点と理科得点の相関係数

(a) 数学得点と理科得点の相関係数（全員）
相関係数

		数学得点（点）	理科得点（点）
数学得点（点）	Pearson の相関係数	1	.311**
	有意確率（両側）		.005
	N	80	80
理科得点（点）	Pearson の相関係数	.311**	1
	有意確率（両側）	.005	
	N	80	80

**．相関係数は 1 ％水準で有意（両側）です．

(b) 数学得点と理科得点の相関係数（物理選択者 36 名）

相関係数[a]

		数学得点（点）	理科得点（点）
数学得点（点）	Pearson の相関係数	1	.687**
	有意確率（両側）		.000
	N	36	36
理科得点（点）	Pearson の相関係数	.687**	1
	有意確率（両側）	.000	
	N	36	36

**. 相関係数は 1 ％水準で有意（両側）です.
[a]. 理科選択科目＝物理

(c) 数学得点と理科得点の相関係数（生物選択者 44 名）

相関係数[a]

		数学得点（点）	理科得点（点）
数学得点（点）	Pearson の相関係数	1	.451**
	有意確率（両側）		.002
	N	44	44
理科得点（点）	Pearson の相関係数	.451**	1
	有意確率（両側）	.002	
	N	44	44

**. 相関係数は 1 ％水準で有意（両側）です.
[a]. 理科選択科目＝生物

c) 層別の散布図の作成方法（1）

例 2.5.1 で解説した方法を応用して，物理選択者と生物選択者それぞれについて，数学と理科の得点の散布図を作成することができる．すなわち，「単純散布図」ダイアログボックス（図 2.5.2）において，「パネル」の「列」に「理科選択科目」を指定することによって，2 枚の散布図が作成される（図 2.6.7）.

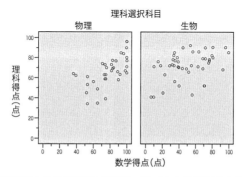

図 2.6.7　物理選択者と生物選択者で層別して作成した数学得点と理科得点の散布図

d) 層別の散布図の作成方法 (2)

　[グラフ]→[レガシーダイアログ]→[散布図／ドット]を選択すると,「散布図／ドット」ダイアログボックス (図2.5.1) が現れる.「単純な散布図」を選択して「定義」ボタンをクリックすると, 図2.6.8のダイアログボックスが現れる.「X軸」に「数学」,「Y軸」に「理科」を指定する.「マーカーの設定」に「理科選択科目」を指定する.「OK」ボタンをクリックすると, 図2.6.9の散布図がSPSSビューアに出力される (図2.6.9は図表エディタで編集した後の状態).

図2.6.8 「単純散布図」ダイアログボックスにおける変数の指定

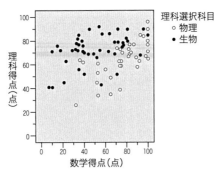

図2.6.9 数学得点と理科得点の層別 (理科選択科目別) 散布図

3) 結果

　表 2.6.3，図 2.6.7 や図 2.6.9 をみると，生物の得点は物理よりも高得点側に分布している．数学は全員が同じ問題を解くが，理科については選択によって異なる問題−物理または生物−を解くので，理科の得点分布は科目によって異なる可能性がある．また，物理選択者と生物選択者では数学得点の分布が異なっており，異なる特性を持つ 2 つの集団が混ざっていると考えられる．

　層別せずに算出した数学得点と理科得点の相関係数は 0.311 で（表 2.6.4(a)），数学と理科の相関関係は弱いように見える．しかし，理科の選択科目で層別して相関係数を算出すると，数学と物理の相関係数は 0.687（表 2.6.4(b)），数学と生物の相関係数は 0.451（表 2.6.4(c)）となり，層別前よりも高い相関係数になっている．また，数学と物理の相関関係が比較的強いことがわかる．

[3] 層別の分析に関する Q&A

Q　層別の累積相対度数曲線が 1 枚のグラフ内に描かれるようにするにはどうすればよいですか．

A　図 2.2.19 のような「通学時間」の累積相対度数曲線を，住居形態別に作成して 1 枚のグラフ内に描く例で説明します．［グラフ］→［レガシーダイアログ］→［折れ線］を選択すると，「折れ線グラフ」ダイアログボックスが現れます（図 2.6.10）．複数の折れ線を 1 枚のグラフ内に描くので，「多重」を選択します．また，層別に折れ線を作成するので，「図表内のデータ」は「グループごとの集計」を選択します．

図 2.6.10　層別の累積相対度数曲線の作成方法(1)

　「定義」をクリックして現れる「多重折れ線グラフの定義」ダイアログボックス（図2.6.11）において、「カテゴリ軸」に例2.1.2で作成しておいた変数「通学時間_階級」を指定して、「線の表現内容」に「累積％」を指定する点は、図2.2.18と同じです．異なるのは、「線の定義」に、層別のための変数「自宅／自宅外[住居]」を指定する点です．

　「OK」をクリックすると、図2.6.12のようなグラフがSPSSビューア内に作成されます．

図2.6.11　層別の累積相対度数曲線の作成方法(2)

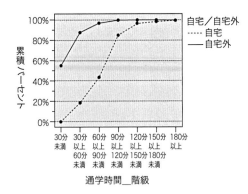

図2.6.12　住居形態で層別された累積相対度数曲線を1枚のグラフ内に描いた例

付　録

1) 図表の活用−他のソフトとの連携−

　SPSS ビューア内の図や表は，ワープロソフトや表計算ソフトで作成された
ファイルに貼り付けることができる．コピーしたい図表の部分にマウスを移動
させて右クリックして現れるメニューで「コピー」または「形式を選択してコ
ピー」を選択して目的のファイル内に「貼り付け」ればよい．

　同様にして右クリックで現れるメニューから「エクスポート」を選択すると，
「出力のエクスポート」ダイアログボックス（下図）が現れ，書式を詳細に指定
して外部ファイルに保存することができる．下図は，SPSS ビューア内のヒス
トグラムのグラフを，JPEG形式で名前をつけてファイルに保存する例である．
保存したファイルは，他のソフトから呼び出して使うことができる．

2) スタージェスの公式

　度数分布表やヒストグラムのわかりやすさは，値をいくつの階級に区切る
か，階級の幅をどうするか，によって左右される．階級の数の目安として，以下

に示すスタージェスの公式 (Sturges's formula) がある.

　　階級の数 $≒ 1+\log_2 n = 1+(\log_{10} n)/(\log_{10} 2)$　（n はケースの総数）

例 2.1.2 で用いた "通学時間.sav" のケースの総数は 95 なので，$n = 95$ を上記の公式に代入すると 7.56… となり，階級の数の目安として 8 が示される.

　スタージェスの公式はあくまで目安であり，絶対的な基準ではない. 階級を設定する際には，区切りの良さも考慮しなければならない. 例 2.1.2 では，区切りの良さも加味して 7 つの階級に分けた.

3) パーセンタイルの算出方法

　p パーセンタイル値の位置にあるデータが存在しない場合の算出方法にはいろいろあるが，SPSS では，以下の算出方法（小笠原 (1999)）がデフォルトになっている. 小笠原 (1999) では，その他の算出方法についても解説されている.

　データの総数を n として，$(n+1)p/100$ の値を整数部 j と小数部 g に分解する.

$$(n+1)p/100 = j+g \tag{1.2}$$

p パーセンタイル値は，以下の (1.3) 式で求める.

$$(1-g)x_{(j)}+gx_{(j+1)} \tag{1.3}$$

ただし，$x_{(j)}$ は，小さい順に並べて j 番目に位置するデータの値を表すものとする.

　例えば，"通学時間.sav" における通学時間の 25 パーセンタイル値 37.5 は（表 2.3.2 参照），以下のようにして算出される.

　データの総数 $n = 94$，$p = 25$ を (1.2) 式に代入すると，$j = 23$，$g = 0.75$ となる.

　よって，(1.3) 式は，$(1-0.75)x_{(23)}+0.25x_{(24)}$ となる.

　表 2.1.1 より，通学時間を小さい順に並べて 23 番目に位置する値は 30，24 番目に位置する値は 40 である. (1.3) 式に，$x_{(23)} = 30$，$x_{(24)} = 40$ を代入することにより，25 パーセンタイル値は 37.5 と算出される.

4) 不偏分散と標本分散

　SPSS で計算される分散は，不偏分散 (unbiased variance) と呼ばれるもので，

偏差（各ケースの値と平均値の差）の2乗和を，ケースの総数 n から1を引いた値 $(n-1)$ で割った値である．算出式は，以下の (1.4) 式である．

不偏分散 ＝ {(偏差$_1$)^2 ＋ (偏差$_2$)^2 ＋ … ＋ (偏差$_n$)^2} ／ $(n-1)$　　(1.4)

SPSS では，得られたデータを母集団からの標本とみなす．(1.4) 式で算出される不偏分散の期待値（平均）は，母集団における値の散らばり（母分散）と完全に一致するので，母分散を推定するための統計量として用いられる．

偏差の2乗和を n で割った分散は標本分散 (sample variance) と呼ばれる．

標本分散 ＝ {(偏差$_1$)^2 ＋ (偏差$_2$)^2 ＋ … ＋ (偏差$_n$)^2} ／ n　　　(1.5)

(1.5) 式で算出される標本分散の期待値は，母分散の $(n-1)/n$ 倍となる．すなわち，標本分散は，母集団における値のばらつきを実際より小さく見積もってしまう危険がある．

標本数（ケースの総数）が大きい場合，$(n-1)/n$ の値は1に近づくので，標本分散と不偏分散の値はほとんど同じになる．実際に両者の値の違いが問題になるのは，標本の数が少ない場合に限られるだろう．

また，得られたデータを標本とみなさずに，母集団そのものとみなす場合は，標本分散を用いるべきである．

5) ピアソンの積率相関係数

変数 x と変数 y のピアソンの積率相関係数 r は，以下の (1.6) 式で定義される．x_i は変数 x の i 番目のケースの値，偏差 x_i は $x_i - x_{mean}$ を意味する（x_{mean} は変数 x の平均値）ものとする．

$$r = \frac{\{(偏差\ x_1)(偏差\ y_1) + (偏差\ x_2)(偏差\ y_2) + \cdots + (偏差\ x_n)(偏差\ y_n)\} ／ n}{x\ の標準偏差・y\ の標準偏差}$$

(1.6)

x_i と y_i をそれぞれの平均値と比較して，両方とも大きい場合と両方とも小さい場合は，偏差 x_i と偏差 y_i の積は正となる．これは，散布図における点 (x_i, y_i) が右上がりの直線を形成する傾向に対応する．それぞれの平均値と比較した大小関係が x_i と y_i で一致しなければ，偏差 x_i と偏差 y_i の積は負となり，散布図における点 (x_i, y_i) が右下がりの直線を形成する傾向に対応する．

　(1.6) 式の分子は，変数 x の偏差と変数 y の偏差の積の平均であり，共分散と呼ばれる．共分散が正なら，変数 x と変数 y の散布図は右上がりの傾向が強く，負なら，右下がりの傾向が強くなる．

　(1.6) 式において，分子を分母 (x の標準偏差と y の標準偏差の積) で割るのは，変数 x, y の単位にかかわらず，$-1 \leqq r \leqq +1$ の値になるようにするためである．(1.6) 式の分母の標準偏差は，$\sqrt{標本分散}$ で算出された値である．

参考文献

小笠原春彦 (2008)「Q5 中央値と分位数」，繁桝算男・柳井晴夫・森敏昭編著『Q&A で知る統計データ解析 [第 2 版] DOs and DON'Ts』，p. 8 - 9，サイエンス社．

東京大学教養学部統計学教室編 (1991) 「5.3　モーメントとモーメント母関数」，『統計学入門』，p. 99 - 102，東大出版会．

森敏昭・吉田寿夫編著 (1990)「第 1 章第 2 節　記述統計学の諸測度」，『心理学のためのデータ解析テクニカルブック』，p. 24 - 25，北大路書房．

森敏昭・吉田寿夫編著 (1990)「第 5 章第 1 節　ピアソンの積率相関係数」，『心理学のためのデータ解析テクニカルブック』，p. 220，北大路書房．

第3章

統計的推論

　数量的な研究を行う場合には，複数の群における平均値や分散，比率（割合）を比較したり，変数間の関係を吟味することが多い．本章では，2つの平均値の比較，2つの分散の比較，相関係数の検討，2×2クロス表の検討，2つの比率（割合）の比較を中心に，統計的検定と区間推定の方法について説明する．

3.1　平均値についての推論

[1]　方法の概要

　同一変数に関する条件が異なる2つの平均値について，母集団において差があるかどうかを統計的に検証する方法として t 検定がある．t 検定には，①対応のない（独立した）t 検定と，②対応のある t 検定の2種類が存在する．「対応のない」とは，実験群と対照群のように，被験者（標本）が2つの群のいずれか1つの群に含まれる場合のことを言う．「対応のある」とは，同じ被験者に対して事前-事後テストを行うとか，同一家族の患者と家族からデータを収集するなど，データが対になって得られている場合のことを言う．

　t 検定を行った結果，有意確率（p 値）があらかじめ設定された有意水準（significant level）（危険率）より小さくなれば，統計的に有意であるとして，2つの平均値に統計的有意差があると考える．反対に有意確率が有意水準を下回らなければ，2つの平均値に統計的有意差があるとは言えないと判断する．

　2つの平均値に統計的有意差があるかどうかではなく，どの程度の差があるかを，ある程度の幅をもって推定するのが区間推定（interval estimation）である．

区間推定の1つとして信頼区間 (confidential interval) がある．例えば，平均値の差の信頼区間とは，「あらかじめ設定された確率 (例えば95％) で母集団における平均値の差の値を含む」というルールに従って作成される区間のことである．「あらかじめ設定された確率」は信頼係数と呼ばれる．例えば，信頼係数を95％とした場合に作成される信頼区間は，95％信頼区間と呼ばれる．

[2] 解析例

例 3.1.1

1) データ

外科病棟に入院し，腸または胃の手術を受けた患者において，看護師および医師の対応に対する満足度，術前不安の程度，手術に対する満足度等を調査した田野 (2001)，田野他 (2002) のデータを用いる．腸を手術した患者と，胃を手術した患者の，術前不安の程度 (平均値) を比較する．

2) データ入力の形式

SPSSのデータ入力エディタにおいて各変数のデータを入力した画面の一部を図 3.1.1 に示す．「手術部位」の1は腸，2は胃を手術したことを表す (各値にラベルをつけておくとよい)．「医師の対応への満足度」と「看護師の対応への満足度」はともに，①態度，言葉づかい，②相談のしやすさ，③あなたの不安への対応，について，「5．とても満足」から「1．とても不満」までの5段階で評定した値の合計値である．「術前不安」は，術前における不安の程度を5段階で評定した結果であり，「手術に対する満足度」は，手術に対する満足度を5段階で評定したものである (得点が高いほど満足度が高い)．

	手術部位	医師の対応への満足度	看護師の対応への満足度	術前不安	手術に対する満足度
15	1	14	12	4	5
16	1	15	10	5	5
17	1	15	15	2	5
18	2	11	15	2	3
19	2	15	13	2	5
20	2	12	15	1	4

図 3.1.1　入力データの一部

3) 分析の手順

患者は腸手術か胃手術かのいずれかの群に属するから，対応のない t 検定となる．まず，図 3.1.2 にあるように，[分析]→[平均の比較]→[独立したサンプルのT検定] と進むと，図 3.1.3 の画面が表示される．そこで，「術前不安」を検定変数，「手術部位」をグループ化変数に投入する．つぎに「グループの定義」のボタンを押し，「グループ 1」に腸手術患者であることを表す 1 を，「グループ 2」に胃手術患者であることをあらわす 2 という値を入力する．オプションでは信頼区間の信頼係数の値を設定することができる．初期設定では 95％になっている．

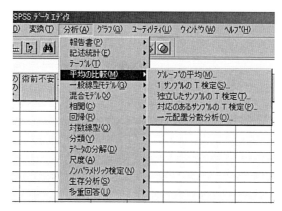

図 3.1.2 平均値の比較の手順

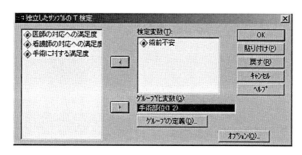

図 3.1.3 独立したサンプルのT検定における変数選択画面

4) 結果

各群の術前不安の平均値を表 3.1.1 に示す．腸を手術した患者は 17 名，胃を

手術した患者は 16 名である．表を見ると，術前不安の程度の平均値は，腸手術患者 2.94，胃手術患者 2.75 となっており，腸手術患者の方が若干高い値になっている．母集団平均値に差があるかどうかを検討するため，t 検定の結果（表 3.1.2）を見ると，有意確率は 0.696 となっており，通常有意水準に設定される 0.05 または 0.01 という値を下回らないことがわかる．よって，腸手術患者と胃手術患者の術前不安の程度に統計的有意差はないと判断される．

95 ％信頼区間を見ると，下限は － 0.797，上限は 1.179 となっており，95 ％の確率でこの区間が母集団における平均値の差の値を含むと推定される．母平均値に差がないこと，つまり 0 という値を信頼区間が含んでいることからも，腸手術患者と胃手術患者の術前不安の程度には差はないという判断は支持される．

表 3.1.1　各群の術前不安の平均値と標準偏差

グループ統計量

手術部位		N	平均値	標準偏差	平均値の標準誤差
術前不安	腸	17	2.94	1.197	.290
	胃	16	2.75	1.571	.393

表 3.1.2　対応のない t 検定の結果と信頼区間

独立サンプルの検定

		等分散のための Levene の検定		2 つの母平均の差の検定						
		F 値	有意確率	t 値	自由度	有意確率（両側）	平均値の差	差の標準誤差	差の 95 ％信頼区間 下限	上限
術前不安	等分散を仮定する	2.805	.104	.395	31	.696	.191	.484	-.797	1.179
	等分散を仮定しない			.391	28.035	.698	.191	.488	-.809	1.192

例 3.1.2

1）データ

例 3.1.1 で用いたデータにおいて，医師の対応への満足度と看護師の対応への満足度の比較を行う．

2）データ入力の形式

図 3.1.1 に示したように，同一被験者の「医師の対応への満足度」と「看護師の対応への満足度」が 1 つの行に属するようにデータを入力する．

3) 分析の手順

　各患者は，同一項目を用いて「医師の対応への満足度」と「看護師の対応への満足度」を評定しているから，対応のある t 検定を用いる．図 3.1.2 にあるように，[分析] → [平均の比較] → [対応のあるサンプルの T 検定] と進むと，図 3.1.4 の画面が表示される．そこで，「医師の対応への満足度」と「看護師の対応への満足度」をともに選択して，対応のある変数に投入する．オプションでは信頼区間の信頼係数の値を設定することができる．初期設定では 95 ％になっている．

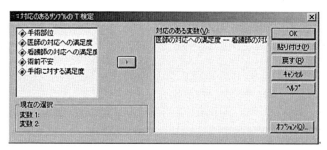

図 3.1.4　対応のあるサンプルの T 検定における変数選択画面

4) 結果

　各変数の平均値を表 3.1.3 に示す．「医師の対応への満足度」の平均値は 13.73，「看護師の対応への満足度」は 12.73 となっており，「医師の対応への満足度」の方が高いという結果である．母集団平均値に差があるかどうかを検討するため，t 検定の結果（表 3.1.4）を見ると，有意確率は 0.032 となっており，通常有意水準に設定される 0.05 を下回っていることがわかる．よって，医師の対応への満足度と看護師の対応への満足度の得点には，統計的有意差があると判断される．

　95 ％信頼区間を見ると，下限は 0.092，上限は 1.908 となっており，95 ％の確率でこの区間が母集団における平均値差の値を含むと推定される．この結果から，2 つの変数の平均値に統計的有意差はあるが，その差はほとんどないか，あっても 2 点程度であると推察される．

表3.1.3　各変数の平均値と標準偏差

対応サンプルの統計量

		平均値	N	標準偏差	平均値の標準誤差
ペア1	医師の対応への満足度	13.73	33	1.773	.309
	看護師の対応への満足度	12.73	33	2.335	.407

表3.1.4　対応のある t 検定の結果と信頼区間

対応サンプルの検定

		対応サンプルの差					t 値	自由度	有意確率（両側）
		平均値	標準偏差	平均値の標準誤差	差の95%信頼区間				
					下限	上限			
ペア1	医師の対応への満足度 看護師の対応への満足度	1.00	2.562	.446	.092	1.908	2.242	32	.032

[3]　平均値についての推論に関するQ&A

Q1　検定をして有意にならなかったとき，被験者数（標本数）を多くすれば有意になると言われましたが，このコメントは正しいですか．

A1　一般に統計的検定は，効果が大きいほど（平均値の差の検定であれば，平均値の差が大きいほど），また，被験者数が多くなればなるほど，有意になりやすくなります．その意味では，被験者数を多くすれば有意になるというのは正しいことです．しかし，それはあくまでの統計的な有意性であって，実質科学的に意味のある有意性を保証するものではありません．効果の大きさが同じでも，標本数が少ない場合には統計的に有意にならず，標本数が多い場合には統計的に有意となり得ますので，標本数を多くして統計有意性が得られたからといって，実質科学的な有意性が示されるわけではありません．統計的検定は，標本数によって結果が変わってきてしまうという重大な欠陥を持った方法であると言えます．そうしたことからも，研究においては統計的検定ばかりに頼らず，信頼区間を推定することが強く勧められます．

Q2　3つ以上の平均値を比較するにはどうしたら良いですか．

A2　4章で説明する分散分析や多重比較を用います．3つ以上ある平均値から2つずつ平均値のペアを取り出し，それぞれ t 検定を行うというのは適切ではありません．検定の繰り返しという問題が起こり，有意水準の調整がうまくできないからです．

Q3 統計的に有意であることと信頼区間の間には何か関係がありますか.

A3 2つの平均値の比較に関して言えば, t 検定が有意水準 α で有意になることと, $100(1-\alpha)\%$ 信頼区間が 0 を含まないことが完全に対応します. 比率や相関係数の場合には, 信頼区間の推定に近似計算を用いているため, このように厳密な対応関係はありませんが, おおよそ検定が有意になることと, 信頼区間が 0 を含まないことが対応します.

Q4 t 検定では 2 つの母分散の値が同じであることを仮定していると聞きましたが, その仮定が崩れるようなときはどうするのですか.

A4 t 検定を改良したウェルチ (Welch) の検定を行います. 詳しくは次節を見てください.

3.2 分散についての推論

[1] 方法の概要

2 つの変数の分散が母集団において同じと言えるかどうかを統計的に検証する方法として F 検定がある. 例えば, 対応のない t 検定は 2 つの母分散が同じであることを前提条件としているので, t 検定に先立って母分散の等質性に関する検定がなされる.

母分散の等質性を判断するため F 検定を行った結果, 有意確率 (p 値) があらかじめ設定された有意水準 (危険率) より小さくなれば, 統計的に有意であるとして, 2 つの母分散は同じ値とは言えないと考える. 反対に有意確率が有意水準を下回らなければ, 2 つの母分散が異なるとは言えないと判断する.

母分散が等質でないと考えられるならば, 対応のない 2 つの平均値の比較は, 通常の t 検定を改良したウェルチ (Welch) の検定 (等分散を仮定しない場合の検定 (緒方・柳井 (1999) 参照)) の結果を見ることになる.

[2]　解析例

例 3.2.1

1）データ

　例 3.1.1 において，腸手術患者と胃手術患者の術前不安の程度を比較する t 検定において，各群の母分散が同じであると言えるかどうかを検討する．

2）データの入力形式

　例 3.1.1 と同様に，図 3.1.1 のようにする．

3）分析の手順

　SPSS をはじめ，たいていの統計解析ソフトでは，対応のない t 検定を行う際に自動的に分散の等質性の検定を行う．対応のない t 検定を行う手順に従い，図 3.1.2 にあるように，[分析]→[平均の比較]→[独立したサンプルのT検定]と進み，図 3.1.3 の画面において「術前不安」を検定変数，「手術部位」をグループ化変数に投入する．

4）結果

　表 3.1.2 において等分散性のための Levene の検定の結果を見ると，有意確率は 0.104 となっており，通常用いられる有意水準 0.05 を下回ってはいないので，母分散は異なるとは言えないと判断する．これ以降，対応のない t 検定の結果を見るときは「等分散性を仮定する」の行を見ることになる．もし，等分散性のための検定で有意確率が有意水準 (0.05) を下回るようであれば，以降の対応のない t 検定の結果は「等分散性を仮定しない」の行を見るようにする．

[3]　分散についての推論に関する Q&A

Q1　対応のない t 検定以外で，分散の検定を行うことはありますか．

A1　3 つ以上の平均値の比較を行う分散分析においても分散の等質性を仮定しますので，母分散の等質性に関する検定を行います．また，分散の大きさの比較そのものが，研究の対象になることもあり得ます．例えば，成長期における食事指導で，過食も少食もよくなく，適切な量の食事を摂取するようにという指導がなさ

れたとき，その指導の効果を検証するためには，指導前後の被験者の摂取エネルギの分散を比較します．指導後の分散が小さくなっていれば，指導の効果があったと考えられます．

3.3 │ 相関係数についての推論

[1] 方法の概要

2つの変数の間に，一方の変数の値が高ければもう一方の変数の値も高い（または低い）という傾向が見られる場合，その2つの変数間には相関関係があると言う．線形的な相関関係を評価する指標として相関係数がある．相関係数は-1から+1までの値をとり，相関係数が-1のとき完全な負の相関，0のとき無相関，+1のとき完全な正の相関があると言う．完全な正の相関がある場合は，各標本について2つの変数の値を組にして2次元平面上にプロットした図（散布図）を作成すると，右上がりの一直線上に各点が並ぶ．

母集団における相関係数（母相関係数）がゼロでないかを統計的に検証する方法として相関係数の検定がある．相関係数の検定は，相関係数の値を変換して t 検定を行うものである．

相関係数の検定を行った結果，有意確率（p 値）があらかじめ設定された有意水準（危険率）より小さくなれば，統計的に有意であるとして，2つの変数間の母相関係数はゼロ（無相関）ではないと考える．反対に有意確率が有意水準を下回らなければ，母相関係数はゼロ（無相関）ではないとは言えないと判断する．

[2] 解析例

例 3.3.1

1）データ

例 3.1.1 で用いた田野他（2001）および田野（2002）のデータにおいて，医師の対応への満足度と手術に対する満足度との相関係数が母集団においてゼロでないと言えるかどうかを検討する．

2) データの入力形式

例 3.1.1 と同様に，図 3.1.1 のようにする．

3) 分析の手順

相関係数を計算するとともにその検定を行うには，[分析]→[相関]→[2 変量]と進み，図 3.3.1 の画面において，「医師の対応への満足度」と「手術に対する満足度」を「変数」ボックスに投入して「OK」とする．

初期設定ではピアソン（Pearson）の相関係数が計算されるが，ほかに，スピアマン（Spearman）またはケンドール（Kendall）の順位相関係数も計算することができる．また，オプションとして，各変数の平均値と標準偏差を出力することも可能である．

図 3.3.1　相関係数の計算と検定

4) 結果

各変数の平均値と標準偏差を表 3.3.1 に，また，相関係数とその検定の結果を表 3.3.2 に示す．表 3.3.2 を見ると，「医師の対応への満足度」と「手術に対する満足度」の相関係数は 0.493 という値であり，中程度の相関があることがわかる．また有意確率は 0.004 で，通常有意水準に設定される 0.05 を下回っているから，統計的に有意である．つまり，母集団において，「医師の対応への満足度」と「手術に対する満足度」の相関係数はゼロ（無相関）ではないと判断される．

なお，「看護師の対応への満足度」と「手術に対する満足度」の相関係数は 0.268（$p = 0.132$）となり統計的に有意とはならず，母集団において，「看護師の対応への満足度」と「手術に対する満足度」の相関係数はゼロ（無相関）ではないとは言えないという結果である．

表 3.3.1　平均値と標準偏差

記述統計量

	平均値	標準偏差	N
医師の対応への満足度	13.73	1.773	33
手術に対する満足度	4.45	.754	33

表 3.3.2　相関係数とその検定

相関係数

		医師の対応への満足度	手術に対する満足度
医師の対応への満足度	Pearson の相関係数	1	.493**
	有意確率 (両側)		.004
手術に対する満足度	Pearson の相関係数	.493**	1
	有意確率 (両側)	.004	

**. 相関係数は 1 ％水準で有意 (両側) です.

[3]　相関係数についての推論に関する Q&A

Q1　相関係数の検定が統計的に有意になれば, 2 変数の間に相関関係があると言えるのですか.

A1　3.1 節の A1 でも述べたように, 統計的検定は被験者数 (標本数) が多くなると, 相関係数の値がほとんどゼロに近くても有意になり得てしまいます. このような場合に, 統計的検定が有意であるからといって, その 2 変数の間に実質的な相関関係があるとは言えません. 直感的に考えて, より多くの標本をとったときに相関係数の値がほとんどゼロであれば, 母集団においても相関係数の値はゼロに近いと予想されます. 統計的に有意となったからといって, 2 つの変数の間に実質的な相関関係があるわけではないのです. 統計的検定の結果だけを見ずに, 実際の相関係数の値がどれくらいであるかを見て結果を解釈する必要があります.

Q2　合併症の発症をある程度自己コントロールできる慢性疾患について研究しており, 疾患に関する知識量が多いほど合併症の発症が少ないと考えて相関関係を調べたところ, 予想に反して, 疾患に関する知識量が多いほど合併症の発症が多いという結果が得られてしまいました. 分析が間違っているのでしょうか.

A2　観察された相関関係は見かけの相関 (疑似相関) である可能性があります. 見かけの相関とは, 2 つの変数のそれぞれに関係する第 3 の変数の影響によって,

2つの変数間の相関関係が不自然に観察されてしまうことを言います. いまの例で言えば, 罹患年数が第3の変数になっている可能性があります. 罹患年数が同じ患者群であれば, 疾患に関する知識量が多いほど合併症は少ないのだけれども, 罹患年数が長くなると知識も増え, また, どうしても合併症が多くなってしまうという関係があるとすると, 全体としては, 疾患に関する知識量が多いほど合併症の発症が多いという相関関係が観察されてしまいます. このような場合には, 罹患年数を区切るなどして, 研究を進める必要があります.

Q3 相関係数の信頼区間はないのでしょうか.
A3 近似計算になりますが, 相関係数の信頼区間を推定することはできます. しかし, SPSSなど広く用いられている統計解析ソフトには, 残念ながら搭載されていないようです. 計算方法は統計学のテキストや参考書 (例えば, 石井 (2005) など) を参照してください.

3.4 | 分割表についての推論

[1] 方法の概要

1) 分割表とは

　名義尺度 (または順序尺度) の変数について, 各変数の水準の組み合わせにどれだけのデータがあるかを表にしたものを分割表とかクロス表などと呼ぶ. 多くの場合, 分割表は2つの変数を組み合わせ, それら2変数間の関係を記述するために用いられる. 2つの変数の水準数がともに2である表をとくに2×2表とか四分割表などと言ったりする. また, 各変数の水準の組み合わせに該当する分割表のマス目は「セル」と呼ばれる.

2) ファイ係数

　分割表において, 2つの変数間の関係を記述する指標として, 連関係数と言われるものがある. 2×2表の場合には, 連関係数としてファイ (ϕ) 係数 (ϕ – coefficient) と呼ばれるものが提案されている. ϕ 係数は, 変数の2つの水準にそれぞれ1つの値 (たとえば一方の水準に1, 他方の水準に0) を割り当てた場合の2つの変数間の相関係数のことである.

ϕ 係数も相関係数と同じく，-1 から $+1$ までの値を取る．ϕ 係数の値の大きさが大きいほど 2 つの変数間の関連が強いことを表し，ϕ 係数の値が 0 のとき，2 つの変数間には関連がないことを表す．2 つの変数に関連がないとは，各行または各列の度数の比が一定ということであり，この場合 2 つの変数は独立であると言われる．

3) クラメルの連関係数

2×2 よりも大きなサイズの分割表，たとえば 3×4 表などにおいても 2 変数間の関係を記述する指標が提案されている．クラメルの連関係数（V）（Cramer's V）である．クラメルの連関係数（V）は 0 から 1 までの値をとる．ϕ 係数の場合と同様に，各行または各列の度数の比が一定である場合 $V = 0$ となり，2 つの変数には関連がなく独立であると言われる．なお，2×2 分割表の場合には，クラメルの連関係数（V）と ϕ 係数の絶対値は同じ値になる．

4) カイ 2 乗検定

母集団において，分割表にある 2 つの変数が独立であるかどうかを統計的に検証する方法としてカイ 2 乗検定（χ^2 test）がある．

カイ 2 乗検定を行った結果，有意確率（p 値）があらかじめ設定された有意水準（危険率）より小さくなれば，統計的に有意であるとして，2 つの変数は独立ではないと考える．反対に有意確率が有意水準を下回らなければ，2 つの変数は独立でないとは言えないと判断する．

[2] 解析例

例 3.4.1

1) データ

消化器系の手術をした退院患者に，ある食物 A を摂取したか否かと，腸閉塞を起こしたか否かについて回答してもらい，食物 A の摂取の有無と腸閉塞の生起の関連を調べる．

2) データ入力の形式

SPSS のデータ入力エディタにおいて各変数のデータを入力した画面の一部を図 3.4.1 に示す．「食物摂取」および「腸閉塞」の 1 は有り，0 は無しを表す．それぞれの値について，有りには ＋，無しには － というラベルを着けておくことにする．

	id	食物摂取	腸閉塞
1	1	1	0
2	2	1	0
3	3	0	1
4	4	0	0
5	5	1	1
6	6	0	1
7	7	1	0
8	8	0	1
9	9	0	0
10	10	0	1
11	11	0	0
12	12	0	0
13	13	0	0
14	14	1	1
15	15	0	1
16	16	0	0

図 3.4.1　入力データの一部

3) 分析の手順

[分析]→[記述統計]→[クロス集計表]と進むと図 3.4.2 の画面が表示されるので，2 つの変数を行と列に投入する．カイ 2 乗検定を行うには統計オプションの中で「カイ 2 乗」を選択する．また，ϕ 係数やクラメルの連関係数を計算するためには，「統計」オプションの中で「ファイとクラメルの V」を選択する．

クロス表で，各セルの度数だけでなく，行におけるパーセント，列におけるパーセント，全体におけるパーセントも表示したい場合には，「セル」オプションの中の「パーセンテージ」において，それぞれ行，列，全体を選択する．

図 3.4.2　クロス表の作成

4) 結果

40名の被験者から回答を得た結果を示す．表3.4.1が食物Aの摂取の有無と腸閉塞の生起の有無のクロス表である．食物Aを摂取した人は40名中12名で，そのうち7名 (58.3%) が腸閉塞を起こし，一方，食物Aを摂取しなかった人は40名中28名で，そのうち10名 (35.7%) が腸閉塞を起こしていたことが分かる．

食物Aの摂取の有無と腸閉塞の生起に関連があるかどうかを検討するためカイ2乗検定の結果を見ると (表3.4.2)，漸近有意確率 (p 値) は 0.185 となっており，通常有意水準に設定される 0.05 を下回らず統計的に有意ではないことがわかる．

表3.4.2において「連続修正」となっている行は，イェーツ (Yates) の連続修正という，離散分布を連続分布で近似する手続きを行ってカイ2乗検定した結果である．連続修正を行わない場合よりも有意確率は大きくなり，検定結果を見るときは，連続修正の結果を見ることがすすめられている．実際，有意確率は 0.185 よりも大きく 0.328 となっており，食物Aの摂取の有無と腸閉塞の生起には関連はないと判断される．

なお，ファイ係数の値は 0.210 となっている (表3.4.3)．2×2表であるから，クラメルの連関係数も ϕ 係数と同じ 0.210 という値である．

表3.4.1　クロス表

食物摂取と腸閉塞のクロス表

度数

		腸閉塞	腸閉塞	合計
		腸閉塞 -	腸閉塞 +	合計
食物摂取	摂取 -	18	10	28
	摂取 +	5	7	12
合計		23	17	40

表3.4.2　カイ二乗検定

カイ2乗検定

	値	自由度	漸近有意確率 (両側)	正確有意確率 (両側)	正確有意確率 (片側)
Pearson のカイ2乗	1.759[b]	1	.185		
連続修正[a]	.955	1	.328		
尤度比	1.749	1	.186		
Fisher の直接法				.296	.164
線型と線型による連関	1.715	1	.190		
有効なケースの数	40				

a. 2×2表に対してのみ計算

b. 0セル (.0%) は期待度数が5未満です．最小期待度数は5.10です．

表 3.4.3　ファイ係数とクラメルの連関係数

対称性による類似度

		値	近似有意確率
名義と名義	ファイ	.210	.185
	Cramer の V	.210	.185
有効なケースの数		40	

a. 帰無仮説を仮定しません

b. 帰無仮説を仮定して漸近標準誤差を使用します.

例 3.4.2

1）データ

　看護学生において, 将来, 内科系, 外科系, 精神科系の 3 つの科の中ではどの科に行きたいか（系統）と, 病棟と外来のどちらで勤務したいか（勤務形態）の関連を調べる. 各被験者には, 系統と勤務形態の両方について, 希望するものを 1 つずつ回答してもらう.

2）データ入力の形式

　SPSS のデータ入力エディタにおいて各変数のデータを入力した画面の一部を図 3.4.3 に示す. 「系統」の 1 は内科系, 2 は外科系, 3 は精神科系を表す. また, 「勤務形態」の 0 は外来, 1 は病棟を表す.

図 3.4.3　入力データの一部

3）分析の手順

　例 3.4.1 と同様に, [分析]→[記述統計]→[クロス表]と進み, 2 つの変数を行と列に投入する. カイ 2 乗検定を行うには統計オプションの中で「カイ 2 乗」

を選択する．また，クラメルの連関係数を計算するためには，「統計」オプションの中で「ファイとクラメルの V」を選択する．

　クロス表で，各セルの度数だけでなく，行におけるパーセント，列におけるパーセント，全体におけるパーセントも表示したい場合には，「セル」オプションの中の「パーセンテージ」において，それぞれ行，列，全体を選択する．

4) 結果

　無作為に選んだ 69 名の学生から回答が得られた．回答を表 3.4.4 にまとめる．69 名のうち内科系希望者は 31 名で，そのうち病棟勤務希望者は 19 名（61.3%），外科系希望者は 25 名で，そのうち病棟勤務希望者は 21 名（84.0%），精神科系希望者は 13 名で，そのうち病棟勤務希望者は 6 名（46.2%）である．

　母集団において，希望する科の系統と勤務形態に関連があるか，すなわち，系統により病棟（または外来）勤務を希望する割合に差があるかどうかを検討するため χ^2 乗検定を行ったところ（表 3.4.5），有意確率（p 値）は .044 となっており，統計的に有意であることがわかる．よって，希望する科の系統と勤務形態には関連がある，すなわち，系統により，病棟（または外来）勤務を希望する割合には統計的に有意な差があると判断される．

　なお，希望する科の系統と勤務形態の関連を示すクラメルの連関係数の値は 0.301 となっている（表 3.4.6）．

表 3.4.4　クロス表

系統と勤務形態のクロス表

			勤務形態		合計
			外来	病棟	
系統	内科系	度数	12	19	31
		系統の %	38.7%	61.3%	100.0%
		勤務形態の %	52.2%	41.3%	44.9%
		総和の %	17.4%	27.5%	44.9%
	外科系	度数	4	21	25
		系統の %	16.0%	84.0%	100.0%
		勤務形態の %	17.4%	45.7%	36.2%
		総和の %	5.8%	30.4%	36.2%
	精神科系	度数	7	6	13
		系統の %	53.8%	46.2%	100.0%
		勤務形態の %	30.4%	13.0%	18.8%
		総和の %	10.1%	8.7%	18.8%
合計		度数	23	46	69
		系統の %	33.3%	66.7%	100.0%
		勤務形態の %	100.0%	100.0%	100.0%
		総和の %	33.3%	66.7%	100.0%

表3.4.5　カイ二乗検定

カイ 2 乗検定

	値	自由度	漸近有意確率 （両側）
Pearson のカイ 2 乗	6.245ᵃ	2	.044
尤度比	6.530	2	.038
線型と線型による連関	.113	1	.737
有効なケースの数	69		

a. 1 セル（16.7 %）は期待度数が 5 未満です．最小期待度数は 4.33 です．

表3.4.6　クラメルの連関係数

対称性による類似度

		値	近似有意確率
名義と名義	ファイ	.301	.044
	Cramer の V	.301	.044
有効なケースの数		69	

a. 帰無仮説を仮定しません．

b. 帰無仮説を仮定して漸近標準誤差を使用します．

[3]　分割表についての推論に関するQ&A

Q1　標本数が少ない場合のクロス表の分析もカイ 2 乗検定で大丈夫ですか．

A1　カイ 2 乗検定は，ある程度以上の標本数があることを前提としているので，標本数が少ない場合にカイ 2 乗検定を行うのは適切ではありません．このような場合（例えば，度数が 5 以下のセルがあるような場合）には，フィッシャー（Fisher）の正確検定（直接法）（Fisher's exact test）をすることが勧められます．2×2 表の分析であればカイ 2 乗検定をするときにフィッシャーの正確検定の結果も出力されます．表3.4.2 においてフィッシャーの直接法における正確有意確率（両側）（緒方・柳井（1999）参照）を見ると 0.296 となっており，統計的に有意でないことが示されています．

Q2　ファイ係数（またはクラメルの連関係数）の値は 0 に近いのですが，統計的には有意となっています．2 つの変数間に関連があると言って良いでしょうか．

A2　ファイ係数（またはクラメルの連関係数）の値が小さいのに統計的に有意となっているのは，標本数が多いためである可能性が考えられます．直感的に考え

て, より多くの標本をとったときに連関係数の値がほとんどゼロであれば, 母集団においても連関係数の値はゼロに近いと予想されます. 統計的に有意となったからといって, 2つの変数の間に関連があるわけではないのです. 統計的検定の結果だけを見ずに, 各行または各列の度数の割合を見て, 実質的に関連があると言えるかどうか判断する必要があります.

Q3 相関係数では見かけの相関という問題があると説明されていますが (3.3[3] の A2), 分割表の場合にもそのようなことは起きるのでしょうか.
A3 関連を検討したい2つの変数のそれぞれに影響する第3の変数がある場合, 見かけの相関と同じような問題が発生することがあります. これをシンプソン (Simpson) のパラドックスと言います. 第3の変数の存在が考えられる場合には, 第3の変数の水準ごとに, 関心下の2変数の分析をする必要があります. これを行うためには, 図3.4.2において, 第3の変数を「層」のボックスに投入します.

Q4 変数の水準に「重度の副作用, 中程度の副作用, 軽度の副作用, 副作用無し」のように順序性があります. このような場合の分析はどうすればよいですか.
A4 順序分類データについて分析する場合は, カイ2乗検定よりも適切な分析法があります. ノンパラメトリックな分析法と言われるものの中に順序分類データを扱うものがありますので, それらを参照してください (石井 (2005) など). SPSSでは, [分析]→[ノンパラメトリック検定]と進んだ中に, いくつかのノンパラメトリックな分析法が納められています.

3.5 比率についての推論

[1] 方法の概要

　ある事柄の生起率や賛成率など比率 (割合) について検討するときは, 多くの場合, 2つまたはそれ以上の比率の値を比較し, それらに差があるかどうかを検討する. 例えば, 喫煙者と非喫煙者の肺癌発症率の比較であるとか, 工場建設に対する近隣住民の賛成率を説明会の前後で比較する場合などである. 前者は対応のない比率の比較であり, 後者は対応のある比率の比較である.
　母集団において, 比率に差がないかどうかを統計的に検証する方法として, 対

応のない比率の比較の場合には3.4節で説明したカイ2乗（χ^2）検定，対応のある比率の比較の場合にはマクネマー検定（McNemar's test）またはコクラン（Cochran）のQ検定がある．マクネマーの検定は対応のある2つの比率の比較,，コクランのQ検定は対応のある3つ以上の比率の比較に適用される．

対応のない比率の検定は，例えば例3.4.1にある，食物Aを摂取したか否かと腸閉塞を起こしたか否かの関連の検討を，食物Aを摂取した群と摂取しなかった群における腸閉塞の生起率の比較ととらえなおせば，クロス表の分析と同じくカイ2乗検定を行えばよいことがわかる．

検定を行った結果，有意確率（p値）があらかじめ設定された有意水準（危険率）より小さくなれば，統計的に有意であるとして，比率に差があると考える．反対に有意確率が有意水準を下回らなければ，比率に差があるとは言えないと判断する．

[2] 解析例

例3.5.1

1）データ

子供がなく誰とも同居していない20歳代の夫婦において，もし同居するとしたら夫の両親とがよいか，妻の両親とがよいかを夫と妻のそれぞれに聞き，夫の親との同居を希望する割合を比較する研究を考える．同一の夫婦の夫と妻からデータを収集するので，対応のあるデータである．

2）データ入力の形式

SPSSのデータ入力エディタにおいて各変数のデータを入力した画面の一部を図3.5.1に示す．「夫」および「妻」の0は妻の親との同居を希望，1は夫の親との同居を希望を表す．

図3.5.1　入力データの一部

3) 分析の手順

夫が夫の親と同居を希望する人数と割合, 妻が夫の親と同居を希望する人数と割合を見るためには, 3.4節と同様に, [分析]→[記述統計]→[クロス表]と進んで, クロス表の行と列に「夫」と「妻」を投入する. また,「セル」オプションで全体のパーセンテージを選択する. さらに, 夫の親との同居を希望する割合を夫と妻とで比較するために,「統計」オプションにおいてMcNemarを選択する.

別の手順として, [分析]→[ノンパラメトリック検定]と進み, 検定の種類を選んで実行する方法もある. McNemarの検定であれば,「2個の対応サンプルの検定」と進んで2つの変数を投入し, McNemarを選択することになる.

4) 結果

112組の夫婦からデータを得た結果を示す. 表3.5.1はクロス表である. これを見ると, 112組の夫婦のうち, 夫が夫の親との同居を希望する割合は61.6%(69組), 妻が夫の親との同居を希望する割合は25.0%(28組)であることがまずわかる. また, 21.4%(24組)の夫婦は, 夫も妻も夫の両親との同居を希望していることもわかる.

マクネマーの検定を行った結果を表3.5.2に示す. 検定結果を見ると, 有意確率(p値)は.000と表示されており, 統計的に有意である. よって, 夫と妻とで, 夫の両親との同居を希望する割合には差があると判断される.

表3.5.1 クロス表

夫と妻のクロス表

			妻		合計
			妻の親と同居	夫の親と同居	
夫	妻の親と同居	度数	39	4	43
		総和の %	34.8%	3.6%	38.4%
	夫の親と同居	度数	45	24	69
		総和の %	40.2%	21.4%	61.6%
合計		度数	84	28	112
		総和の %	75.0%	25.0%	100.0%

表 3.5.2　McNemar の検定

カイ 2 乗検定

	正確有意確率 （両側）
McNemar 検定	.000a

a. 2 項分布を使用

[3]　比率についての推論に関する Q&A

Q1　比率の信頼区間はないのでしょうか．

A1　近似計算になりますが，比率の信頼区間や 2 つの比率の差の信頼区間を推定することはできます．しかし，SPSS など広く用いられている統計解析ソフトには，残念ながら搭載されていないようです．計算方法は統計学のテキストや参考書（例えば，石井（2005）など）を参照してください．

　SPSS では，[分析] → [記述統計] → [比率] の中に信頼区間を求めるオプションがありますが，それは比率データをたくさん作った場合のその平均値に関する信頼区間を推定するものです．

Q2　比率の差の値はゼロに近いのですが，統計的には有意となっています．2 つの比率に差があると言って良いでしょうか．

A2　比率の差の値がゼロに近いのに統計的に有意となっているのは，標本数が多いためである可能性が考えられます．直感的に考えて，より多くの標本をとったときに比率の差がほとんどゼロであれば，母集団においても比率の差の値はゼロに近いと予想されます．統計的に有意となったからといって，2 つの比率に大きな差があるわけではありません．信頼区間を推定し，どの程度の差があると考えられるのかを推定する必要があるでしょう．

付　録

1) 独立したサンプルの T 検定のための t 統計量

　2つの群の被験者数, 標本平均, 不偏分散の正の平方根の値(統計ソフトで通常, 標準偏差として出力される値)を, 第1群については, n_1, x_1, s_1, 第2群については n_2, x_2, s_2 とすると, 2つの変数に共通な母分散の不偏推定量の正の平方根 s は,

$$s = \sqrt{\frac{(n_1-1)s_1{}^2+(n_2-1)s_2{}^2}{n_1+n_2-2}} \tag{3.1}$$

と推定される. ただし, 2つの群で母分散の値は同じであるとする. この s を用いて, 2つの平均
値の差の標準誤差 s_e は,

$$s_e = s \times \sqrt{\frac{1}{n_1}+\frac{1}{n_2}} \tag{3.2}$$

と推定される. これらの値を用いて, 独立なサンプルの T 検定のための V 統計量は,

$$t = \frac{\overline{x_1}-\overline{x_2}}{s_e} \tag{3.3}$$

と計算され, これは自由度 n_1+n_2-2 の t 分布に従う.

2) 対応のあるサンプルの T 検定のための t 統計量

　被験者数を n, 測定1の標本平均を $\overline{x_1}$, 測定2の標本平均を $\overline{x_2}$ とする. また, 測定1と測定2の差得点の不偏分散の正の平方根(統計ソフトで通常, 標準偏差として出力される値)を s とすると, 差得点の標準誤差は s_e は

$$s_e = \frac{s}{\sqrt{n}} \tag{3.4}$$

と推定される. これらの値を用いて, 対応のあるサンプルの T 検定のための t 統計量は,

$$t = \frac{\overline{x_1}-\overline{x_2}}{s_e} \tag{3.5}$$

と計算され，これは自由度 $n-1$ の t 分布に従う．

3) 相関係数の検定のための t 統計量

被験者数を n，標本相関係数の値を r とすると，母相関係数 $\rho=0$ の検定のための t 統計量は，

$$t = \frac{r}{\sqrt{1-r^2}}\sqrt{n-2} \tag{3.6}$$

と計算され，これは近似的に自由度 $n-2$ の t 分布に従う．

4) 分割表および対応のない比率の検定のためのカイ二乗統計量

$r\times c$ 分割表において，セル (i, j) の度数を n_{ij}，第 i 行 $(i=1, \cdots, r)$ の周辺度数を $n_{i.}$，第 j 列 $(j=1, \cdots, c)$ の周辺度数を $n_{.j}$，総度数を n とする．各セルの推定期待度数 e_{ij} は

$$e_{ij} = \frac{n_{i.}\times n_{.j}}{n} \tag{3.7}$$

で求められる．これらの値を利用して，分割表および対応のない比率の検定のためのカイ二乗統計量は，

$$\chi^2 = \sum_{i=1}^{r}\sum_{j=1}^{c}\frac{(n_{ij}-e_{ij})^2}{e_{ij}} \tag{3.8}$$

と計算され，これは近似的に自由度 $(r-1)(c-1)$ のカイ二乗分布に従う．$r=c=2$ のとき

$$\chi^2 = \frac{n(n_{11}n_{22}-n_{12}n_{21})^2}{(n_{11}+n_{12})(n_{21}+n_{22})(n_{11}+n_{21})(n_{12}+n_{22})} \tag{3.9}$$

は近似的に自由度 1 のカイ二乗分布に従う．

5) 対応のある比率の検定のための検定統計量（マクネマーの検定）

被験者数を n とする．また，2 つの測定ともに正反応している人数を a，測定 1 に正反応し測定 2 に負反応している人数を b，測定 1 に負反応し測定 2 に正反応している人数を c，2 つの測定ともに負反応している人数を d とする（$a+b+c+d=n$）．

		測定 2		合計
		+	-	
測定 1	+	a	b	$a+b$
	-	c	d	$c+d$
合計		$a+c$	$b+d$	n

すると, 対応のある比率の検定のための検定統計量は,

$$Q = \frac{(b-c)^2}{b+c} \tag{3.10}$$

と計算され, これは近似的に自由度1のカイ二乗分布に従う.

6) 同一の二組の変数に関して複数個のクロス表 (分割表) のある場合, それらの分割表をまとめて検定を行う方法

表3.4.4, 表3.5.1のようなクロス表について, 複数の研究者によって得られたデータがある場合, それらをまとめて, 検定を行う方法として,「マンテルヘンツェル法」と呼ばれる検定法がある. 分析方法は [分析] → [記述統計] → [クロス表] としてオプションをクリックし, マンテル検定 [Cochran と Mantel-Haenszel の統計量 (A)] を選択する. このように, 複数の研究者によって得られたデータがある場合, それらをまとめて, 分析を行う方法がメタ分析と呼ばれるもので, 1990年代から, 今日に至るまでに, 医学, 心理学, 社会学の分野に広まっている.

参考文献

石井秀宗 (2005) 統計分析のここが知りたい−保健・看護・心理・教育系研究のまとめ方, 文光堂.

緒方裕光・柳井晴夫 (1999) 統計学−基礎と応用−, 現代数学社.

田野宏美 (2001) 看護ケアを中心とした入院生活に対する患者・家族の満足度と性格特性の関係, 静岡県立大学看護学部平成12年度卒業論文.

田野宏美・竹内登美子・石井秀宗 (2002) 外科病棟入院生活に対する患者・家族の満足度と術前不安および手術に対する満足度との関係, 臨牀看護. 28, 1824−1830.

第4章　分散分析

　量的な独立変数の変化に伴い従属変数がどのように変化するかを調べる場合には，通常回帰分析が用いられることが多いが，独立変数が質的変数の場合は，その独立変数がとりうる値ごとに得られる平均を比較する方法，すなわち分散分析 (analysis of variance) が用いられる．本章では，複数グループ間の比較方法として，分散分析および多重比較 (multiple comparison) について述べる．

4.1 ｜ 1元配置分散分析

[1] 方法の概要

　一般に測定値には必ず変動 (バラツキ) が見られる．この変動は，偶然による場合と何らかの原因による場合とがある．この変動を測定値の分散として計算し，これらの分散をいくつかの要因に分解し，F 検定などを用いて複数の群の母平均が等しいか否かを調べる方法を分散分析という．測定値に影響を及ぼすと考えられる種々の原因のうち，その測定で取り上げて比較する要因を因子 (factor) とよび，その因子のとるいくつかの条件を水準 (level) とよぶ．因子数が 1 のときを 1 元配置 (one-way design)，2 のときを 2 元配置 (two-way design)，一般に因子数が n のときを n 元配置という．また，同じ条件で観測の繰り返し (iteration) があるとき，その数を繰り返し数という．

　1 元配置 (因子数が 1) で水準数が m，繰り返し数が r の場合，$m \times r$ 個の観測値が得られる．例えば，同じ測定を 3 つの測定器でそれぞれ 5 回ずつ行えば，測

定器によっては常に高い値，あるいは常に低い値が測定される場合がある．これらの測定器による測定値に違いがあるかどうかを調べたいとき，因子は「測定器」であり，その水準数は3，繰り返し数は5となる．この際，3群間（測定器間）で母平均が等しいか否かを検定することになる．

　1元配置の場合，まず，データ全体の変動（総平方和）を2つの要素に分解する．1つは各群の中での変動（群内平方和または級内平方和）で，もう1つは群と群との間の変動（群間平方和または級間平方和）である．群間で母平均に差があるほど群間の変動が大きくなり群間平方和も大きくなる．一方，群内平方和の大きさは群間の母平均の違いに依存しない．これらの平方和はそれを構成している独立な成分の個数が多ければ大きな値をとるので，各平方和を自由度で割った値（平均平方（mean square）という）の比を求めて母平均に違いがあるか否かを検定する．なお，群内平方和，群間平方和の平均平方をそれぞれ群内分散（または誤差分散），群間分散ともいう．

[2] 解析例

例 4.1.1

1）データ

　生物が放射線に曝されると，体内における必須元素（鉄分など）の代謝に様々な変化が生じることが知られている．放射線曝露が血液中の鉄分量の分布に与える影響を調べるために，マウスを用いて実験を行った（Ogata et al. (1996) のデータから抜粋）．実験条件の異なる5群のマウス（1群あたり5匹）について，血球成分中の鉄分量の割合（全血液中に対して占める割合％）を観察した．5群の実験条件は以下のとおりである．第1群：致死量の半分の量の放射線に曝露したマウスの1日後の血液，第2群：致死量の半分の量の放射線に曝露したマウスの1週間後の血液，第3群：致死量の放射線に曝露したマウスの1日後の血液，第4群：致死量の放射線に曝露したマウスの1週間後の血液，第5群：放射線に曝露していない対照群の血液．なお，致死量とは観察集団のほぼすべてが死亡する曝露量のことをいう．この実験の結果，表4.1.1に示すデータが得られた．分散分析を用いて，これらすべての群の血球中の鉄分量の平均が同じかどうかを調べたい．

表4.1.1　血球中の鉄分量に関する実験データ

実験条件	1	2	3	4	5
鉄分量 （血球中存 在割合%）	78.50	84.51	77.47	82.58	88.20
	73.61	84.21	84.93	79.10	90.93
	81.22	91.74	84.49	82.92	86.46
	86.38	82.98	77.08	81.76	82.86
	85.99	89.11	72.4	76.49	90.23
平均値	81.14	86.5	79.3	80.57	78.74
分散	22.94	14.0	28.6	5.95	8.41
平方和	114.69	55.86	114.51	29.76	42.06
全体の平均値	81.87				

2）データ入力の形式

図4.1.1のように入力する．

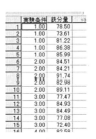

図4.1.1　入力データの一部

3）分析の手順

表4.1.1のデータに関して一元配置の分散分析を行うには，[分析]→[平均の比較]→[一元配置分散分析]を選択する．従属変数として「鉄分量」，因子として「実験条件」を選択する．1元配置分散分析では，従属変数は量的変数，因子はカテゴリー変数（整数に置き換える）である必要がある．

4）結果

1元配置分散分析の結果を表4.1.2に示した．F値は有意に大きく（p = 0.014），各群間の母平均は有意水準5％で有意に異なる．したがって，血球中の鉄分量は実験条件によって異なること，すなわち放射線の曝露あるいは曝露後の日数によって何らかの影響を受けることが示唆された．しかし，どの群とどの群が異なるかは1元配置分散分析の結果のみからは明らかにはならない．

表4.1.2 1元配置分散分析の結果
分散分析

鉄分量

	平方和	自由度	平均平方	F 値	有意確率
グループ間	289.934	4	72.483	4.062	.014
グループ内	356.864	20	17.843		
合計	464.798	24			

[3] 一元配置分散分析に関する Q & A

Q1　分散を比較することでなぜ母平均について検定できるのですか？

A1　全体の測定値の変動を群内の変動と群間の変動に分解します．各群における分散が等しいという仮定をおけば，母平均の差が大きいほど群間の平均の違いも大きくなり，群間分散の群内分散に対する比も大きくなります．

Q2　平方和はどのようにして計算されるのですか？

A2　群間平方和は各群の平均値と全体の平均値との差を合計することによって得られます．また，群内平方和は個々の値とその群の平均値との差を合計して得られます．

Q3　各群の分散が等しいことはどのようにしてチェックするのですか？

A3　1元配置分散分析を実行する際にオプションとして「等分散性の検定」を選びます．この検定で有意差が認められなければ各群で分散が等しい（共通の分散がある）と仮定して1元配置分散分析を適用できます．

Q4　各群の例数が等しくない場合も分散分析は可能ですか？

A4　群間平方和を求める際に各群の例数が反映されるので，それらの数が異なっていても実行可能です．

4.2 多重比較

[1] 方法の概要

　1元配置分散分析によって帰無仮説が棄却されたときは，いずれかの群間で母平均に差があることがいえる．そこで，次にどの群間で母平均に差があるかを検定する．3群以上の群に関して2群の組み合わせが k 通りあるとすると，有意水準 α で k 回の t 検定を行うと，全体として有意水準が α よりも大きくなる．このような問題を補うためにいくつかの検定方法が提案されており，様々な解析目的に応じて使い分けられている．複数の群間で母平均を比較する場合に，複数の対または任意の群を合併してできる対について母平均の差の有無を検定する方法を一般に多重比較 (multiple comprison) という．代表的な多重比較の方法として以下のような方法がある．

1) ボンフェロニ法 (Bonferroni method)

　2群間の母平均の差に関して t 検定を用いて検定する．その際に，全体の有意水準 α を2群の組み合わせの数 k で割り，α/k を各検定の有意水準とする．

2) シダック法 (Sidak method)

　ボンフェロニの方法において各検定の有意水準を $1-(1-\alpha)^{1/k}$ とする方法をいう．k が大きいときは $1-(1-\alpha)^{1/k} \cong \alpha/k$ となる．

3) チューキー法 (Tukey method)

　各群の標本サイズが等しい（各群の例数 $= n$）ときに第 i 群と第 j 群の母平均の差についてスチューデント化された範囲 (studentized range) の分布を（本章付録参照）用いて検定を行う．

4) ダンカン法 (Duncan method)

　基本的にはチューキー法と同じで，比較する2群の分散が等しくない場合に検出力を上げるために修正された方法で，自由度と群の数 g に応じた値（例えば，緒方, 柳井 (1999) の巻末の表を参照）と比較する．

5) シェッフェ法 (Scheffé method)

2群の比較および任意の群を合併してできたすべての可能な群間の比較を行う方法である．例えば，5群の平均値 m_1, m_2, m_3, m_4, m_5 の比較を考えるとき，最初の2群と後の3群を合併して $(m_1+m_2)/2-(m_3+m_4+m_5)/3$ などの検定を含める．このようなすべての可能な合併（線形結合）に関して F 分布を用いて検定を行う．

6) ダネット法 (Dunnett method)

複数群のうち，特定の1群を基準として他の群との比較を行う方法である．一般に基準となる群を第1群とすると，第 i 群との間で母平均が異なるかどうかを検定する．統計量の観測値をダネットの数表（例えば，緒方・柳井 (1999) の巻末の表を参照）と比較して有意差を判定する．

[2] 解析例

例 4.2.1

1) データ

表4.1.1のデータに関して多重比較を行う．分析手順は1元配置分散分析の際に「その後の検定」で適切な多重比較の方法を選択することにより（図4.2.1参照），分散分析の結果に引き続いて多重比較の結果が出力される．

図 4.2.1　多重比較の方法の指定

2) 結果

表4.2.1にチューキー法(Tukey(T)を選択する)による多重比較の結果を示した．この結果，実験条件3と5の平均が有意に異なることが分かる ($p = 0.035 < 0.05$)．実験条件3は致死量の放射線に曝露したマウスの1日後の血液であり，実験条件

5 は対照群（放射線に曝露していないマウスの血液）である．したがって，致死量
の放射線曝露で曝露後１日目に影響が表れやすいことを示唆している．

表 4.2.1　多重比較の結果
多重比較

従属変数:鉄分量

Tukey HSD

(I) 実験条件	(J) 実験条件	平均値の差 (I－J)	標準誤差	有意確率	95％信頼区間 下限	95％信頼区間 上限
1.00	2.00	-5.370000	2.67157	.297	-13.3643	2.6243
	3.00	1.86600	2.67157	.954	-6.1283	9.8603
	4.00	.57000	2.67157	.999	-7.4243	8.5643
	5.00	-6.59600	2.67157	.138	-14.5903	1.3983
2.00	1.00	5.37000	2.67157	.297	-2.6243	13.3643
	3.00	7.23600	2.67157	.088	-.7583	15.2303
	4.00	5.94000	2.67157	.212	-2.0543	13.9343
	5.00	-1.22600	2.67157	.990	-9.2203	6.7683
3.00	1.00	-1.86600	2.67157	.954	-9.8603	6.1283
	2.00	-7.23600	2.67157	.088	-15.2303	.7583
	4.00	-1.29600	2.67157	.988	-9.2903	6.6983
	5.00	-8.46200 (＊)	2.67157	.035	16.4563	-.4677
4.00	1.00	-.57000	2.67157	.999	-8.5643	7.4243
	2.00	-5.94000	2.67157	.212	-13.9343	2.0543
	3.00	1.29600	2.67157	.988	-6.6983	9.2903
	5.00	-7.16600	2.67157	.093	-15.1603	.8283
5.00	1.00	6.59600	2.67157	.138	-1.3983	14.5903
	2.00	1.22600	2.67157	.990	-6.7683	9.2203
	3.00	8.46200 (＊)	2.67157	.035	.4677	16.4563
	4.00	7.16600	2.67157	.093	-.8283	15.1603

＊ 平均値の差は 0.05 で有意です．

[3] 多重比較に関する Q & A

Q1　複数の群の母平均を比較する際，各 2 群間についてそれぞれ有意水準 α で
母平均の差を検定することはなぜ適切でないのですか？

A1　1 元配置分散分析における帰無仮説は「各群の母平均がすべて等しい」とい
うことです．したがって，各組み合わせの検定の有意水準を α として検定を行う
と，この帰無仮説が正しいときに各組み合わせのうち少なくとも 1 つを棄却する
確率は，明らかに α より大きくなってしまいます．

Q2 一般に複数の群に関して母平均を比較する際にどの群間で母平均に差があるのかを知ることが重要なので，分散分析を行わずに多重比較を行ってもよいですか？

A2 分散分析は全体としての有意差検定ですので，分散分析で有意差が見られたときに続けて多重比較を行うことに意味があります．ただし，多重比較では群間の等分散性が仮定されなくても実行可能な方法があるので，多重比較のみが行われることもしばしばあります．

4.3 多元配置分散分析

[1] 方法の概要

2元配置分散分析で2つの因子A，Bの水準数がそれぞれ a，b で，同一条件下での繰り返し測定数を r とする．このとき，A，Bに関する各群間変動および誤差変動を分散分析表にまとめA，Bの主効果による変動や交互作用による変動を調べ，これらの効果の有無について検定する．$r=1$ の場合は繰り返しのない2元配置分散分析と呼ばれ，AとBの主効果のみについて検定を行うことになる．r が2以上の場合は繰り返しのある2元配置分散分析とよばれ，A，Bの主効果だけでなくAとBの交互作用の有無についても検定される．繰り返し数が一定であれば計算のプロセス，その解釈が容易となる．しかし，繰り返し数は必ずしも一定でなくてもよい．また，因子の数が3以上のときは多元配置分散分析と呼ばれることが多い．

[2] 解析例

例4.3.1

1) データ

糖尿病に対する薬剤の効果を調べるために5種類の薬剤をマウスに投与（腹腔内注射）し，投与直後，投与後1日目，投与後3日目のそれぞれについて，各マウスの血液中グルコース濃度（mg/dl）を調べた．血液中グルコース濃度が低いほど

血糖値を下げる効果があると考えられる．この実験の結果，表 4.3.1 に示すデータが得られた．薬剤の投与効果が，薬剤間または投与後の日数によって異なるかどうかを調べるために，繰り返しのない 2 元配置分散分析を行う．

表 4.3.1　薬剤投与後のマウスの血中グルコース濃度（mg/dl）に関するデータ

投与薬剤	投与後日数		
	0 日	1 日	3 日
A	247.8	240.6	310.0
B	258.9	237.1	274.5
C	232.9	203.3	222.0
D	230.7	111.8	102.3
E	236.8	90.0	91.6

（本データは馬替純二氏（元産業創造研究所）の提供による）

2）データ入力の形式

図 4.3.1 のように入力する．

	薬剤	投与後日数	グルコース濃度
1	A	.00	247.80
2	A	1.00	240.60
3	A	3.00	310.10
4	B	.00	258.90
5	B	1.00	237.10
6	B	3.00	274.50
7	C	.00	232.90
8	C	1.00	203.30
9	C	3.00	222.00
10	D	.00	230.70
11	D	1.00	111.80
12	D	3.00	102.30
13	E	.00	236.80
14	E	1.00	90.00
15	E	3.00	91.60

図 4.3.1　入力データ

3）分析の手順

表 4.3.1 のデータに関して繰り返しのない 2 元配置の分散分析を行うには，[分析] →[一般線形モデル] →[1 変量] を選択する．ダイアログボックスでは，従属変数として「グルコース濃度」，固定因子として「薬剤」と「投与後日数」を選択する．モデルとして「薬剤」と「投与後日数」の主効果のみを指定する．

4）結果

2 元配置分散分析を行った結果を表 4.3.2 に示した．「薬剤」と「投与後日数」の 2 つの要因について平均平方が求められ，それぞれ誤差の平均平方との比が F 値で

ある．この結果,「薬剤」についての F 値に有意差が認められ（$p = 0.029 < 0.05$）たが,「投与後日数」に関して有意差は認められなかった（$p = 0.150$）．この結果,「薬剤」についてのみ主効果が見られ, グルコース濃度は投与した薬剤によって異なることが示唆された.

表 4.3.2　繰り返しのない 2 元配置分散分析の結果
被験者間効果の検定

従属変数：グルコース濃度

ソース	タイプⅢ平方和	自由度	平均平方	F 値	有意確率
修正モデル	53210.792 (a)	6	8868.465	3.998	.038
切片	636704.811	1	636704.811	278.053	.000
薬剤	42430.303	4	10607.576	4.782	.029
投与後日数	10780.489	2	5390.245	2.430	.150
誤差	17744.597	8	2218.075		
総和	707660.200	15			
修正総和	70955.389	14			

a　R 2 乗 =.750（調整済み R 2 乗 =.562）

例 4.3.2

1）データ

　放射線被曝の生物反応の 1 つとして, 細胞の DNA 合成能が低下することが知られている. マウスの脾臓細胞に放射線を照射したのち, 細胞の培養液に薬剤（ある種の抗酸化剤）を投与した場合に DNA 合成能の低下を抑制できるかどうかを調べたい. なお, DNA の合成能は放射性同位元素でラベルされたチミジンの取り込み量（cpm）で測定される（取り込み量の減少は DNA 合成能の低下を意味する）. この実験により, 表 4.3.3 の結果が得られた.

表4.3.3　放射線被ばく後のマウスの DNA 合成能に関するデータ

	照射		非照射	
	薬剤無投与	薬剤投与	薬剤無投与	薬剤投与
DNA 合成能	152.81	150.83	163.56	171.49
（×10^3 cpm）	144.09	154.69	159.21	162.57
	148.62	157.42	156.03	185.77
	169.41	150.62	165.37	165.13
	133.49	146.13	159.95	166.29
	134.01	141.07	164.31	187.88
	176.39	142.73	161.74	161.38
	149.63	148.62	168.95	172.98
	156.82	152.85	167.02	196.36
	183.79	152.59	171.63	186.34
平均	154.91	149.75	163.78	175.62
不偏分散	288.27	26.86	22.39	154.76
平方和	2594.43	241.76	201.53	1392.85
全体の平均値	161.01			

（本データは馬替純二氏（元産業創造研究所）の提供による）

2）データ入力の形式

　図4.3.2のように入力する．ただし，放射線照射あり＝0，なし＝1，薬剤投与なし＝0，あり＝1とする．

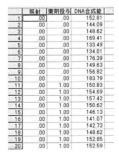

図4.3.2　入力データの一部

3）分析の手順

　表4.3.3のデータに関して繰り返しのある2元配置の分散分析を行うには，［分析］→［一般線形モデル］→［1変量］を選択する．従属変数として「DNA 合成能」，固定因子として「照射」と「薬剤投与」を選択する．グラフを描く場合は，［作図］を選択し，「照射」を横軸に，「薬剤投与」を線の定義変数に指定する．

4) 結果

　繰り返しのある2元配置分散分析を行った結果を表4.3.4に示した．「照射」，「薬剤投与」の各主効果およびこれらの交互作用「照射＊薬剤投与」についてそれぞれF値が求められている．この結果，「照射」の主効果および「照射」と「薬剤投与」の交互作用に有意差（それぞれ $p = 0.000$，$p = 0.021$）が認められた．横軸を放射線照射の有無として，薬剤投与の有無別にDNA合成能の平均をプロットした結果は図4.3.3のとおりである．放射線非照射（なし＝1）と薬剤投与（あり＝1）の交互作用によってDNA合成能が増加していることが分かる．

表4.3.4　繰り返しのある2元配置分散分析の結果

被験者間効果の検定

従属変数:DNA合成能

ソース	タイプⅢ平方和	自由度	平均平方	F値	有意確率
修正モデル	3850.129 (a)	3	1283.376	10.430	.000
切片	1037023.548	1	1037023.548	8427.650	.000
照射	3016.301	1	3016.301	24.513	.000
薬剤投与	111.924	1	111.924	.910	.347
照射＊薬剤投与	721.905	1	721.905	5.867	.021
誤差	4429.805	36	123.050		
総和	1045303.483	40			
修正総和	8279.935	39			

a R2乗＝.465（調整済みR2乗＝.420）

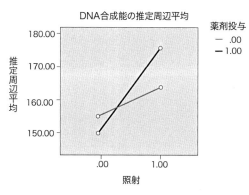

図4.3.3　交互作用のプロット

例4.3.3

1) データ

例4.3.1のデータに関して，各群1匹ずつではなく，同一条件群に関してそれぞれ3種類（X, Y, Z）のマウスについて調べた．マウス種による違いを含めると3元配置の分散分析が適用できる．薬剤の投与効果（グルコース濃度）が，薬剤間，投与後の日数，マウス種によって異なるかどうかを調べるために，繰り返しのない3元配置分散分析を行う．

表4.3.5　薬剤投与後の異なるマウス種の血中グルコース濃度（mg/dl）に関するデータ

投与後日数	マウス種	薬剤				
		A	B	C	D	E
0	X	271.8	370.1	254.2	234.5	203.6
0	Y	257.9	241.6	303.5	189.6	245.2
0	Z	213.7	165.1	141.1	268.0	261.6
1	X	283.1	359.5	274.6	105.2	87.9
1	Y	211.1	191.2	152.9	113.1	79.4
1	Z	227.5	160.5	182.3	117.2	102.6
3	X	342.8	448.3	320.3	111.1	118.6
3	Y	208.0	196.1	177.6	89.8	91.0
3	Z	319.3	179.2	168.2	105.8	65.3

（本データは馬替純二氏（元産業創造研究所）の提供による）

2) データ入力の形式

図4.3.4のように入力する．

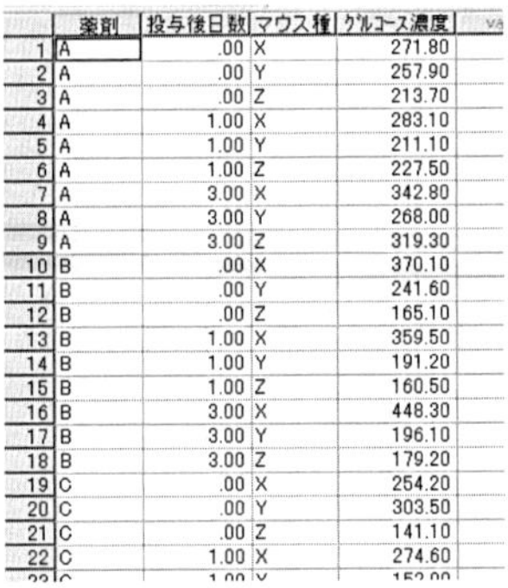

図4.3.4　入力データの一部

3) 分析の手順

　表 4.3.5 のデータに関して繰り返しのない 3 元配置の分散分析を行うには，[分析]→[一般線形モデル]→[1 変量]を選択する．従属変数として「グルコース濃度」，固定因子として「薬剤」，「投与後日数」，「マウス種」を選択する．モデルとして各因子の主効果と 2 要因までの交互作用を指定する．

4) 結果

　繰り返しのない 3 元配置分散分析を行った結果を表 4.3.6 に示した．この結果，5 ％の有意水準では，「投与後日数」と「マウス種」の交互作用（$p = 0.096$）以外は各主効果および交互作用に関して有意差が認められた．

表 4.3.6　3 元配置分散分析の結果

被験者間効果の検定

従属変数：グルコース濃度

ソース	タイプⅢ平方和	自由度	平均平方	F 値	有意確率
修正モデル	336759.108(a)	28	12027.111	11.362	.000
切片	1910032.022	1	1910032.022	1804.380	.000
薬剤	127279.224	4	31819.806	30.060	.000
投与後日数	32374.499	2	16187.250	15.292	.000
マウス種	48908.119	2	24454.060	23.101	.000
薬剤＊投与後日数	53214.094	8	6651.762	6.284	.001
薬剤＊マウス種	64951.328	8	8118.916	7.670	.000
投与後日数＊マウス種	10031.844	4	2507.961	2.369	.096
誤差	16936.850	16	1058.553		
総和	2263727.980	45			
修正総和	353695.958	44			

a R2 乗＝ .952（調整済み R2 乗＝ .868）

[3] 多元配置分散分析に関する Q & A

Q1　繰り返しのある 2 元配置分散分析において，測定の繰り返しが異なる観測者によって行われた場合はどのように扱えばいいでしょうか？

A1　測定の繰り返しが異なる観測者によって行われた場合，観測者を因子の 1 つとみなせば繰り返しのない 3 元配置分散分析が適用可能です．SPSS では，変数を指定する際に要因とみなせる変数は固定因子として指定し，観測の繰り返しとみなせる場合は変量因子として指定します．

付 録

1）分散分析の構造モデル

　1元配置分散分析において，y_{ij} は i 番目の水準で繰り返しが j 番目の観測値を示している．分散分析では y_{ij} を表現するモデルとして次のような線形モデルを考える．すなわち，

$$y_{ij} = \mu + \alpha_i + \varepsilon_{ij} \tag{4.1}$$

ただし，水準の数を m とすれば $\alpha_1 + \alpha_2 + \cdots + \alpha_m = 0$ である．この式を構造モデル（structural model）という．ここで，μ は平均値であり，α_i は因子による効果を表している．また，ε は測定値 y_{ij} が持っている誤差で，平均 0, 分散 σ^2 の互いに独立な正規分布に従っていると仮定する．さらに，くり返しのある 2 元配置分散分析における構造モデルは，因子 A, B に関して条件 A_i, B_j における k 回目の測定を y_{ijk} とすれば，

$$y_{ijk} = \mu + \alpha_i + \beta_j + \gamma_{ij} + \varepsilon_{ijk} \tag{4.2}$$

となる．ただし，α_i, β_j はそれぞれ因子 A, B の主効果，γ_{ij} は A と B の交互作用，ε_{ijk} は誤差を示す．繰り返しのない 2 元配置の場合，$k = 1$ となり γ_{ij} と ε_{ij} を分けることができないため，交互作用に関する情報は得られないことになる．これらの構造モデルについては，①観測値は正規分布にしたがう確率変数の実測値であること，②その確率変数の分散は等しいこと，③その確率変数は互いに独立であること，といった仮定が成立していなければならない．

2）　回帰分析と分散分析との関係

　回帰分析においては，反応変数の分散を，予測値の分散と誤差の分散に分割することによって回帰モデルが構築されている．予測値は 1 つ以上の説明変数（量的変数）の何らかの関数によって説明され，誤差は説明変数では説明しきれない部分である．同様に分散分析においても，反応変数の分散を説明変数（質的変数）によって説明できる部分と説明しきれない部分とに分割して構造モデルを仮定している．したがって，分散の分割に基づいて平均偏差に関する解析を行うという点では両者は本質的に同じ手法といえる．通常は，説明変数が量的変数の場合は

回帰分析とよばれ，説明変数が質的変数の場合は分散分析とよばれている．

3) スチューデント化された範囲

多重比較のチューキー法で用いるスチューデント化された範囲とは，群の数が g であるとき各群の平均値 $m_1, m_2, \cdots, m_g$ のうち最大値の $\mathrm{Max}(m_i)$ と最小値の $\mathrm{Min}(m_i)$ の差 R，および誤差分散（4.1 を参照）V_e を用いてで定義される．例えば，第 i 群と第 j 群 $(i \neq j)$ を比較する場合，

$$|m_i - m_j| / \sqrt{V_e/n} \tag{4.3}$$

を求め，スチューデント化された範囲のパーセント点（例えば，緒方，柳井（1999）の巻末の表を参照）の自由度（$g, g(n-1)$）の有意水準に応じた値と比較する．

参考文献

Ogata, H. and Izumo, Y. (1996)　Biochemical states of Fe-59 in blood of mice exposed to gamma-rays of 4 Gy or 10 Gy, *Radioisotopes*, **45**, 545-550.

緒方裕光・柳井晴夫（1999）　統計学−基礎と応用−，現代数学社．

第5章 回帰分析

第5章

予測を行う，複数の変量の相互の関連を記述する，といった目的のために，一つの注目する変数を複数の変数の線形結合で表す式を求める手法が回帰分析（regression analysis）である．活用範囲の広い手法であり，事前の仮定や注意点に気をつけて利用して欲しい．

5.1 単回帰分析

[1] 方法の概要

Pearson の積率相関係数は，2変数間の直線的関連の強さの指標であった．直線的な関連の存在が考えられるなら，その直線の式を求める方法が回帰分析である．利用の目的として，一方の変数の値の変化に対応して他方の変数がどの様に変化するかという直線的関連を記述すること自体が目的となる場合や，求めた直線の式を利用して一方から他方を予測する手段を導くことを主目的とする場合がある．

1) 単回帰モデル

2変数 x, y の間の直線的関連について x を用いて y を説明する式で表すと $y = \alpha + \beta x$ となる．α は直線の切片，β は傾きである．実際には，相関係数の絶対値が1で，完全に一直線上に並ばない限り，個々のケースはこの直線からずれることになる．そこで，直線により予測された y と y の実測値のずれ ε を式に加えると，$y = \alpha + \beta x + \varepsilon$ と表現できる．これが単回帰モデル（simple regression analysis model）であり，x の方を独立変数（independent variable）もしくは説明変

数 (explanatory variable), y を従属変数 (dependent variable) もしくは基準変数 (criteria variable) と呼ぶ. また, 切片 α を定数, 傾き β を x の回帰係数 (regression coefficient) と呼ぶ (なお, 2 節で取り扱う重回帰分析 (multiple regression analysis) では, β を偏回帰係数と呼び, SPSS では単回帰も重回帰も同じプロシジャで実行するため, 出力の表記は偏回帰係数で統一されている).

α, β を推定するために, 予測された y と y の実測値の差である残差 (residual) ε の平均は 0 とし, 残差の分散を最少とするために最小二乗法 (least squares method) と呼ばれる手法を用いて α の推定値 a, β の推定値 b を求めると, それぞれ

$$a = \overline{y} - b\overline{x} \qquad b = \frac{s_y}{s_x} r_{xy} = \frac{s_{xy}}{s_x{}^2} \tag{5.1}$$

となる. こうして求められた直線 $y = a + bx$ を x から y への回帰直線 (regression line) と呼ぶ.

2) 回帰分析における検定

回帰直線により従属変数の値を有意に説明できているかということをみるためには, 表 5.1.1 のような分散分析により検定結果が得られる. 単回帰分析の分散分析表は一元配置分散分析の表 (表 4.1.2 参照) と同様に解釈することができる.

表 5.1.1　分散分析表

分散分析[a]

モデル		平方和	自由度	平均平方	F 値	有意確率
1	回帰	5295723.786	1	5295723.786	35.747	.000[b]
	残差	10073746.21	68	148143.327		
	全体	15369470.00	69			

a. 従属変数　肺活量

b. 予測値：(定数), 身長.

一元配置分散分析では, 因子の水準によって平均を比較する変数のバラツキがどの程度説明されるか, を考えていたが, この場合は回帰直線による予測値が従属変数のバラツキをどの程度説明しているかを示している (p124 分散分析の付録 2 参照).

　一元配置分散分析の「グループ間」に相当する部分が「回帰」であり，「グループ内」に相当する部分が「残差」である．単回帰分析における分散分析の検定結果は，独立変数と従属変数の間の相関係数についての無相関の検定と同じ結果となる．

　回帰分析におけるその他の検定は，回帰直線の切片（定数）と傾き（偏回帰係数）についてのものである．傾きの検定は，傾きが 0 であるという帰無仮説に基づくものであり，傾きが 0 でないということは独立変数の値により，従属変数の値が変化するということを意味している．y 切片についての検定は切片 = 0 という帰無仮説に基づいた，言い換えると原点 $(0, 0)$ を通るかという検定である．

3) 残差の分析

　回帰分析において，残差について期待値が 0，分散を最少とするという条件は回帰式を求める段階で満たされるが，実は残差には他にも仮定されている条件（Q&A の 2 参照）があり，回帰直線の適切さを検討するためにも，回帰式による従属変数の予測値と実際の値のずれである残差を検討する必要がある．

　SPSS において，残差を検討する方法として用意されているものは，系列相関の検定手法である Durbin–Watson 検定，大きすぎる残差がないかケース毎に診断する方法，および従属変数，標準化された予測値，標準化残差などを組み合わせて散布図を作成して，確認する方法である．具体例については Q&A を参照して欲しい．

[2] 解析例

例 5.1.1

1) データ

　人間の肺活量は身長と関連している．肺活量自体は呼吸機能の指標であるが，身長から個人の標準的な肺活量の値を予測できれば，実測値との差で呼吸器の状態を評価することができる（なお，実際には男女別に年齢も加味した予測式が主に用いられている）．ここでは，身長から肺活量を予測する回帰式を求めてみよう．

　30 〜 49 歳の成人女性 70 名について身長（cm）と肺活量（ml）を測定したデータである（図 5.1.1）．単回帰分析に先立って，［グラフ］→［図表ビルダー］を選択して，「ギャラリ」の「散布図 / ドット」から，「単純散布図」を指定し，X 軸を身長，Y 軸を肺活量として散布図を作成したものが図 5.1.2 である．

	身長	肺活量
1	157	3380
2	154	3300
3	155	2220
4	147	2260
5	165	3390
6	152	2600
7	160	2900
8	152	2930
9	154	2950
10	152	2750
11	155	3320
12	154	3630
13	158	2380
14	162	2750
15	163	3040
16	155	2560
17	155	2620
18	162	2750
19	155	2860
20	152	3160
21	162	3260
22	167	4130
23	157	2970
24	156	2980
25	162	3170
26	160	3190
27	153	2330
28	155	3100
29	160	3450
30	155	2840
31	153	2080

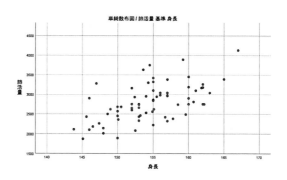

図 5.1.1　身長と肺活量
　　　　　のデータ（部分）

図 5.1.2　身長と肺活量の散布図

2) 分析の手順

　このデータで，肺活量を従属変数，身長を独立変数とした単回帰分析を行うに
は，［分析］→［回帰］→［線型］を選択する．ダイアログボックスでは，従属変数
に肺活量，独立変数に身長を指定すればよい．

　サブメニューの中で，ここでは「統計量」において回帰係数の信頼区間，記述統
計量を指定する．「作図」は，標準化した予測値（*ZPRED）をX軸に，標準化残差
（*ZRESID）をY軸に指定して散布図を作成するよう指定しよう（図5.1.3参照）．
この指定により，図5.1.4のような散布図が作成される．

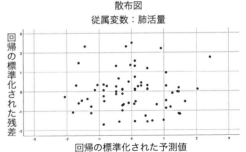

散布図
従属変数：肺活量

図5.1.3　作図の指定　　　　　図5.1.4　作成された散布図

　回帰式による予測値や残差等をそれぞれのケースについて求め，新変数として保存するなら「保存」で指定しておけばよい．

3) 回帰直線が描かれた散布図の作成

　散布図上に回帰直線も描いたグラフを作成したければ，[図表ビルダー]の「散布図/ドット」で「線の当てはめを使用した単純散布図」を利用する．X軸（独立変数）である身長と，Y軸（従属変数）である肺活量を図5.1.5のように指定して作図する．なお，標準では回帰式は表示されないので，散布図をダブルクリックして図表エディタを起動し，回帰直線のプロパティの「線の当てはめ」タブで「線にラベルをつける」にチェックを入れる必要がある．図5.1.6のように，散布図に回帰直線，回帰式および決定係数（R^2）の値が加えられた図が作図される．

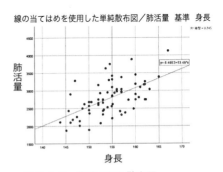

線の当てはめを使用した単純散布図／肺活量　基準　身長

図5.1.5　図表ビルダーによる
　　　　　回帰直線入り散布図の作成

図5.1.6　作成された散布図

4) 結果

図 5.1.1 のデータで, 肺活量を従属変数とした単回帰分析を行った結果, 以降の出力が得られる.

"記述統計量"(表 5.1.2)と"相関係数"(表 5.1.3)は,「統計量」サブメニューの「記述統計量」にチェックを入れなければ出力されない. 身長と肺活量には, 0.587 と強い相関があることが分かる.

表 5.1.2　記述統計量

記述統計

	平均値	標準偏差	度数
肺活量	2787.00	471.960	70
身長	154.49	5.180	70

表 5.1.3　身長と肺活量の相関

相関

		肺活量	身長
Pearson の相関	肺活量	1.000	.587
	身長	.587	1.000
有意確率 (片側)	肺活量	.	.000
	身長	.000	.
度数	肺活量	70	70
	身長	70	70

表 5.1.4　投入済み変数または除去された変数

投入済み変数または除去された変数[a]

モデル	投入済み変数	除去された変数	方法
1	身長[b]		強制投入法

a. 従属変数　肺活量

b. 要求された変数がすべて投入されました

表 5.1.4 の"投入済み変数または除去された変数"の出力は単回帰分析では意味がない. 次節の重回帰分析で解説される.

表 5.1.5　モデルの要約

モデルの要約

モデル	R	R2乗	調整済み R2乗	推定値の 標準誤差
1	.587[a]	.345	.355	384.894

a. 予測値:(定数), 身長.

　"モデルの要約"のRは従属変数の予測値と実測値の相関係数であり, 単回帰分析では, 従属変数と独立変数の相関係数の絶対値と同じである. Rの二乗であるR2乗(R^2)は, 従属変数の分散のどれだけの部分を回帰式で説明できたかという割合を表し, 決定係数(coefficient of determination)と呼ばれる. 決定係数は, 次の"分散分析"(表5.1.6)で, 回帰の平方和を合計の平方和で除して求めるものである. この例では, $R^2 = 0.345$と, 身長を使った回帰式により, 肺活量のバラツキの35%程が説明されている. 調整済みR2乗は重回帰分析の項でふれる. 推定値の標準誤差とは, 分散分析表の残差の平均平方の正の平方根である.

表 5.1.6　分散分析表

分散分析[a]

モデル		平方和	自由度	平均平方	F値	有意確率
1	回帰	5295723.786	1	5295723.786	35.747	.000 [b]
	残差	10073746.21	68	148143.327		
	合計	15369470.00	69			

a. 従属変数　肺活量

b. 予測値:(定数), 身長.

　"分散分析"表の回帰と残差それぞれの平方和を自由度で割ったものが, 平均平方である. 回帰についての自由度は独立変数の個数(単回帰分析では1), 残差についての自由度は(ケース数–回帰の自由度–1)であり, ここでは68である.

　回帰直線による予測はできない(R=0)という帰無仮説のもとでは, 検定統計量Fの値(回帰の平均平方÷残差の平均平方)は, 自由度(1,68)のF分布に従うことから有意確率が求められている. ここでは, $p = 0.000$なので回帰は有意であると有意水準5%で判断することができる.

表5.1.7　係数の推定結果

係数[a]

モデル	非標準化係数		標準化係数	t値	有意確率	Bの95.0%信頼区間	
	B	標準誤差	ベータ			下限	上限
1　（定数）	-5475.824	1382.762		-3.960	.000	-8235.083	-2716.566
身長	53.486	8.946	.587	5.979	.000	35.635	71.336

a. 従属変数　肺活量

　"係数"の表から，回帰直線の式の係数を読みとることができる．表中の"非標準化係数"の"B"の部分が定数および偏回帰係数の推定値である．ここでは，(定数)の"B"から切片 α が-5475.8，身長の"B"から偏回帰係数（傾き）β が53.5と推定されたことが分かる．つまり，回帰式は　肺活量(ml)＝－5475.8＋53.5×身長(cm)　と求められた．

　この式により，身長が1cm増加すると肺活量が53.5ml増加すること，例えば身長が160cmの場合は，－5475.8＋53.5×160＝3081.9mlの肺活量と予測される，等のことが分かる．

　"B"の右の"標準誤差"は定数と偏回帰係数の標準誤差である．一つ空けて検定統計量の"t値"と"有意確率"が，定数および偏回帰係数が0という帰無仮説による検定により求められている．この場合はどちらも有意確率が0.000と有意水準5％で判断すると有意であり，どちらも0ではないといえる．その右の"Bの95%信頼区間"が，定数と偏回帰係数の95%信頼区間である．

　表中の"標準化係数　ベータ"とは，従属変数と独立変数が標準化されている場合の偏回帰係数に相当する（もしくは偏回帰係数に独立変数の標準偏差を乗じて従属変数の標準偏差で除せば求まる）．つまり，ここでは身長の1標準偏差分の増加に対して肺活量は0.587標準偏差分だけ増加するという関連であることが示されている（独立変数が一つしかない単回帰分析の場合，標準化係数ベータは相関係数と同じである）．

　残差の分析については，それぞれ標準化した予測値と残差の散布図（図5.1.4参照）を検討すると，やや残差が正の方に散らばっている傾向がうかがえるが，大きな問題点は見られない．

[3] 単回帰分析に関する Q & A

Q1 $y = a + bx$ という, x から y への回帰式は $x = \dfrac{(y-a)}{b}$ と変形すれば, y から x を予測する式として使えますか?

A1 一見何の問題もないように思えますが, 使えません. 回帰分析の際に, 残差をどう求めるかを考えましょう. x から y への回帰直線では, 残差は y の実測値と予測値 (回帰式) のずれ, y から x への回帰直線では残差が x の実測値と予測値のずれになるので, 回帰直線からずれを求める方向が異なっています. そのため, x と y のどちらからどちらを説明する式になるかで, 2 本の回帰直線が引かれることになります. この 2 本の回帰直線が同じ直線となるのは, x と y の相関係数の絶対値が 1 で, 完全に直線上に並んでいる場合だけです

回帰式を予測のために求めるのであれば, 一方から他方を予測するという形で変数が固定されて利用されるので, このようなことは問題となりません. しかし, 2 変量の関連に注目している場合には, 気をつけてください. 例えば, 先ほどの例 5.1.1 では, 身長 1 cm あたり肺活量が 53.5 ml 増加という読みとりができましたが, 逆に肺活量 100 ml あたり身長何 cm 増加か, ということを記述したい場合には $(1 \div 53.5) \times 100 = 1.87$ cm ではなく, 先ほどと独立変数 x と従属変数 y を逆にして求めた回帰直線 (身長 cm $= 136.5 + 0.0064 \times$ 肺活量 ml となります) を読みとる必要があります.

Q2 残差は, どのようにチェックすれば良いのでしょうか?

A2 回帰分析の際に, モデル上の残差におかれている仮定を満たしているかなど, 誤差を図示することでわかりやすく検討することができます.

単回帰モデルにより, 実際に回帰直線を求めるために, 誤差 ε_i には, 次のような仮定がおかれています.

1) 個々のケースの残差はすべて, 期待値 = 0, 分散 = 一定 (未知) の同じ分布に従っている.

2) 個々のケースの誤差 ε_1, ε_2, $\cdots$, ε_n は互いに独立である.

つまり, この仮定が満たされていない場合は, 回帰モデルが適切でないと考えられます. 例えば, 同じ分布に従っているとは考えづらい大きな残差が観察される場合や, ケースを観測順に列べてみると残差に周期性がある場合などは, これら

の仮定が満たされているとは考えられないことになります.

実際に残差を分析する参考として,有名なアンスコム(Anscombe)の数値例
(Anscombe (1973))(表5.1.8)を紹介しましょう.

表5.1.8　アンスコムの数値例

X	Y_1	Y_2	Y_3	X_4	Y_4
10.0	8.04	9.14	7.46	8.0	6.58
8.0	6.95	8.14	6.77	8.0	5.76
13.0	7.58	8.74	12.74	8.0	7.71
9.0	8.81	8.77	7.11	8.0	8.84
11.0	8.33	9.26	7.81	8.0	8.47
14.0	9.96	8.10	8.84	8.0	7.04
6.0	7.24	6.13	6.08	8.0	5.25
4.0	4.26	3.10	5.39	19.0	12.50
12.0	10.84	9.13	8.15	8.0	5.56
7.0	4.82	7.26	6.42	8.0	7.91
5.0	5.68	4.74	5.73	8.0	6.89

XからY_1,XからY_2,XからY_3,X_4からY_4という4つの回帰直線を求めると,
すべての式が$Y=3.0+0.5X$となり,R^2も0.667となるようにこのデータは作
成されています.また,XとX_4,$Y_1 \sim Y_4$はほとんど等しい平均と標準偏差を持
ちます.したがって,記述統計や回帰分析およびその検定結果のみをみると,4組
の回帰にはまったく相違を見いだすことができません.散布図を示すだけで,こ
れらのデータの組の間の相違は明らかになるのですが,回帰分析の結果のみを読
みとれば見落としています.

散布図および回帰分析の結果による標準化した予測値と標準化残差の散布図
を図5.7に示します.この残差のプロットをみれば相違は明らかでしょう.

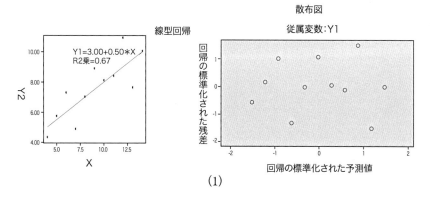

(1)

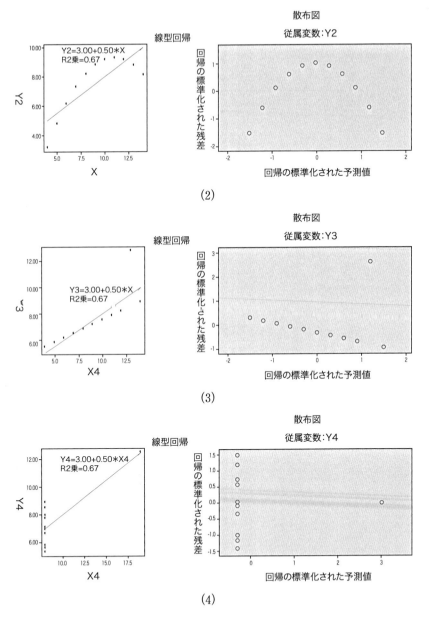

図 5.1.7　アンスコムの数値例による散布図・回帰直線, 残差プロット

　(1)は特に問題のない場合であり，(2)は曲線的な関連に線形モデルをあてはめてしまった例といえます．(3)は1つのケース(3番目)を除けば一直線上に並んでいる場合であり，この1例がはずれ値かどうか検討する必要があるでしょう．(4)は1例(8番目)のケースを除いてしまえばX_4とY_4には関連が見られなくなり，(3)と同じくこの1例を除くべきかの検討が必要になります．

　実際の解析においても，これほど極端な場合ではないにせよ，残差をチェックすることでこの様な問題ある傾向を把握することができます．ただし，回帰分析の前に散布図や各変数の分布型など，基本的なデータの吟味をきちんと行う習慣を身につければ，大きなミスはしないでしょう．

5.2 重回帰分析

[1] 方法の概要

　重回帰分析は，独立変数を複数に増やした単回帰分析の拡張と考えることができる．SPSSでは同じプロシジャで実行され，単回帰分析は重回帰分析において独立変数を一つしか指定しない場合となる．

　一つの独立変数では十分に従属変数の値が予測できなくても，さらに他の変数を独立変数として加えれば，よりよい予測が可能になる場合があろう．また，予測が主たる目的でなく，独立変数相互の影響を除いて，それぞれの独立変数と従属変数の間の関連を観察する方法としても利用される．

1) 重回帰モデル

　単回帰モデルを拡張し，独立変数を$(x_1, x_2, \cdots, x_k)$のk個に増やした，重回帰モデル

$$y = \alpha + \beta_1 x_1 + \beta_2 x_2 + \cdots + \beta_k x_k + \varepsilon \tag{5.2}$$

において，定数αとk個の独立変数それぞれの偏回帰係数(partial regression coefficient) $\beta_1 \sim \beta_k$を最小二乗法により推定する．定数，偏回帰係数を推定し，作成した重回帰式を利用して求めた予測値と実測値の相関係数が重回帰分析における重相関係数(multiple correlation coefficient) Rであり，その二乗(R^2)が

(重) 決定係数と呼ばれる．重回帰式によってどの程度従属変数の分散を説明できたかは重決定係数で評価できるが，予測式としてのよさの程度については，独立変数を多く使うことに対するペナルティーを加味した自由度調整済み重相関係数 (multiple correlation coefficient adjusted for the degrees of freedom) の二乗を使って，評価することが行われる (Q&Aの1参照).

2) 重回帰分析における検定

重相関係数の有意性検定は，単回帰分析と同様に，回帰についての分散分析表の検定と同一である．また，各偏回帰係数と定数の有意性も，値が0という帰無仮説について検定される．

3) 変数の選択

複数の独立変数を利用する場合，予測にほとんど寄与しない変数を利用することは効率が悪い．関連を観察したい場合に，最初から計画しただけの独立変数を投入してそのままとする場合もあろうが，それ以外の場合は予測に最適な独立変数だけを選択するための方法である変数選択 (variable selection) が必要になる．また，変数選択を行えば，多重共線性 (multicollinearity) (Q&Aの2参照) の問題を回避することができる．

基本的には，独立変数を加える操作と除去する操作があり，加える場合にはそれまでの独立変数群に加えた場合にもっとも予測が向上する変数を選択し，除去する場合は利用されている独立変数のうち，予測への寄与がもっとも低いものを除去するという手順をとる．SPSSでは投入および除去を行うかどうかの基準をF値もしくはF値確率で指定することができる．なお，SPSSのデフォルトの基準はやや厳しい (たとえば投入においてはF値確率で5%) ので，少し緩くして指定をしないと独立変数が一つも選択されないこともある．

変数選択の方法としては，投入する独立変数を探し，投入できた場合には利用されている全独立変数から除去すべきものがないかを調べ，また追加できる変数を探すステップワイズ法 (変数増減法) が一般的である．SPSSで指定できる変数選択の方法は，指定した独立変数をすべて使用する強制投入法，ステップワイズ法，強制除去法，独立変数を順次除去していく変数減少法，順次追加のみを行う変数増加法の指定が可能である．また，変数減少法や強制除去法など，独立変数

を減らしていく手法は，いったん独立変数が投入されていなければ使えない．変数のセット（ブロック）毎に順次，指定した変数選択法を適用する指示か可能であるが，ブロック2以降で除去の指定が可能となる．

[2] 解析例

例5.2.1

1）データ

　単回帰分析の身長による肺活量の予測に，さらに体重を独立変数に加えて肺活量を予測してみよう．データは例5.1.1に体重が加わっているものである．

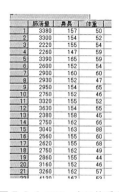

図5.2.1　図5.1.1のデータに体重を追加（部分）

[分析]→[相関]→[2変量]で相関係数を求めると表5.2.1のようになっている．

表5.2.1　肺活量, 身長, 体重の相関係数

相関

		肺活量	身長	体重
肺活量	Pearson の相関係数	1	.587**	.143
	有意確率（両側）		.000	.237
	度数	70	70	70
身長	Pearson の相関係数	.587**	1	.423**
	有意確率（両側）	.000		.000
	度数	70	70	70
体重	Pearson の相関係数	.143	.423**	1
	有意確率（両側）	.237	.000	
	度数	70	70	70

**. 相関係数は1％水準で有意（両側）です．

2) 分析の手順

　肺活量を従属変数とし，身長と体重を独立変数として重回帰分析を行うには，単回帰分析と同様に[分析]→[回帰]→[線型]を選択する．ここでは，先ほどの例5.1.1の指定に独立変数として体重を加えればよい．ここでは，変数選択の方法を「強制投入法」のままとしてみよう．

3) 結果

　変数選択を行っていないので，身長と体重2つの独立変数を投入した場合の結果のみが得られる．

表5.2.2　モデルの要約

モデルの要約

モデル	R	R2 乗	調整済み R2 乗	推定値の標準誤差
1	.598 [a]	.358	.339	383.766

a. 予測値：(定数), 体重, 身長.

　R＝0.598と，身長のみを独立変数とした単回帰分析のR－0.587よりわずかに重相関係数は大きくなっているが，調整済みR2乗（自由度調整済み重相関係数の二乗）では0.335→0.339とほとんど増加はなく，体重を追加したことにより予測がよくなっているとは言いづらい．

表5.2.3　係数の推定結果

係数 [a]

モデル		非標準化係数 B	標準誤差	標準化係数 ベータ	t 値	有意確率
1	(定数)	-5812.622	1407.784		-4.129	.000
	身長	58.410	9.843	.641	5.934	.000
	体重	-7.704	6.511	-.128	-1.183	.241

a. 従属変数　肺活量

　係数の表をみると，体重の偏回帰係数は有意確率0.241と5％で有意とは判断できない値である．偏回帰係数自体は，身長の係数が単回帰分析の結果（表5.1.7）から若干変化している．これは，独立変数が追加されたため，独立変数間の相互の関連により変化したものである．

　また，体重の偏回帰係数は有意ではないものの，-7.704 と負の値である．体重と肺活量の相関は 0.143 とほぼ無相関であり，負の値となったことに違和感を覚えるかもしれない．しかし，偏相関係数を考えれば分かるように，体重と身長に正の相関が存在しているため，身長の影響を除外して体重と肺活量の関連を考えると，この様に相関係数の傾向とは異なった向きの影響が観察されることも異常なことではない．ただし，この場合は，体重を独立変数に追加することはほとんど意味がなく，身長のみを利用するだけで十分である．

　なお，実際の解析において，従属変数と独立変数の相関の符号と偏回帰係数が一致していないことが解釈上問題となる場合には，多重共線性（Q&A の 2 参照）を疑い，診断をするべきである．多重共線性は独立変数間の相関が高いものが存在している場合に問題となり，変数選択を行わない場合にはチェックをすべきである．

例 5.2.2

1) データ

　「生活習慣病」という呼称も定着しているように，生活習慣と健康はさまざまに関係しており，生活習慣を定量的に評価することは重要である．生活習慣を 23 の尺度で測定した LPC 式生活習慣調査（高木，柳井 (1998)）の尺度のデータを利用して，生活習慣から年齢を予測してみよう．データは 20 歳台から 80 歳台までの男性 400 名について，23 尺度から抜き出した尺度 2 つと 5 つの総合尺度の計 7 つの尺度を利用する．利用する尺度の説明は表 5.2.4 に示すが，得点が高いほどその尺度が意味する傾向が強いことを示している．

表 5.2.4　生活習慣尺度の意味

尺度の名称	意味
精神的な活発さ	自発性，外向性が高い傾向（自発性尺度と外向性尺度）
知的な行動力	健康に関する情報収集や料理への工夫・関心（健康情報尺度と料理への進取性尺度）
生活の堅実さ	伝統的生き方を重んじる．義理人情や礼儀・恩義を重んじる傾向（伝統型尺度と情緒不安定尺度）
心身の不安定さ	身体的な訴えが多く，精神状態が不安定になりやすい傾向（多愁訴尺度と情緒不安定尺度）
望ましくない食生活	肉類・脂肪分の多い食事，塩分を多く摂る傾向（肉・油脂尺度と高塩分尺度）
運動実施	運動を行う傾向
疾病頻度	病気がちな傾向

	年齢	精神的な活発き	知的な行動力	生活の堅実さ	心身の不安定さ	望ましくない食生活	運動実施	疾病頻度
1	82	7	2	17	2	9	1	
2	81	13	8	18	3	10	3	4
3	81	13	12	18	10	12	6	6
4	81	18	11	22	6	12	6	9
5	81	18	15	21	6	10	4	9
6	81	6	8	20	0	8	2	4
7	80	19	4	17	11	7	1	6
8	80	17	10	23	17	6	4	12
9	79	10	9	21	13	9	2	5
10	79	13	5	14	1	5	5	5
11	78	12	13	16	12	15	7	8
12	78	4	1	11	22	8	0	9
13	78	4	1	10	7	12	1	9
14	78	10	4	17	4	16	5	9
15	77	8	6	18	13	11	4	9
16	77	8	9	20	20	11	4	12
17	77	9	15	19	5	7	3	7
18	77	14	6	17	3	7	8	11
19	75	8	6	19	8	4	0	7
20	75	19	18	23	4	7	6	9
21	74	1	1	18	1	4	0	5
22	74	14	15	23	1	5	3	5
23	73	10	6	20	12	7	3	8

図 5.2.2　年齢と 7 つの生活習慣尺度のデータ（部分）

3）分析の手順

　[分析] → [回帰] → [線型] を選択し，従属変数に年齢を，独立変数に尺度をすべて指定する．ダイアログボックスの「統計量」サブメニューで「R 2 乗の変化量」

にチェックを入れよう．変数選択の方法は，「独立変数」下の「方法」で「ステップワイズ法」を選択しよう．「オプション」で「ステップ法の基準」を変更することができるが，ここではデフォルトのままとしよう．

　残差の分析は「作図」を使い，単回帰分析と同様に，標準化残差と標準化した予測値の散布図を描く指定および「標準化残差のプロット」の「ヒストグラム」と「正規確率プロット」を指定しておこう．

4）結果

表 5.2.5　変数間の相関係数

相関

		年齢	精神的な活発さ	知的な行動力	生活の堅実さ	心身の不安定さ	望ましくない食生活	運動実施	疾病頻度
年齢	Pearson の相関係数	1	-.031	.070	.342**	.021	-.165**	.051	.297**
	有意確率（両側）		.531	.165	.000	.677	.001	.307	.000
	度数	400	400	400	400	400	400	400	400
精神的な活発さ	Pearson の相関係数	-.031	1	.282**	.383**	-.188**	-.067	.369**	-.193**
	有意確率（両側）	.531		.000	.000	.000	.181	.000	.000
	度数	400	400	400	400	400	400	400	400
知的な行動力	Pearson の相関係数	.070	.282**	1	.217	.038	.007	.351**	.096
	有意確率（両側）	.165	.000		.000	.448	.689	.000	.054
	度数	400	400	400	400	400	400	400	400
生活の堅実さ	Pearson の相関係数	.342**	.383**	.217**	1	-.096	-.071	.200**	.012
	有意確率（両側）	.000	.000	.000		.055	.155	.000	.804
	度数	400	400	400	400	400	400	400	400
心身の不安定さ	Pearson の相関係数	.021	-.188**	.038	-.096	1	.160**	-.111*	.482**
	有意確率（両側）	.677	.000	.448	.055		.001	.027	.000
	度数	400	400	400	400	400	400	400	400
望ましくない食生活	Pearson の相関係数	-.165**	-.067	.007	-.071	.160**	1	.069	.032
	有意確率（両側）	.001	.181	.889	.155	.001		.170	.523
	度数	400	400	400	400	400	400	400	400
運動実施	Pearson の相関係数	.051	.369**	.351**	.200**	-.111*	.069	1	-.034
	有意確率（両側）	.307	.000	.000	.000	.027	.170		.498
	度数	400	400	400	400	400	400	400	400
疾病頻度	Pearson の相関係数	.297**	-.193**	.096	.012	.482**	.032	-.034	1
	有意確率（両側）	.000	.000	.054	.804	.000	.523	.498	
	度数	400	400	400	400	400	400	400	400

**. 相関係数は 1％水準で有意（両側）です．

*. 相関係数は 5％水準で有意（両側）です．

　独立変数と従属変数の相関係数は表 5.2.5 のようになっている．年齢と比較的相関しているものとして"生活の堅実さ"や"疾病頻度"尺度があげられる．

表 5.2.6　ステップワイズ法による変数選択の結果

投入済み変数または除去された変数 [a]

モデル	投入済み変数	除去された変数	方法
1	生活の堅実さ	．	ステップワイズ法（基準：投入する F の確率 <=.050, 除去する F の確率 >=.100).
2	疾病頻度	．	ステップワイズ法（基準：投入する F の確率 <=.050, 除去する F の確率 >=.100).
3	望ましくない食生活	．	ステップワイズ法（基準：投入する F の確率 <=.050, 除去する F の確率 >=.100).
4	精神的な活発さ	．	ステップワイズ法（基準：投入する F の確率 <=.050, 除去する F の確率 >=.100).
5	心身の不安定さ	．	ステップワイズ法（基準：投入する F の確率 <=.050, 除去する F の確率 >=.100).

a. 従属変数　年齢

　ステップワイズ法の結果（表 5.2.6），5 つの独立変数が条件を満たして追加され，この例では途中で除去される変数はなかったことが分かる．実際に変数が追加されるにつれて，予測がどの様によくなっていったかは，"モデルの要約"（表5.2.7）の出力で読みとれる．最終的な重相関係数は R＝0.498 である．

表 5.2.7　モデルの要約

モデルの要約 [f]

モデル	R	R2 乗	調整済み R2 乗	指定値の 標準誤差	変化の統計量 R2 乗 変化量	F 変化量	自由度 1	自由度 2	有意確率 F 変化量
1	.342[a]	.117	.115	10.730	.117	52.787	1	398	.000
2	.451[b]	.203	.199	10.208	.086	42.773	1	397	.000
3	.475[c]	.226	.220	10.074	.023	11.564	1	396	.001
4	.490[d]	.240	.233	9.991	.015	7.676	1	395	.006
5	.498[e]	.248	.238	9.954	.007	3.904	1	394	.049

a. 予測値：(定数), 生活の堅実さ.
b. 予測値：(定数), 生活の堅実さ, 疾病頻度.
c. 予測値：(定数), 生活の堅実さ, 疾病頻度, 望ましくない食生活.
d. 予測値：(定数), 生活の堅実さ, 疾病頻度, 望ましくない食生活, 精神的な活発さ.
e. 予測値：(定数), 生活の堅実さ, 疾病頻度, 望ましくない食生活, 精神的な活発さ, 心身の不安定さ.
f. 従属変数　年齢

"分散分析"の結果もステップワイズの段階毎に出力される（表5.2.8）.

表5.2.8 分散分析表

分散分析[a]

モデル		平方和	自由度	平均平方	F 値	有意確率
1	回帰	6077.304	1	6077.304	52.787	.000[b]
	残差	45821.593	398	115.130		
	合計	51898.898	399			
2	回帰	10533.977	2	5266.989	50.550	.000[c]
	残差	41364.920	397	104.194		
	合計	51898.898	399			
3	回帰	11717.668	3	3902.556	38.451	.000[d]
	残差	40191.230	396	101.493		
	合計	51898.898	399			
4	回帰	12473.786	4	3118.446	31.244	.000[e]
	残差	39425.112	395	99.810		
	合計	51898.898	399			
5	回帰	12860.581	5	2572.116	25.959	.000[f]
	残差	39038.316	394	99.082		
	合計	51898.898	399			

a. 予測値：年齢

b. 予測値：(定数), 生活の堅実さ.

c. 予測値：(定数), 生活の堅実さ, 疾病頻度.

d. 予測値：(定数), 生活の堅実さ, 疾病頻度, 望ましくない食生活.

e. 予測値：(定数), 生活の堅実さ, 疾病頻度, 望ましくない食生活, 精神的な活発さ.

f. 従属変数：(定数), 生活の堅実さ, 疾病頻度, 望ましくない食生活, 精神的な活発さ, 心身の不安定さ.

"係数"の表（表5.2.9）を読みとると, 最終的に求められた重回帰式は

年齢の予測値 ＝ 42.3 ＋ 1.10×（生活の堅実さ）＋ 1.18×（疾病頻度）－ 0.44×（望ましくない食生活）－ 0.41×（精神的な活発さ）－ 0.23×（心身の不安定さ）

となった. 例えば, それぞれの尺度の得点が, 生活の堅実さ 17, 疾病頻度 6, 望ましくない食生活 6, 精神的な活発さ 13, 心身の不安定さ 11 であれば,

42.3 ＋ 1.10×17 ＋ 1.18×6 － 0.44×6 － 0.41×13 － 0.23×11 ＝ 57.5

となり, 年齢の予測値が 57.5 歳と求められる.

標準化偏回帰係数をみると, "生活の堅実さ"尺度が年齢と最も関連し, ついで"疾病頻度"が高いほど年齢が増すという順当な結果である. "望ましくない食生活"や"精神的な活発さ"は年齢が低くなる方向に関連している. "心身の不安定

さ"は単相関係数では年齢とほとんど相関しておらず，"疾病頻度"と正の相関が存在しているが，"疾病頻度"の影響を除くと，"心身の不安定さ"が高いことは年齢が低い方に関連していると解釈できる．

表5.2.9 係数の推定結果

係数[a]

モデル		非標準化係数		標準化係数	t 値	有意確率
		B	標準誤差	ベータ		
1	(定数)	38.558	2.450		15.737	.000
	生活の堅実さ	1.008	.139	.342	7.265	.000
2	(定数)	33.391	2.461		13.568	.000
	生活の堅実さ	.998	.132	.339	7.555	.000
	疾病頻度	1.089	.167	.293	6.540	.000
3	(定数)	38.129	2.800		13.617	.000
	生活の堅実さ	.966	.131	.328	7.392	.000
	疾病頻度	1.108	.164	.298	6.735	.000
	望ましくない食生活	-.471	.138	-.151	-3.401	.001
4	(定数)	41.063	2.972		13.617	.000
	生活の堅実さ	1.118	.141	.379	7.944	.000
	疾病頻度	1.009	.167	.272	6.045	.000
	望ましくない食生活	.485	.137	-.155	-3.529	.000
	精神的な活発さ	-.394	.142	-.135	-2.771	.006
5	(定数)	42.329	3.030		13.972	.000
	生活の堅実さ	1.097	.141	.372	7.807	.000
	疾病頻度	1.184	.188	.319	6.285	.000
	望ましくない食生活	-.442	.139	-.142	-3.191	.002
	精神的な活発さ	-.412	.142	-.141	-2.904	.004
	心身の不安定さ	-.230	.116	-.101	-1.976	.049

a. 従属変数：年齢

　残差は図5.2.3に出力されたように，ほぼ正規分布に従っており，この点に関しては問題とならない．また，標準化された予測値と標準化残差の散布図（図5.2.4）も，予測値の低い側でやや残差のバラツキが大きい傾向がうかがえるが，問題というほどではない．

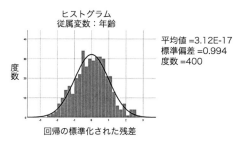

図 5.2.3　標準化残差の分布

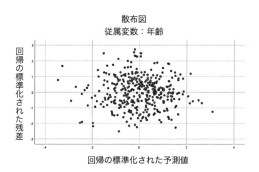

図 5.2.4　標準化予測値と標準化残差の散布図

[3] 重回帰分析に関するＱ＆Ａ

Q1　自由度調整済み重相関係数の二乗とは？

A1　重回帰分析で，"予測のよさ"を評価する際に，重相関係数R（もしくはその二乗である重決定係数R^2）を使うことには注意が必要です．ある重回帰式に，新たな変数を独立変数として追加する場合，追加する前の残差と追加する変数の相関が０でない限り，回帰で説明される部分が増加するので，重相関係数はわずかであっても必ず増加します．

　また，ケース数に比べて独立変数の数が多くなると，重相関係数は過大に評価されてしまうという問題があります．極端な場合，独立変数が１つの場合に２ケースしか存在しなければ，２点を通る直線が引け，完全に回帰直線で説明できてしまいます．３ケースの場合には，２つの独立変数を利用すれば，たいていの場合

一つの平面ですべてのケースが説明されてしまうということになります．独立変数の個数がケース数に近づくことは，個々のケースに引っ張られすぎた回帰式となることや，重相関係数を過大評価する問題を生じさせてしまいます．

そこで，ケース数と独立変数の個数で補正した自由度調整済み重相関係数の二乗（自由度調整済み重決定係数）を利用します．独立変数を増やしていくと，あるところまでは自由度調整済み重相関係数の二乗は増加していきますが，ある点から減少を始めます．これを基準とした変数追加の終了基準も考えられますが，SPSSでは指定できません．

ケース数を N，独立変数の数を p，重相関係数を R とすると，自由度調整済み重相関係数の二乗 $\hat{R}^2$ は

$$\hat{R}^2 = 1 - \frac{N-1}{N-p-1}(1-R^2) \tag{5.3}$$

と求められます．

Q2 多重共線性とはなんですか？ どうすれば対処できますか？

A2 多重共線性とは，独立変数に相関の強いペアが存在する場合および，一つの独立変数を他の独立変数群で強く説明できる（つまり独立変数の一つを従属変数として，他の独立変数で説明する場合の重相関係数が1に近い）場合に，偏回帰係数が不安定になるという現象です．

極端な例で示すと，独立変数に投入される x_1 と x_2 が完全に相関し $x_1 = x_2$ といった関係にある場合，$y = \alpha + \beta_1 x_1 + \beta_2 x_2$ の偏回帰係数 β_1, β_2 の和は定まりますが，それぞれの値は一つに定まらない点から納得できるでしょう．予測の精度とは無関係の問題ですが，偏回帰係数の解釈が困難になる点が大きな問題です．

重回帰分析において変数選択を行えば，相関の強い変数の一方が組み入れられてしまえば，他方はあらたに説明する部分を多く持ちませんので，独立変数に選択されにくくなります．したがって，変数選択を行えば多重共線性の問題は，確実にではありませんが，かなり回避できます．ただし，求められた重回帰式の解釈上，自動的に選択された変数では解釈が困難な場合があります．その際には変数間の相関係数や後述の共線性の診断結果を参考に，手動で変数を選択することも考えられます．

以上, 1) 変数選択を行うようにする, または独立変数間の相関係数を求めるなどの方法で共線性を確認し, 2) 多重共線性を生じる独立変数のどちらかを投入しない, という方法が基本的な対処法として用いられます. なお, SPSSでは, 次のような方法で, 多重共線性の判断に参考になる情報を求めることができます.

表 5.2.10　共線性の統計量が追加された係数の推定結果

係数[a]

モデル		非標準化係数		標準化係数	t 値	有意確率	共線性の統計量	
		B	標準誤差	ベータ			許容量	VIF
1	(定数)	-5812.622	1407.784		-4.129	.000		
	身長	58.410	9.843	.641	5.934	.000	.821	1.218
	体重	-7.704	6.511	-.128	-1.183	.241	.821	1.218

a. 従属変数:肺活量

「統計量」サブメニューで「共線性の診断」にチェックを入れると, 係数の集計表に共線性の統計量として許容量(tolerance)と VIF(variance inflation factor)が表示され(表 5.2.10), "共線性の診断"という集計表も出力されます. 通常は許容度を読みとり, この値が小さい場合(概ね 0.2 以下くらい)に, その独立変数により多重共線性が生じていると判断し, 除去した方がよいという目安があります. 許容度とは, その独立変数を残りの独立変数で予測する場合の重決定係数を R^2 とすると, $1-R^2$ であり, 許容度 0.2 は重決定係数 0.8(重相関係数で 0.9 近い)に相当します. なお, VIF は単に許容度の逆数です.

モデルの解釈上, どうしても多重共線性が存在する変数も利用したい場合, あらかじめ独立変数群で主成分分析(もしくは因子分析)を行い, 抽出した因子を独立変数として重回帰分析を行う方法もあります. この場合には, 抽出した因子(直交解であれば)の間は無相関ですので, 多重共線性の問題は発生しません. また, 求められた重回帰式を因子から元の変数を利用した表現に変換して解釈することもできます.

付 録

1) カテゴリカルデータを独立変数として利用するために
(ダミー変数の利用)

　独立変数が量的変数の場合についてのみを実例としたが，質的変数を重回帰分析に（もちろん他の分析手法の多くにも）利用できる方法がある．独立変数に質的変数を利用する方法として，数量化理論がよく知られており，重回帰分析に相当する方法は数量化1類として知られている．専用の分析ソフトでなく，SPSSでも数量化1類（とほぼ）同じような分析を行うことができる．

　それは，ダミー変数 (dummy variable) を利用する方法である．例えば，2カテゴリの質的変数である性別の場合，男のときに値0，女のときに1をとる変数を作成する．（必ずしも0，1でなくても分析は可能であるが，これが便利である）．この変数をそのまま独立変数として利用すればよい．

　3カテゴリ以上の質的変数も同様にダミー変数を利用する方法で，分析に組み入れることができる．その方法は"カテゴリ数−1"個のダミー変数を利用することである．例えば，3カテゴリの喫煙習慣（現在喫煙，過去喫煙，非喫煙）という質的変数の場合，ダミー変数 x_1（現在喫煙なら1，それ以外は0），ダミー変数 x_2（過去喫煙なら1，それ以外は0）と変換して，この2つのダミー変数を分析に投入する．ダミー変数の3番目として x_3（非喫煙なら1）を使わないのは，x_1, x_2 が決まれば，x_3 が必ず定まる（例えば $x_1 = 1$, $x_2 = 0$ なら $x_3 = 0$ です）ため，多重共線性の問題から重回帰分析を行うことができないからである．

　ただし，数量化1類の場合は，係数や有意性の検定など，ひとまとまりのダミー変数をまとめて表示する際に，重回帰分析とは異なる点が少しある．また，変数選択を行う場合，独立変数を指定するときに「ブロック」毎の指定をうまく使って，一つの質的変数から作成されたダミー変数群がひとまとまりで投入・除去されるように指定する必要がある．

2) 偏相関係数と部分相関係数

　偏回帰係数と偏相関係数 (partial correlation coefficient) は，名前もよく似てお

り，混同されるかもしれない．また，偏相関係数と部分相関係数(part correlation coefficient)は，「他の変数の影響を取りのぞいた‥」という同じような説明で，違いが明確に理解できていないかもしれない．

独立変数が x_1 と x_2 の2つという一番簡単な場合を考えてみよう．従属変数を y とし，定義を示すと

y を x_1, x_2 で予測した重相関係数は

$$R_{y \cdot x_1 x_2} = \sqrt{\frac{r_{yx_1}^2 + r_{yx_2}^2 - 2r_{x_1 x_2} r_{yx_1} r_{yx_2}}{1 - r_{x_1 x_2}^2}} \tag{5.4}$$

y と x_1 それぞれから x_2 の影響を除去した，　y と x_1 の偏相関係数は

$$r_{y|x_2 \cdot x_1|x_2} = \frac{r_{yx_1} - r_{x_1 x_2} r_{yx_2}}{\sqrt{(1 - r_{x_1 x_2}^2)(1 - r_{yx_2}^2)}} \tag{5.5}$$

x_1 のみから x_2 の影響を取りのぞいて，y と x_1 の関連をみる部分相関係数は

$$r_{y \cdot x_1|x_2} = \frac{r_{yx_1} - r_{x_1 x_2} r_{yx_2}}{\sqrt{(1 - r_{x_1 x_2}^2)}} \tag{5.6}$$

となる．なお前式から，

$$r_{y \cdot x_1|x_2} = r_{y|x_2 \cdot x_1|x_2} \sqrt{(1 - r_{yx_2}^2)} \tag{5.7}$$

の関係が成り立ち，部分相関係数は，絶対値において偏相関係数を上まわらないことがわかる．

偏相関係数・部分相関係数を求めるにはSPSSの回帰分析の「統計量」サブメニューで「部分／偏相関」を指定する．すると，出力に各独立変数と従属変数の相関係数，他の独立変数の効果を除去した従属変数との偏相関係数・部分相関係数が加わる．

例5.2.1を利用して実際に確かめてみよう．重回帰分析の際に，「統計量」サブメニューで「部分／偏相関」を指定した場合の"係数"の出力が次の表である．

表5.a.1　「偏相関／部分相関」が追加された係数の推定結果

係数[a]

モデル	非標準化係数 B	非標準化係数 標準誤差	標準化係数 ベータ	t 値	有意確率	相関 ゼロ次	相関 偏	相関 部分
1 (定数)	-5812.622	1407.784		-4.129	.000			
身長	58.410	9.843	.641	5.934	.000	.587	.587	.581
体重	-7.704	6.511	-.128	-1.183	.241	.143	-.143	-.116

a. 従属変数:肺活量

身長と肺活量の偏相関係数とは、①他の独立変数群（ここでは体重のみ）を使って肺活量を予測する回帰式を求めたときのの残差（線形回帰のダイアログボックスの「保存」から、残差の中で「標準化されていない」にチェックすると新変数として保存できる）をE_1とし、②他の独立変数群から身長を予測する回帰式を求めたときの残差をE_2とすると、E_1とE_2の相関係数（ここでは0.587）になり、身長、肺活量双方から体重の効果が除かれていることになる.

また、部分相関係数とは、E_2と従属変数（肺活量）の相関係数（ここでは0.581）になる. つまり、身長の側のみ体重の効果が除かれる. わずかであるが部分相関係数の方が、偏相関係数よりも絶対値が小さいことが確認できる（(5.7)式参照）.

また、標準偏回帰係数と偏相関係数には、①の回帰式の決定係数を$R_1{}^2$、②の決定係数を$R_2{}^2$とすると、偏相関係数$= \sqrt{\dfrac{1-R_1{}^2}{1-R_2{}^2}} \times$標準偏回帰係数 という関係がある.

表5.a.2　2つの回帰式の残差および肺活量間の相関係数

相関係数

		肺活量	残差（体重→肺活量）	残差（体重→身長）
肺活量	Pearson の相関係数 有意確率（両側） N	1 70	.990** .000 70	.581** .000 70
残差（体重→肺活量）	Pearson の相関係数 有意確率（両側） N	.990** .000 70	1 70	.587** .000 70
残差（体重→身長）	Pearson の相関係数 有意確率（両側） N	.581** .000 70	.587** .000 70	1 70

**. 相関係数は1％水準で有意（両側）です.

3) 予測値の信頼区間, 回帰直線の信頼区間

SPSSの回帰分析プロシジャにおいて、「保存」サブメニューで新変数の保存を行う項目の中に、「予測区間」として「平均」と「個別」のそれぞれが指定でき、任意の信頼度の信頼区間を求める（指定した信頼区間の下限と上限という2変数を保存する）ことができる. この2つの相違について簡単に説明する.

「平均」の方が，あるxに対応する予測値$a+bx$の平均値の信頼区間であり，回帰直線自体の信頼区間と考えることができるのに対して，「個別」は回帰直線の誤差に加え，個別のケースについての予測値の信頼区間を求めるものであり，こちらの方がケースのバラツキを含む分だけ信頼区間が広くなる．

　例5.1.1で図5.1.6を作成する際に，「当てはめ」タブの設定画面で「予測線」の「平均」，「個別」を指定すると，xに対応した回帰直線の信頼区間，個別の予測値の信頼区間を散布図に書き加えてくれる．こうして作図した図5.a.1をみると，個別の予測値の信頼区間の方が広いこと，また，xが平均値を離れるほど，平均の信頼区間も個別の信頼区間も広くなることが分かる．

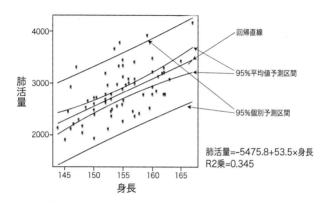

図5.a.1　平均の信頼区間と個別の信頼区間

4) 回帰効果

　健診の結果「高血圧」と判定された人だけを集め，健康教育を行ってから再度血圧を測定すると，「有意に血圧が低下」したので，「健康教育の効果が認められた」，という事例があったとしよう．

　実は，この様な結果は「本当に効果があるかどうか」とは無関係に，ここで解説する回帰効果（regression effect）によってもたらされることがある．または，すべてが回帰効果ではないにせよ，効果を過大に評価してしまうことがあるということになる，ということを解説しよう．

　回帰効果という現象は，ゴルトン（F. Galton）によって19世紀半ばに見いださ

れた．彼は，親と子供の身長に類似性があることを見いだし，その類似性を相関 correlation と呼んだ．その分析の中で，身長の高い親のグループの子供たちの平均身長は高いが，親の平均よりは低いこと，身長の低い親のグループの子供の平均身長は低いが親の平均よりは高く，それぞれのグループで，子供の身長の平均値は親の平均身長から全体の平均の方向に向かうという回帰効果を見いだしている．

最初の例で考えてみよう．一回目の測定値を x，二回目の測定値を y とし，本当は健康教育の効果がない（つまり一回目と二回目の分布は同じ）と考えると，$\overline{x} = \overline{y}$，$s_x{}^2 = s_y{}^2$ となる．このとき，一回目の測定値を x から二回目の測定値 y を予測する単回帰分析による回帰直線は

$$\hat{y}_i = \overline{y} - \frac{s_{xy}}{s_x{}^2}\overline{x} + \frac{s_{xy}}{s_x{}^2}x_i \tag{5.8}$$

であり，効果がないという設定（$\overline{x} = \overline{y}$，$s_x{}^2 = s_y{}^2$）のもとでは，この式を

$$\hat{y}_i = \overline{x} - \frac{s_{xy}}{s_x s_y}\overline{x} + \frac{s_{xy}}{s_x s_y}x_i = \overline{x} + r_{xy}(x_i - \overline{x}) \tag{5.9}$$

と変形できる．

一度目の測定値の平均からの偏差に相関係数をかけて平均値に足したものが二度目の測定値の期待値となる，ということである．つまり，個々のケースが一度目の測定値で平均より大きい（もしくは小さい）方向に離れていた距離が，r_{xy} 倍に小さくなる．まったく個人の血圧測定値に偶然的な変動がなければ，繰り返し測定の相関は $r_{xy} = 1$ となるが，現実には（扱う変量によって異なるだろうが）測定の際の偶然誤差により，二回の測定値のと間の相関は，1 より小さくなってしまう．$r_{xy} = 0.8$ であると仮定すると，平均より値が 20 大きかった人の二回目の測定値の期待値は一回目の測定値より 4 低いことになる．

図 5.a.2 は，架空例ですが，最高血圧の一回目と二回目の測定値の平均と分散は等しく，相関係数が約 0.8 の場合を想定している．100 ケースのうち，一回目の測定値が 140 以上のものだけについて，二回目の測定値との対応のある場合の t 検定の結果を表 5.a.3 に示した．ぎりぎり有意ではないが，確かに平均値は低下している．

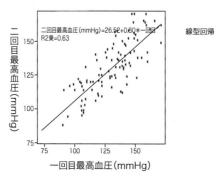

図５.a.２　二回の測定結果の散布図

表５.a.３　対応のある場合のt検定の結果

対応サンプルの検定

	対応サンプルの差					t値	自由度	有意確率（両側）
	平均値	標準誤差	平均値の標準誤差	差の95%信頼区間				
				下限	上限			
ペア１　一回目最高血圧 (mmHg) -二回目最高血圧 (mmHG)	4.29	13.21	2.23	-.25	8.82	1.919	34	.063

　直感的な説明をすると，測定時の偶然的変動により一回目に高めの値の人は二回目には低くなる傾向があり，一回目には低めの値であった人から二回目には高めの値になる人が出現するということが理解できる．これが回帰効果を起こしていることになる．

　では，どうすれば良いのか，まず測定時の偶然的な誤差を減らすべく努力すること（測定精度を確保し，毎回同条件で測定するなど），明らかに回帰効果よりも大きな効果を確認できるまでは「効果あった」と主張しないようにすることであろう．

　また，介入した群だけでなく全体の一回目と二回目の平均値を比較して，平均値が低下していれば主張は正しいと考えて良いであろう．

　「健康教育の結果，昨年の要指導群は本年には検査結果が有意に改善していたが，新たな要指導者が多数出現したため，町全体での成績は横ばいでした」では，本当は効果あったのか？と疑ってみるのが当然であろう．

参考文献

Anscombe, F.J. (1973) Graphs in Statistical Analysis, *The American Statistician*, **27**, 17–21.

高木廣文・柳井晴夫 (1998) 生活習慣尺度の信頼性と因子構造の検討, 統計数理, 46, 39–64.

第Ⅱ部　応用編

第6章　測定の信頼性と妥当性

　身長や体重，血糖値などの物理的データ，生理的データとは異なり，人間の心理
特性や能力などの構成概念を測定する場合には，その測定に信頼性があるか，妥
当性があるかという議論が必要になってくる．本章では，心理的な構成概念を測
定する際に必要となる，測定の信頼性・妥当性について説明する．

6.1　測定の信頼性

[1]　方法の概要

1) 信頼性とは

　信頼性（reliability）とは，尺度が実際に測定している対象をどの程度精度良く
測定しているかを考える概念で，尺度得点または項目得点が各被験者において一
貫している程度のことを言う．ここで言う一貫性とは，もう一度同じ測定をした
ら同じ値が得られるとか，同じような項目には同じように答えるなどということ
である．注意しておきたいのは，信頼性は尺度得点（項目得点）が一貫している程
度であるとしか言っておらず，何を測定しているかということは信頼性の中には
入っていないということである．信頼性は単に測定値が一貫している程度を表す
だけで，その測定値が何についてのものなのかに関しては議論しない．何を測っ
ているか，そして，それが研究として的を射たものなのかは後に説明する妥当性の
話である．

　測定の信頼性を評価するための指標として信頼性係数（reliability coefficient）
が定義されている．観測得点は真の得点と誤差との和であるというモデルを立

て, 誤差の平均はゼロ, また, 誤差の間および真の得点と誤差との間に相関がない
と仮定すると, 信頼性係数は, 観測得点の分散に対する真の得点の分散の割合で
定義される (付録 (6.3) 式参照). 定義から明らかなように, 信頼性係数は 0 から
1 の値となる. 値が 1 に近い方が, 測定の信頼性が高いことを示す.

　測定の信頼性が高いほど, 個人の観測得点は安定する. 個人の観測得点がどれ
くらい変動し得るものであるかを表す指標として測定の標準誤差 (standard error
of measurement) がある. これは, 観測得点の標準偏差に 1 から信頼性係数の値
を引いたものの平方根をかけて計算されるものであり, 信頼性係数の値が高いほ
ど, 測定の標準誤差の値は小さくなる.

2) 信頼性係数の推定

　信頼性係数の定義のうち, データから計算できるのは観測得点の分散だけであ
り, 真の得点の分散はわからない. そこで, 信頼性係数を推定するいくつかの方
法が考えられている.

　まず 1 つめは再現性による方法である. 信頼性は尺度得点が各被験者にお
いて一貫している程度であるから, 心理特性 (真の得点) が変化しない間に同じ
測定をもう一度実施して 2 回分のデータをを集めることにする. そうすると,
2 回の尺度得点間の相関係数が, その尺度を用いた測定の信頼性係数の推定値に
なる. このようにして推定された信頼性係数を再検査信頼性係数 (test-retest
reliability coefficient) と呼ぶ.

　能力検査や学力テストなどの場合は, 一度解答方法が分かってしまうと同じこ
とをするのがものすごく楽になってしまうこともある. このような場合には, 同
じ測定を 2 回行うのではなく, 2 回目には項目は異なるけれど内容は同等な項目
を用いて測定を行うようにする. これら 2 つの尺度得点間の相関係数が, その尺
度を用いた測定の信頼性係数の推定値となる. このようにして推定された信頼
性係数を平行検査信頼性係数と言う.

　項目得点の内部一貫性による信頼性係数の値の推定法も考えられている. あ
る心理特性を測定している尺度は, たいていの場合, その特性に関連する複数の
項目から成り立っている. 同じ特性に関連した項目であるから, それぞれの項目
に対する回答は各被験者において一貫した傾向を持っているはずである. このよ
うな傾向を内部一貫性と言い, この内部一貫性に基づいて推定される信頼性係数

としてクロンバックの α 係数 (Chronbach's alpha coefficient)（以降，α 係数と略記，計算式は本章の付録 (6.5) 式を参照）がよく用いられる．

[2] 解析例

例 6.1.1

1) データ

　自分のことを他人に話することを自己開示という．自己開示を適度に行うことは，人（とくに初対面の人）とのコミュニケーションを円滑に行うのに必要なことである．ここでは，老年者用の自己開示尺度を開発するため，100 名の老年者に対して表 6.1.1 のような質問紙を 2 週間の間をあけて 2 回実施して集められたデータを用いて，測定の信頼性を検討する．

表 6.1.1　質問紙

以下の各項目について，初対面の人に対して，あなたはどの程度自分から話をしますか．次の 1 から 5 のうち，当てはまるものに○をつけてください．

1　まったく自分からは話をしない
2．あまり自分からは話をしない
3．どちらとも言えない
4．ある程度自分から話をする
5．自分から進んで話をする

	自分から進んで 話をする			まったく自分からは 話をしない
項目				
1．自分の趣味のこと	5　　4	3	2	1
2．出身地のこと	5　　4	3	2	1
3．孫のこと	5　　4	3	2	1

2) データ入力の形式

　SPSS のデータエディタで図 6.1.1 のように入力する．「item 1」から「item 9」という変数が各項目を表している．「自己開示合計」は 9 つの項目得点の合計である．合計得点を計算するには，[変換]→[計算]と進み，図 6.1.2 にあるようにすればよい．

　「自己開示再検査」は 2 週間後の再検査時の合計得点である（2 週間後の各項目の得点は省略してある）．

```
6章_データ.sav - SPSS データ エディタ
ファイル(F)　編集(E)　表示(V)　データ(D)　変換(T)　分析(A)　グラフ(G)　ユーティリティ(U)　ウィンドウ(W)　ヘルプ(H)
1 : OBS                 1
```

	OBS	item1	item2	item3	item4	item5	item6	item7	item8	item9	自己開示合計	自己開示再検査	発話回数	外向性
1	1	5	3	4	2	5	4	3	3	3	32	31	8	37
2	2	2	2	3	2	2	2	2	3	3	21	25	4	36
3	3	1	3	4	4	3	5	2	2	3	27	25	5	31
4	4	3	3	4	2	2	3	2	3	2	24	24	4	34
5	5	4	3	4	4	2	2	2	3	3	26	24	3	22
6	6	2	4	2	3	1	3	3	2	2	22	23	4	31
7	7	1	2	2	2	2	4	4	2	2	21	24	3	24
8	8	2	3	2	2	1	4	3	3	3	23	22	4	20
9	9	1	2	3	2	4	2	2	3	4	23	21	3	23
10	10	1	2	2	2	4	3	3	2	3	22	22	7	30
11	11	2	4	3	2	1	2	1	2	2	19	14	5	26
12	12	4	3	4	3	3	3	2	3	2	27	27	4	20
13	13	1	2	3	3	4	3	4	3	2	25	23	6	26
14	14	2	1	2	2	3	3	1	2	2	18	24	3	28
15	15	2	3	2	2	3	3	3	3	3	24	26	4	30
16	16	4	4	2	3	3	3	3	3	3	29	28	5	23
17	17	2	1	4	2	4	5	2	3	5	28	28	4	26
18	18	2	3	4	2	3	4	2	3	4	25	27	2	37
19	19	3	3	4	2	3	2	2	3	4	26	19	7	23
20	20	2	3	4	2	2	3	3	3	2	26	19	7	32
21	21	3	3	2	3	4	4	4	3	3	29	23	1	24
22	22	1	3	3	2	2	4	3	3	4	25	30	7	33
23	23	5	5	2	1	1	2	3	4	3	26	23	1	26
24	24	3	2	3	1	3	3	2	2	1	20	18	3	27
25	25	2	4	3	4	2	4	3	3	2	27	19	4	28
26	26	3	2	3	2	4	4	2	2	3	25	26	2	28

図 6.1.1　入力データ

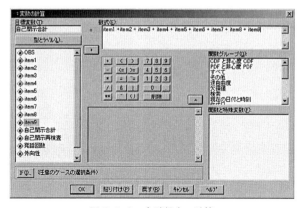

図 6.1.2　合計得点の計算

3) 分析の手順

　α 係数を計算するには，［分析］→［尺度］→［信頼性分析］と進む．すると図 6.1.3 のような画面が開くので，分析する項目を左のボックスから右のボックスに投入する．また，「モデル」が「アルファ」になっていることを確認する（初期設定でアルファとなっている）．なお，「統計量」オプションの中に「項目を削除した

ときの尺度」というものがあるので選んでおくと良い．これは,各項目を除いた残りの項目だけを用いたときに, α 係数の値がいくつになるかを計算するオプションである．また,「項目」「スケール」というオプションも選んでおくと,各項目および合計得点の平均値と標準偏差を表示してくれる．

図 6.1.3　α 係数の計算

再検査信頼性係数を推定するには,「自己開示合計」と「自己開示再検査」の相関係数を計算する．［分析］→［相関］→［2 変量］と進み,「自己開示合計」と「自己開示再検査」の 2 つの変数を選んで「OK」とする．

4）結果

まず各項目および合計得点の平均値と標準偏差は表 6.1.2 のようになっている．どの項目も平均値が 3 に近く,標準偏差も 1 前後であるので,回答が極端に 1 や 5 に偏るような不適切な項目は含まれていないと推察される．

表 6.1.2　各項目および合計得点の平均値と標準偏差

項目統計量

	平均値	標準偏差
item1	2.59	1.190
item2	2.68	1.053
item3	3.14	.910
item4	2.58	.955
item5	2.61	1.063
item6	3.20	.932
item7	2.57	.891
item8	2.55	.821
item9	2.60	1.015

尺度の統計量

平均値	分散	標準偏差	項目の数
24.52	24.596	4.959	9

　表6.1.3がα係数の推定値である．9項目全体で0.724という値であり，この9項目は，ある程度の内部一貫性があることが予想される．各項目が削除された場合のα係数の値を見ると，どの項目が削除された場合もα係数の値は0.724よりも小さくなっていることから，どの項目も削除する必要はなく，9項目すべてを用いて老年者用の自己開示尺度を構成することが適当であると考えられる．

　測定の標準誤差は$4.959 \times \sqrt{(1-0.724)} = 2.605$と計算される．

表6.1.3　尺度のα係数と各項目が削除された場合のα係数

信頼性統計量

Cronbach のアルファ	項目の数
.724	9

項目合計統計量

	項目が削除された場合の尺度の平均値	項目が削除された場合の尺度の分散	修正済み項目合計相関	項目が削除された場合のCronbach のアルファ
item1	21.93	19.803	.319	.719
item2	21.84	20.237	.343	.711
item3	21.38	19.450	.538	.677
item4	21.94	19.208	.534	.676
item5	21.91	20.669	.290	.721
item6	21.32	19.775	.477	.687
item7	21.95	20.957	.349	.708
item8	21.97	20.716	.429	.697
item9	21.92	20.115	.379	.704

　「自己開示合計」と「自己開示再検査」の相関係数，つまり再検査信頼性係数は，表6.1.4に示されているように0.753と推定される．

表6.1.4　再検査信頼性係数

相関係数

		自己開示合計	自己開示再検査
自己開示合計	Pearson の相関係数 有意確率（両側）	1	.753** .000
自己開示再検査	Pearson の相関係数 有意確率（両側）	.753** .000	1

**. 相関係数は1％水準で有意（両側）です．

[3]　測定の信頼性に関するQ&A

Q1　信頼性係数の推定法はいくつかあるようですが，どの方法を用いるのがよ

いですか．

A1　どの方法も信頼性係数を推定する方法に違いありませんが，一貫性のとらえ方が少しずつ異なります．一度解答方法がわかってしまうと次にやるときにとても楽になるような場合には，再検査信頼性係数を用いることはできません．測定している心理特性が変化しやすいものである場合は，再検査信頼性係数も平行検査信頼性係数も不向きであると言えます．α 係数は１回の測定で計算できますから，これらの場合にも用いることができます．

　尺度を作る研究でしたら，少なくとも２つの方法で信頼性係数を推定しておく必要があるでしょう．多くの場合は α 係数と再検査信頼性係数が用いられているようです．

　なお，一般に推定値は標本の取り方によって値が変動するものであり，標本の大きさによって変動する大きさが異なります（より大きな標本であるほど変動の大きさは小さくなります）．よって，信頼性係数の値を報告するときも，信頼性係数の推定値だけではなく，標本数，また，測定の標準誤差も報告するようにします．

Q2　信頼性係数を推定する式としてキューダー・リチャードソン（Kuder-Richardson）の公式というものがあると聞きましたが，これはどのようなものでしょうか．

A2　各項目の得点が１か０，すなわち，正答が１点，誤答が０点となっている場合の α 係数を求める式のことです（計算式は付録４参照）．

Q3　信頼性係数の値はどれくらいあればよいですか．

A3　一般的に言われていることは，能力検査や学力検査などでは 0.8 以上，性格検査などでは 0.7 以上といったところです．しかし，信頼性係数の値がどれくらいであればよいかは，測定の目的により変わってきます．尺度得点を利用していくつかの群の平均値を比較する場合ならこの程度の信頼性で大丈夫と言えるかも知れませんが，尺度得点間の相関を求める場合は十分ではないかもしれません．平均値を比較する場合，信頼性が低いことは被験者数を多くすることでカバーできるのですが，信頼性が低い測定値間の相関係数は本当の相関係数の値よりも小さくなるという性質（相関係数の希薄化）があるからです．

Q4 3項目でα係数の値が0.8を超えました．これで尺度としてよいでしょうか．

A4 項目数が少ない場合は妥当性（後述）が低くなっている可能性があるので注意が必要です．α係数は，同じ心理特性に関連した項目に一貫した傾向をもって回答することに基づいて信頼性を評価するものですから，まったく同じような項目を持ってくれば，2, 3個の項目でもα係数の値を大きくすることができます．しかしこの場合，まったく同じような2, 3個の項目で捉えられている心理特性は非常に狭い範囲のものになってしまい，妥当性が低くなっていることがあります．

Q5 たくさんの項目（例えば50項目）でα係数の値が0.9となりました．これで尺度としてよいでしょうか．

A5 項目数が多くなる場合は，α係数を求める計算式の性質から，一般にα係数の値が大きくなってしまいます．項目を何十個も集めてくればα係数の値は非常に高くなります．しかし，この場合も妥当性が損なわれている可能性があります．何十個という項目に回答するために被験者が疲れてしまったり，途中で嫌になっていい加減に回答したり，回答をやめてしまったり，注意力が落ちて項目を飛ばしたりすることは容易に想像できます．こうなってしまっては，いくらα係数の値が高くても妥当性のある測定とは言えません．多くの心理検査や性格検査では，1つの心理特性について10項目程度，多くても20項目程度の項目数を用いて，信頼性係数が0.8とか0.7になるように尺度を構成しているようです．

Q6 α係数は信頼性係数の下限の推定値であると聞きましたが，どういう意味ですか．

A6 データから計算されるα係数の値は，信頼性係数の真の値の下限の推定値になっているという意味です．あくまでも推定値ですから，信頼性係数の真の値が，データから計算されるα係数よりも必ず高いわけではありません．

6.2 測定の妥当性

[1] 方法の概要

1）妥当性とは

妥当性（validity）とは，尺度が実際に測定している構成概念が，自分が対象としたい心理特性や能力をどの程度きちんと捉えているかを考える概念で，尺度得点または項目得点が，測定したい心理特性を正しく反映している程度のことを言う．よって，妥当性を確認する方法としては，尺度得点（項目得点）が，測定したい心理特性を正しく反映しているという証拠を収集することが考えられる．

2）内容妥当性

内容妥当性（content validity）は，尺度に含まれる項目が，対象としたい心理特性や能力をどの程度カバーしているかを評価するものである．例えば，仕事に対するストレスを測定する質問紙の内容妥当性を確認するには，上司との人間関係だけに注目したものになっていないか，仕事の内容や同僚との関係，待遇，福利厚生などほかに考えなければならない事柄がきちんと含まれているかなどを検討する．誰の目にも見える内容妥当性を表面的妥当性，専門家が見て判断されるものを論理的妥当性などと言うこともある．

3）基準関連妥当性

例えば，職業能力検査であれば就労後の営業成績，食事にどれくらい気をつかうかという検査であればBMIの値など，測定したい構成概念と関連があると考えられる外部的な変数（基準変数と言う）のデータを収集し，尺度得点と基準変数のデータとの関連の強さで評価される妥当性を基準関連妥当性（criterion referenced validity）と言う．基準変数と関連が強いほど，妥当性があるというわけである．関連の強さを相関係数で表したとき，その相関係数は妥当性係数と言われる．

基準関連妥当性をさらに細かく分けて，職業適性検査と営業成績のように基準値が将来得られる場合を予測的妥当性（predictive validity），食事に気を遣う程度とBMIなど尺度得点と同時に基準値が得られる場合を併存的妥当性（concurrent validity）と言うこともある．

4）構成概念妥当性

構成概念妥当性（construct validity）は，尺度得点に基づいて，ある構成概念についての解釈を行う際に，その解釈を支持する証拠のことを言う．例えば，いま測

定しようとしている心理特性と同じ心理特性を測定する別の尺度があり，2つの尺度によって測定された尺度得点間に強い相関関係があるとすれば，対象としている心理特性をきちんと測定している1つの証拠になる．このような妥当性を収束的妥当性と言う．

一方，理論上関連が弱いとされる別の心理特性を測定する尺度の得点と，いま測定しようとしている心理特性の尺度得点との間に弱い相関関係が見られた場合も，対象としている心理特性をきちんと測定している1つの証拠を提示していると言える．これを弁別的妥当性と言う．

また，既存の理論やこれまでの経験に抵触しないかどうかを確認することも，構成概念妥当性による妥当性の確認と言える．

なお，先に説明した内容妥当性，基準関連妥当性も，解釈の適切さを指し示す証拠の一形態ととらえれば構成概念妥当性の枠内で議論することが可能で，最近では，妥当性の種類をたくさん考えることはせずに，構成概念妥当性という枠組みで，妥当性を統一的に議論するようになってきている．なお，測定の妥当性について幅広く解説したものに池田(1994)がある．

[2] 解析例

例6.1.2

1) データ

例6.1.1で用いた老年者用自己開示尺度の妥当性を確認することを考える．基準変数として，ある一定時間(15分)の面接者との会話の中で，被験者が自分のことを何回話したかを数えた値を用いる．また，一般成人についての研究では，自己開示度が高い人は外向性が高いと言われていることから，外向性尺度(1から5の5件法10項目．値が高いほど外向的であることを示す)の得点との相関を見ることにする．

2) データの入力形式

図6.1.1における「発話回数」と「外向性」という2つの変数が，妥当性の確認に用いられる変数である．

3）分析の手順

「自己開示合計」と「発話時間」及び「外向性」との間の相関係数を計算する．念のため，「発話時間」と「外向性」との間の相関係数も計算することにする．［分析］→［相関］→［2 変量］と進み，図 6.2.1 にあるように，3 つの変数を選んで「OK」とする．オプションとして，平均値と標準偏差を出力するようにしておくと，各変数の平均値と標準偏差の値を出力してくれる．

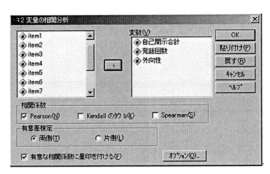

図 6.2.1　相関係数の計算

4）結果

各変数の平均値と標準偏差の値は，発話回数については平均値 4.51，標準偏差 2.047，外向性については平均値 29.53，標準偏差 4.972 という値であった．

変数間の相関係数は表 6.2.1 に示す通りであり，「自己開示合計」と「発話回数」との相関係数，つまり，発話回数を基準変数としたときの妥当性係数の値は 0.476 である．これは，中程度の相関であり，自己開示度が高いと発話回数も多いという傾向を示す結果である．

また，「自己開示合計」と「外向性」との相関係数は 0.404 であり，老年者においても自己開示度が高い人は外向的な傾向にあるということを支持する結果となっている．

以上より，「発話回数」と「外向性」という 2 つの変数を用いた場合において，老年者用自己開示尺度の妥当性は確認され得ると考えることができる．

表6.2.1　相関係数

相関係数

		自己開示合計	発話回数	外向性
自己開示合計	Pearson の相関係数	1	.476**	.404**
	有意確率（両側）		.000	.000
発話回数	Pearson の相関係数	.476**	1	.282**
	有意確率（両側）	.000		.005
外向性	Pearson の相関係数	.404**	.282**	1
	有意確率（両側）	.000	.005	

**. 相関係数は1％水準で有意（両側）です.

[3]　測定の妥当性に関するQ&A

Q1　信頼性が高ければ妥当性も高いのでしょうか.

A1　信頼性は，尺度が測定している構成概念がどれくらい精度よく測定されているかを考える概念で，そこで測られている構成概念が測定したいものであるかどうかとは関係ありません. これに対し妥当性は，測定したいものを適切に捉えているかどうかを考える概念です. よって，どんなに測定の信頼性が高くても，的はずれなものを測定していれば妥当性は低くなります.

Q2　信頼性が低くても妥当性は高くなりますか.

A2　測定したい構成概念を適切に捉えるためには，精度の高い測定をする必要があります. 測定の精度が低く誤差の大きい測定では，測定したいものを適切に捉えることはできません. 妥当性が高い測定を行うためには，信頼性の高い測定を行うことが必要です. よって，信頼性は低いが妥当性は高いと言うことはありません. 妥当性が高い測定をするためには，信頼性が高いことが必要です. ただし，信頼性を極端に高めると妥当性が損なわれることがありますので（6.1節Q5参照），信頼性を多少低くして妥当性を確保するということはあり得ます.

Q3　ある心理特性を測定したいと思い，市販の心理検査や先行研究を探したら，高い信頼性・妥当性が報告されている尺度を見つけました. 自分の研究でもそれを用いようと思いますが，何か注意することはありますか.

A3　信頼性や妥当性は，どのような集団に対して測定を行ったかに依存します. それゆえ，市販の心理検査や先行研究が，どのような集団を対象としているかを

確認する必要があります．外国で作成された尺度を母国語に翻訳して用いる場合など，自分が対象とする集団と異なるようであれば，信頼性・妥当性は改めて確認する必要があると言えます．

　信頼性や妥当性が高いとか低いなどということは尺度得点または項目得点に対して述べられるものであり，尺度そのものに普遍的な信頼性や妥当性があるわけではありません．その尺度を用いた測定に信頼性・妥当性があるかと考えるのが適切な議論の仕方です．ある集団に対しては信頼性や妥当性の高い測定を行うことができる尺度でも，それが他の集団に対して用いられたときに必ずしも信頼性や妥当性が高い測定を行うことができるとは限らないということを意識しておく必要があるでしょう．

Q4 妥当性をいろいろ分けるにしろ，構成概念妥当性で統一的に議論するにしろ，どのような証拠を示せば妥当性の確認ができるのでしょうか？

A4 妥当性の確認のために集められるさまざまな証拠は，どれも必要条件を満たすに過ぎませんから，どれを示せば十分であるということは言えません．ただし，妥当性の定義に立ち返って，「尺度が実際に測定している構成概念が，自分が対象としたい心理特性や能力をどの程度きちんと捉えているか」を考えようとするならば，対象としたい構成概念を反映する外的基準との関連性，つまり，基準連関妥当性は示されなければならないと考えられます．

付　録

1）信頼性係数の定義

　観測得点（X）は真の得点（T）と誤差（E）との和であるというモデルをまず立てる．

$$X = T + E \qquad (6.1)$$

　観測得点とはつまりデータのことである．真の得点とは，測定されている心理特性の本当の程度を表す．ここで，誤差の平均はゼロ，また，真の得点と誤差との相関係数はゼロ（無相関）であると仮定すると，観測得点の分散（σ_X^2），真の得点の分散（σ_T^2），誤差の分散（σ_E^2）の間に次式のような関係が成り立つ．

$$\sigma_X^2 = \sigma_T^2 + \sigma_E^2 \qquad (6.2)$$

つまり，観測得点の分散は，真の得点の分散と誤差の分散を足したものであるということである．この関係を用いて信頼性係数は次のように定義される．

$$信頼性係数 = \frac{\sigma_T^2}{\sigma_X^2} = \frac{\sigma_T^2}{\sigma_T^2 + \sigma_E^2} \qquad (6.3)$$

2）再検査信頼性係数

　1回目の測定の観測得点，真の得点，誤差を X_1, T_1, E_1，2回目の測定の観測得点，真の得点，誤差を X_2, T_2, E_2 とする．2回の測定で真の得点が変化しなければ，$T_1 = T_2 = T$ とすることができる．E_1 と E_2 の平均はともにゼロ，分散はともに σ_E^2 とする．また，T_1 と E_1，T_1 と E_2，T_2 と E_1，T_2 と E_2，E_1 と E_2 のそれぞれの相関係数がゼロ（無相関）であると仮定すると，X_1 と X_2 の相関係数は，

$$X_1 と X_2 の相関係数 = \frac{\sigma_T^2}{\sigma_T^2 + \sigma_E^2} \qquad (6.4)$$

となり信頼性係数の定義式に一致する．よって，2回の測定値間の相関係数は信頼性係数の推定値となる．

3) α係数

項目数を m, 各項目の分散を $\sigma_i{}^2$, 合計得点の分散を $\sigma_X{}^2$ とすると, α係数は以下のようにして計算される. α係数は1以下の値をとる.

$$\alpha \text{係数} = \frac{m}{m-1} \times \left(1 - \frac{\sum \sigma_i{}^2}{\sigma_X{}^2}\right) \tag{6.5}$$

4) キューダー・リチャードソンの公式 (Kuder-Richardson's formula)

項目数を m, 各項目の正答率を p_i, 合計得点の分散を $\sigma_X{}^2$ とすると, α係数は以下のようにして計算される (キューダー・リチャードソンの公式20. KR-20).

$$\alpha \text{係数} = \frac{m}{m-1} \times \left(1 - \frac{\sum p_i(1-p_i)}{\sigma_X{}^2}\right) \tag{6.6}$$

また, 各項目の正答率がほぼ等しい場合には, p_i の平均値 $\bar{p}$ を用いてより簡便にα係数を推定することができる (キューダー・リチャードソンの公式21. KR-21).

$$\alpha \text{係数} = \frac{m}{m-1} \times \left(1 - \frac{m\bar{p}(1-\bar{p})}{\sigma_X{}^2}\right) \tag{6.7}$$

参考文献

池田　央 (1994)　現代テスト理論, 朝倉書店.

主成分分析

標本の各要素に対して得られている多変数のデータを総合してデータの全体的な特徴を捉えたり，情報の損失を出来るかぎり抑えつつ，最も良く全体の特徴を代表するような少数の特性値の組にデータを要約したりすることは，統計データ解析の主要な目的の１つである．本章では，その代表的な手法である主成分分析（principal component analysis）を取り上げる．

7.1 主成分分析の概要

主成分分析は，身体検査における様々な測定値を合成した総合的な健康診断指標，老齢者や傷病者の様々な障害や症状に基づく総合的な要介護度，入学試験における複数教科の学科試験成績を合成した総合的な学力指標，あるいは第１章で例示した大学の専門分野への適応度に関する項目を総合化した総合適応度などのように，複数の変数を総合した合成変数を作成したいといった場合に用いられる．今，p 種類の変数 $x_i (i = 1, 2, \cdots, p)$ を全て含んだ合成変数 f を作成することにする．この合成変数の作り方には様々なものが考えられるが，最も単純なものとして，各変数を適当な重み係数 w_i を用いて線形結合した合成変数

$$f = w_1 x_1 + w_2 x_2 + \cdots + w_p x_p \tag{7.1}$$

を考えるのは自然であろう．例えば入学試験の場合，この合成変数の値によって合格者を決定するといった利用ができるが，その際，受験者の学力をより明確に識別するために，f の分散は出来るだけ大きく，受験者間の差がよりはっきりと現れ

ることが望ましい．但し，分散を大きくするために重み係数を無制限に大きくするわけにはいかないので，重み係数の大きさを制限するような条件が必要となる．

　上記のような問題が与えられた時，重み係数の平方和が1になるという条件

$$w_1{}^2 + w_2{}^2 + \cdots + w_p{}^2 = 1 \tag{7.2}$$

の下で f の分散が最大になるような重み係数を決定するのが主成分分析である．このとき，合成変数 f を主成分（principal component），その値を主成分得点（principal component score）という．主成分分析によって得られる主成分の種類の数は最大で変数の種類の数と同数の p となる．そのうち，分散が最も大きいものを第1主成分という．重み係数の大きさに関する条件に加え，得られた第1主成分と無相関（相関係数がゼロ）になるという条件の下で最も分散が大きくなるように決められた合成変数を第2主成分と呼ぶ．同様にして，各主成分と無相関になるように決められた合成変数を，その分散の大きい順に第3，第4，…，第 p 主成分と呼ぶ．各主成分得点の分散は，その主成分の固有値（eigenvalue）と呼ばれ，固有値の総和に対する各主成分の固有値の割合をその主成分の寄与率（contribution rate）と呼ぶ．寄与率は各主成分がデータ全体の情報をどの程度説明しているかを表す指標となり，データを要約する際の目安となる．

　主成分分析の結果は，各変数 x_i の間の相関の度合いに影響されると共に，各変数の分散の大きさにも影響される．例えば，健康診断において身長と体重を測定するときに，身長をセンチメートルで表すかミリメートルで表すか，体重をキログラムで表すかグラムで表すかという様に単位の取り方を変えると，変数の分散が大きく異なってしまう．今，身長と体重を合成した指標を作って体の大きさを総合的に判定したいとするならば，身長と体重のどちらを重視すべきであるかといったことについての一般的な基準は無く，どちらも同程度に取り扱うのが自然であろう．しかし，どの単位を用いれば身長と体重を同程度に取り扱っているのかといったことは一般には不明である．このように，分析を行う上で，分散の大きさの影響を含めることが適当ではない，あるいは分散の大きさについての情報が重要ではないといった場合には，各変数を分散1，平均0になるように標準化して主成分分析が行われる．この方法は，各変数間の相関の度合い，すなわち各変数間の相関係数の値のみに基づいて分析を行う方法であり，相関行列に基づく主成分分析と呼ばれる．次に，満点がそれぞれ100点に設定されている国語と数学の

学力試験を行った結果，国語の得点の分散に比べて，数学の得点の分散が非常に大きかった場合を考える．この試験が，数学の成績を重視したいと考える理工学部の入学試験ならば，数学の成績によって受験者の学力をより良く識別できるので，標準化しないままの国語と数学の得点を合成した総合得点に基づいて選抜を行うことが考えられるだろう．このように，分析を行う上で，分散の大きさについての情報を含めることが望ましい場合，変数を標準化せずに主成分分析を行うことがある．この方法は分散共分散行列に基づく主成分分析と呼ばれる．これら2通りの方法のどちらが優れているということはないので，分析目的に応じて，いずれの方法を選択することが適当かを判断することが重要である．なお，主成分分析の詳しい議論については奥野他 (1971)，柳井・高木 (1986) を参照されたい．

7.2 相関行列に基づく主成分分析

[1] 解析例

例 7.2.1

1) データ

100名の生徒が受験した学科試験 (国語，社会，数学，理科，英語) の得点データを用い，主成分分析によって各教科の成績を合成した総合的学力を表す指標を求める問題を考えることにする．但し，各教科の満点は100点に揃えられているとする．

2) データ入力の形式

SPSSのデータエディタでデータビューを選び，図7.2.1のように受験者IDとなる通し番号と各教科の試験得点を入力する．変数subject1〜subject5は全て数値型であり，それぞれ国語，社会，数学，理科，英語の得点を表す．図7.2.2のように変数ビューにおいて変数型を指定し，変数ラベルを入力しておくと良い．

3) 分析の手順

　SPSSでは，主成分分析のみを行う独立した分析オプションは無く，因子分析における様々な因子抽出法の中の主成分解を用いる方法による計算方法とその出力で代用することになる．

　図7.2.3のように[分析]→[次元分解]→[因子分析]と進み，現れた「因子分析」ダイアログボックス（図7.2.4）で合成したい変数（ここでは5教科全て）を選択し，右側の「変数」欄に投入する．次に，ダイアログボックスの右にある「因子抽出」ボタンを押すと図7.2.5に示す「因子抽出」ダイアログボックスが現れるので，「方法」として「主成分分析」を選択する．「分析」の欄では「相関行列」

図7.2.1　試験得点の入力

図7.2.2　変数型の指定と変数ラベルの入力

を選択する．これによって，標準化された得点 $\tilde{x}_i$（元の得点 x_i を，平均を引いて標準偏差で割ることによって，平均 0，分散 1 になるように変換したもの）に対して主成分分析を行うことになる．「抽出の基準」の欄では「因子の固定数」をチェックし，「抽出する因子」の欄に結果として出力したい主成分の数を入力する．とりあえず，全ての主成分を出力するために，5 と入力しておく．「続行」ボタンを押して「因子分析」ダイアログボックスに戻り，今度は「得点」ボタンを押して「因子得点」ダイアログボックスを表示する（図 7.2.6）．ここで「変数として保存」および「因子得点係数行列を表示」をチェックしてから「続行」ボタンを押す．最後に「因子分析」ダイアログボックスで「OK」を押す．

図 7.2.3　主成分分析の手順

図 7.2.4　変数の選択

図 7.2.5　主成分分析の設定

図 7.2.6　係数の表示

4) 結果

第 1 主成分から第 5 主成分までの各主成分を $f^{(k)}$ $(k = 1, 2, \cdots, 5)$ とすると，各固有値（主成分得点の分散）$\lambda^{(k)}$ に関する結果が，表 7.2.1 の「説明された

分散の合計」の「初期の固有値」欄に表示される．まず「合計」の欄には固有値そのものが表示される．その右隣の「分散の％」欄の数値は寄与率と呼ばれ，各主成分の固有値が固有値の総和に対して何パーセントを占めるかという比率である．分散（固有値）が大きい主成分ほど学力特性の識別力が高く，データの持つ情報の多くを説明していると解釈すると，データの説明にどの程度寄与しているかを表していることになる．第1主成分に着目すると，固有値は 3.178 であり，固有値の総和は 5 であるから，寄与率は 63.564 ％ となる．「累積％」の欄の数値は，寄与率を第1主成分から第5主成分まで順に加えていった累積比率であり，累積寄与率と呼ぶ．データを要約するためには，少数の主成分のみを採用し，その他を省略することになるが，通常，固有値が1以上か，あるいは累積寄与率が 80 ％を超えたところまでの主成分を採用することが多い．今の例で言えば，固有値が1以上という基準では第1主成分まで，累積寄与率が 80 ％を超えたところという基準では，第3主成分までを採用することになる．

　重み係数に関する結果は表 7.2.2 の「成分行列」または表 7.2.3 の「主成分得点係数行列」に表示される．但し，「成分行列」では，第 h 主成分に対応する重み係数 $w_i^{(k)}$ に固有値 $\lambda^{(k)}$ の平方根を乗じた値 $l_i^{(k)} = \sqrt{\lambda^{(k)}}\, w_i^{(k)}$ が表示され，「主成分得点係数行列」では重み係数を固有値の平方根で除した値 $m_i^{(k)} = w_i^{(k)}/\sqrt{\lambda^{(k)}}$ が表示されるので注意が必要である．「成分行列」の各主成分に対応する値をその固有値で除したものが「主成分得点係数行列」の値になる．$l_i^{(k)}$ は因子分析における名称を流用して因子負荷量と呼ばれることがあり，その平方和は「説明された分散の合計」（表 7.2.1）の「抽出後の負荷量平方和」の「合計」の欄に表示される．

　「成分行列」の第1列から第5列を，それぞれ対応する第1主成分から第5主成分の固有値の平方根で除した重み係数 $w_i^{(k)}$ を表 7.2.4 に示す．この重み係数を用いると，第1主成分は，標準得点 $\tilde{x}_i$ によって，

$$第1主成分\ f^{(1)} = 0.405 \times (国語\ \tilde{x}_1) + 0.460 \times (社会\ \tilde{x}_2)$$
$$+\ 0.440 \times (数学\ \tilde{x}_3) + 0.464 \times (理科\ \tilde{x}_4) + 0.464 \times (英語\ \tilde{x}_5)$$

と表される．この重み係数の平方和は

$$(0.405)^2 + (0.460)^2 + (0.440)^2 + (0.464)^2 + (0.464)^2 = 0.999817$$

表 7.2.1　主成分の固有値および係数の平方和に関する結果

説明された分散の合計

成分	初期の固有値			抽出後の負荷量平方和		
	合計	分散の%	累積%	合計	分散の%	累積%
1	3.178	63.564	63.564	3.178	63.564	63.564
2	.658	13.158	76.722	.658	13.158	76.722
3	.490	9.796	86.518	.490	9.796	86.518
4	.377	7.544	94.061	.377	7.544	94.061
5	.297	5.939	100.000	.297	5.939	100.000

因子抽出法：主成分分析

表 7.2.2　成分行列として表された重み係数 $l_i^{(k)}$

成分行列a

	成分				
	1	2	3	4	5
国語	.723	.540	.419	.055	-.087
社会	.821	.262	-.323	-.251	.300
数学	.784	-.444	.282	.180	.277
理科	.827	-.318	.045	-.357	-.293
英語	.827	.007	-.358	.388	-.191

因子抽出法：主成分分析
a. 5 個の成分が抽出されました

表 7.2.3　主成分得点係数行列として表された重み係数 $m_i^{(k)}$

主成分得点係数行列

	成分				
	1	2	3	4	5
国語	.227	.821	.856	.145	-.294
社会	.258	.398	-.660	-.666	1.011
数学	.247	-.675	.576	.477	.934
理科	.260	-.483	.091	-.948	-.986
英語	.260	.010	-.730	1.030	-.645

因子抽出法：主成分分析
成分得点

表 7.2.4　重み係数 $w_i^{(k)}$

	第 1 主成分	第 2 主成分	第 3 主成分	第 4 主成分	第 5 主成分
国語	0.405	0.666	0.599	0.089	-0.160
社会	0.460	0.323	-0.462	-0.409	0.551
数学	0.440	-0.547	0.403	0.293	0.509
理科	0.464	-0.392	0.064	-0.582	-0.537
英語	0.464	0.008	-0.511	0.632	-0.351

	id	subject1	subject2	subject3	subject4	subject5	FAC1_1	FAC2_1	FAC3_1	FAC4_1	FAC5_1
1	1	72	61	77	62	40	-.04723	-.24270	1.54231	-.62248	.56104
2	2	74	79	100	74	70	1.20806	-.43824	.02593	-.04189	1.04312
3	3	79	74	68	89	48	.78405	.11936	.91625	-2.40160	-.66006
4	4	69	46	99	63	65	.00170	-2.13775	.93405	1.86453	-.56849
5	5	72	56	48	30	37	-.94509	1.22246	1.13012	.67023	1.02035
6	6	75	59	51	51	51	-.28143	.86406	.75968	.28550	-.36860
7	7	74	44	48	61	39	-.67354	.10950	1.98625	-.21056	-1.82948
8	8	75	81	95	74	50	.92335	-.19229	.70833	-1.40667	1.74240
9	9	78	54	26	40	27	-1.08960	1.82711	1.61975	-.68318	-.26160
10	10	63	47	61	52	52	-.62169	-.57411	.79239	.99030	-.83936
11	11	81	84	85	73	73	1.32496	.58625	-.23936	-.27858	.70513
12	12	80	74	98	94	59	1.32249	-.72316	1.21184	-1.46541	-.29613
13	13	62	51	85	64	26	-.53711	-1.47336	2.18674	-.97638	.65373
14	14	62	62	71	69	61	-.16554	-.87176	-.14705	-.04189	-.50895
15	15	58	59	84	65	51	-.06215	-1.45543	.43161	-.05844	.39245
16	16	64	69	15	46	31	-.97594	1.54419	-.49497	-1.94546	.41661
17	17	71	72	21	67	53	-.09452	1.36754	-.86716	-1.76002	-1.27063
18	18	64	68	7	33	67	-.73008	2.09703	-2.18626	.78116	-.54625
19	19	71	56	48	36	62	-.50224	1.00856	.05259	1.80514	-.21389
20	20	95	95	93	74	85	2.07221	1.60582	-.22000	.07871	1.08065
21	21	73	60	94	67	63	.52578	-.77469	1.10458	.83618	-.06376
22	22	77	73	51	34	63	-.02480	1.91978	-.44930	1.17014	1.23324
23	23	85	54	88	45	49	-.64682	.18920	.43319	.02182	

図7.2.7　主成分得点の出力

となり，小数の高位部分を省略したために生じる計算上の誤差を無視すれば，確かに1となっている．第2主成分以降も同様である．また，成分行列の各行の値の平方和，すなわち，ある教科 i の係数の平方和

$$\{l_i^{(1)}\}^2 + \{l_i^{(2)}\}^2 + \cdots + \{l_i^{(5)}\}^2 \tag{7.3}$$

も1になる．これは，科目 i の得点 $\tilde{x}_i$ の分散の値を示している．ここでは，変数が標準化されているので，分散は1である．

図7.2.6の「因子得点」ダイアログボックスで，「変数として保存」をチェックした場合，データエディタに新たに変数が追加され，図7.2.7のように主成分得点のデータが出力される．ここで，fac1_1, fac2_1, …, fac5_1 はそれぞれ第1，第2，…，第5主成分に対応している．但し，これらは標準化された主成分得点 $\tilde{f}^{(k)}$（元の主成分得点 $f^{(k)}$ を，平均を引いて標準偏差で割ることにより，平均0，分散1になるように変換したもの）となっているので注意が必要である．この標準化された主成分得点と各教科の標準得点との関係は，表7.2.3の「主成分得点係数行列」の値を用いて表すことができる．例として第1主成分について表すと，

第1主成分 $\tilde{f}_{(1)} = 0.227 \times$（国語 $\tilde{x}_1$）$+ 0.258 \times$（社会 $\tilde{x}_2$）

$+ 0.247 \times$（数学 $\tilde{x}_3$）$+ 0.260 \times$（理科 $\tilde{x}_4$）$+ 0.260 \times$（英語 $\tilde{x}_5$）

となる．第2主成分以降も同様に表される．今，受験者IDが1番の生徒を例に
とると，この生徒の国語，社会，数学，理科，英語の標準得点は，それぞれ0.399，－
0.276，0.549，0.165，－0.942となる．これらの値を上式に代入して主成分得点
を計算すると，

$$0.227 \times (0.399) + 0.258 \times (-0.276) + 0.247 \times (0.549)$$
$$+ 0.260 \times (0.165) + 0.260 \times (-0.942) = -0.047052$$

となり，小数の高位部分を省略したために生じる計算上の誤差を無視すれば，出
力された主成分得点と同じ結果が得られることが確認できる．

5) 結果の図的表示と解釈

　表7.2.2の「成分行列」を見ると，第1主成分の係数は全て正の数であり，大き
さも0.8に近くほぼ同じである．したがって第1主成分得点は各教科をほぼ均
等に足し合わせたものであり，全体的に試験が良くできたか，あまりできなかった
かといったことを表す総得点という意味合いが強い．このように第1主成分には
全体を総合した量的な意味が現れることが多い．このような性質を持つ因子を大
きさの因子（size factor）と呼ぶ．今の場合で言えば，学力の"大きさ"とは総合学
力の高低の程度を意味することになろう．次に第2主成分の係数を見ると，国語
と社会の係数は正の値，数学と理科の係数は負の値となっている．したがって国
語や社会の得点が高い人は第2主成分得点が高く，数学や理科の得点が高い人は
第2主成分得点が低くなる．英語の係数はほとんどゼロに近い値であるが，これ
を文系と理系のどちらにも寄らない中間的な意味を持つ教科と解釈するならば，
第2主成分得点は文系と理系を分ける尺度であると解釈できる．このように第2
主成分以降については質的な意味が現れることが多い．第3主成分以降も係数
の値などを見ながら解釈を行っていくことになるが，寄与率が小さく，データの持
つ情報の説明力が小さいことから，明確な解釈がしにくくなることが多い．

　図7.2.8のように第1主成分を横軸，第2主成分を縦軸に取って，それぞれの
「成分行列」の値をプロットすることにより，各教科の特徴と相互の関係が把握し
やすくなる．プロットの距離が遠い国語と数学はかなり異なる性質を有している
と考えられる．また，一見，同じ言語的能力に関するものと考えられる国語と英
語の距離が比較的大きい．これは英語の試験が，主に文法，語彙，読解などの語学
力を測定しようとしているのに対し，国語の試験では，語感の鋭さや，心情を読み

取る力などの単純な語学力とは異なる要素についても測定しようとしていることが影響しているのではないかと推測される．次に各受験者の第1および第2主成分得点をプロットすると図7.2.9のようになる．第1主成分得点が高い者は総合的な学力が高く，第2主成分得点が正の者は文系的，負の者は理系的と見ることが出来る．

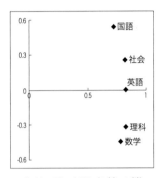

図 7.2.8　教科の重み係数 $(l_i^{(1)}, l_i^{(2)})$ のプロット

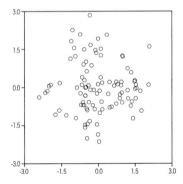

図 7.2.9　受験者の主成分得点 $(\tilde{f}^{(1)}, \tilde{f}^{(2)})$ のプロット

[2] 相関行列に基づく主成分分析に関するQ&A

Q1　第2主成分の得点が正の方向に大きいにも拘らず国語や社会といった文系の得点が低かったり，逆に第2主成分得点が負の方向に大きいにも拘らず数学や理科といった理系の得点が高い人がいるのは何故ですか？

A1 第2主成分を文系や理系に関する能力の高低を表す絶対的な尺度と見ることはできません．ある個人の文系的能力と理系的能力を比較した場合に，どちらの方がより高いかといった相対的な関係を表していると解釈する方が自然です．第1主成分で表される全体的な学力が高い人は，その人がたとえ文系であっても，全体的な学力が低い理系の人よりも数学や理科の得点が高いということはあり得ることですし，逆に，理系であっても，学力の低い文系の人よりも国語や社会の得点が高いということもあり得ることです．

　主成分の解釈の具体例については，竹内他 (1993)，田中・脇本 (1983) なども参考にしてください．

Q2 主成分分析は，複数の変数を総合した合成変数を作成することによって，できるだけ少数の変数でデータを要約するものであるということでしたが，他にはどのような利用法がありますか．

A2 主成分分析の利用法は色々とあると思いますが，例えば，重回帰分析を行うときに利用されることがあります．重回帰分析はある目的変数の値の変動を複数の説明変数で説明することを目的としますが，いくつかの説明変数の間に非常に高い相関がある場合などには，説明変数の分散共分散行列の行列式が極めてゼロに近い値となることがあり，このとき，回帰係数が事実上計算できない，あるいは計算できても信頼性の低い値しか得られないということが起こり得ます．このような問題を多重共線性 (multicollinearity) の問題と言います．多重共線性の対処法はいくつかありますが，その1つとして，全ての説明変数に対して主成分分析を行い，得られた主成分得点を新たな説明変数として回帰分析に用いることがあります．このような方法を主成分回帰 (principal component regression) と言います．詳しくは，柳井・高木 (1986) を参照してください．また，7.4節で述べるように多変量外れ値の検出を行う場合にも主成分分析を利用することができます．

7.3 | 分散共分散行列に基づく主成分分析

[1] 解析例

例 7.3.1

1) データ

前節と同じ学科試験の得点データを用いる.

2) データ入力の形式

前節と同じく図7.2.1のように受験者IDと各教科の得点を入力しておく.

3) 分析の手順

前節と同じく図7.2.3のように[分析]→[次元分解]→[因子分析]と進み,「因子分析」ダイアログボックスで5教科全ての得点を変数として選択する. 図7.2.5の「因子抽出」ダイアログボックスでは,「方法」の欄で「分散共分散行列」を選択する. これによって, 標準化をしていない元の得点 x_i に対して主成分分析を行うことになる. また, 図7.2.6の「因子得点」ダイアログボックスの設定も前節と同様に行う.

4) 結果

各主成分の固有値に関する結果は表7.3.1のように「説明された分散の合計」の元データの「初期の固有値」欄に表示される. 相関行列を選択した場合と同様に「合計」,「分散の%」,「累積%」はそれぞれ固有値, 寄与率, 累積寄与率を表している.

重み係数に関する結果は表7.3.2の「成分行列」の「元データ」欄または表7.3.3の「主成分得点係数行列」に表示される.「成分行列」では, 第k主成分に対応する重み係数 $w_i^{(k)}$ に固有値 $\lambda^{(k)}$ の平方根を乗じた値 $l_i^{(k)} = \sqrt{\lambda^{(k)}}\, w_i^{(k)}$ が表示され,「主成分得点係数行列」では重み係数に変数 x_i の標準偏差 s_i (表7.3.5参照)を乗じてから固有値の平方根で除した値 $m_i^{(k)} = s_i w_i^{(k)} / \sqrt{\lambda^{(k)}}$ が表示される.「成分行列」の「再調整」欄の値は「元データ」欄の値を各変数の標準偏差で除した値 $l_i^{(k)}/s_i$ である. $l_i^{(k)}$ および $l_i^{(k)}/s_i$ のそれぞれの平方和は「説明された分散の

合計」(表7.3.1)の「抽出後の負荷量平方和」の「合計」欄に表示される．「成分行列」の値から計算した重み係数 $w_i{}^{(k)}$ を表7.3.4に示す．この重み係数を用いると，第1主成分は変数 x_i によって

第1主成分 $f^{(1)} = 0.231 \times$(国語 x_1)$+ 0.253 \times$(社会 x_2)

$\qquad + 0.726 \times$(数学 x_3)$+ 0.435 \times$(理科 x_4)$+ 0.407 \times$(英語 x_5)

と表される．この重み係数の平方和は

$$(0.231)^2 + (0.253)^2 + (0.726)^2 + (0.435)^2 + (0.407)^2 = 0.99932$$

となり，小数の高位部分を省略したために生じる計算上の誤差を無視すれば1と見て良い．第2主成分以降も同様である．また，「成分行列」の「元データ」欄の各行の値の平方和，すなわち，ある教科 i の係数の平方和は，その教科の得点 x_i の分散の値に一致する．「成分行列」の「再調整」欄の値は，「元データ」欄のそれぞれの値を各教科の標準偏差で除したものであるから，各行の値の平方和は1となる．

図7.3.1のようにデータエディタには標準化された主成分得点 $\tilde{f}^{(k)}$ が出力される．この標準化された主成分得点は各教科の標準得点と「主成分得点係数行列」の値を用いて

第1主成分 $\tilde{f}^{(1)} = 0.090 \times$(国語 $\tilde{x}_1$)$+ 0.093 \times$(社会 $\tilde{x}_2$)

$\qquad + 0.571 \times$(数学 $\tilde{x}_3$)$+ 0.230 \times$(理科 $\tilde{x}_4$)$+ 0.214 \times$(英語 $\tilde{x}_5$)

と表される．例として受験者IDが1番の生徒の各教科の標準得点を上式に代入すると

$$0.090 \times (0.399) + 0.093 \times (-0.276) + 0.571 \times (0.549)$$
$$\qquad + 0.230 \times (0.165) + 0.214 \times (-0.942) = 0.160083$$

となり，小数の高位部分を省略したために生じる計算上の誤差を無視すれば，出力された主成分得点と同じ結果が得られることが確認できる．

表7.3.1　主成分の固有値および係数の平方和に関する結果

説明された分散の合計

	成分	初期の固有値 [a]			抽出後の負荷量平方和		
		合計	分散の%	累積%	合計	分散の%	累積%
元データ	1	1105.090	68.483	68.483	1105.090	68.483	68.483
	2	221.966	13.755	82.238	221.966	13.755	82.238
	3	121.659	7.539	89.777	121.659	7.539	89.777
	4	107.114	6.638	96.415	107.114	6.638	96.415
	5	57.850	3.585	100.000	57.850	3.585	100.000
再調整	1	1105.090	68.483	68.483	2.956	59.112	59.112
	2	221.966	13.755	82.238	.733	14.667	73.778
	3	121.659	7.539	89.777	.389	7.780	81.559
	4	107.114	6.638	96.415	.563	11.268	92.827
	5	57.850	3.585	100.000	.359	7.173	100.000

因子抽出法：主成分分析

a. 共分散行列を分析する場合，初期の固有値は行の横列および再調整された解と同じです．

表7.3.2　成分行列として表された重み係数 $l_i^{(h)}$

成分行列[a]

	元データ					再調整				
	成分					成分				
	1	2	3	4	5	1	2	3	4	5
国語	7.685	4.856	-1.218	8.627	-2.776	.596	.377	-.094	.669	-.215
社会	8.405	5.724	.175	1.695	6.637	.685	.467	.014	.138	.541
数学	24.146	-9.626	-2.406	.540	.519	.925	-.369	-.092	.021	.020
理科	14.468	2.533	9.737	-1.620	-1.423	.824	.144	.534	-.092	-.081
英語	13.529	8.157	-5.148	-5.186	-5.186	.772	.466	-.294	-.296	-.111

因子抽出法：主成分分析

a. 5個の成分が抽出されました

表7.3.3　主成分得点係数行列として表された重み係数 $m_i^{(h)}$

主成分得点係数行列[a]

	成分				
	1	2	3	4	5
国語	.090	.282	-.129	1.039	-.619
社会	.093	.316	.018	.194	1.407
数学	.571	-1.133	-.516	.132	.234
理科	.230	.200	1.353	-.265	-.432
英語	.214	.644	-.741	-.848	-.591

因子抽出法：主成分分析

成分得点

a. 標準化係数

表7.3.4　重み係数 $w_i^{(k)}$

	第1主成分	第2主成分	第3主成分	第4主成分	第5主成分
国語	0.231	0.326	-0.110	0.834	-0.365
社会	0.253	0.384	0.016	0.164	0.873
数学	0.726	-0.646	-0.218	0.052	0.068
理科	0.435	0.170	0.850	-0.157	-0.187
英語	0.407	0.547	-0.467	-0.501	-0.256

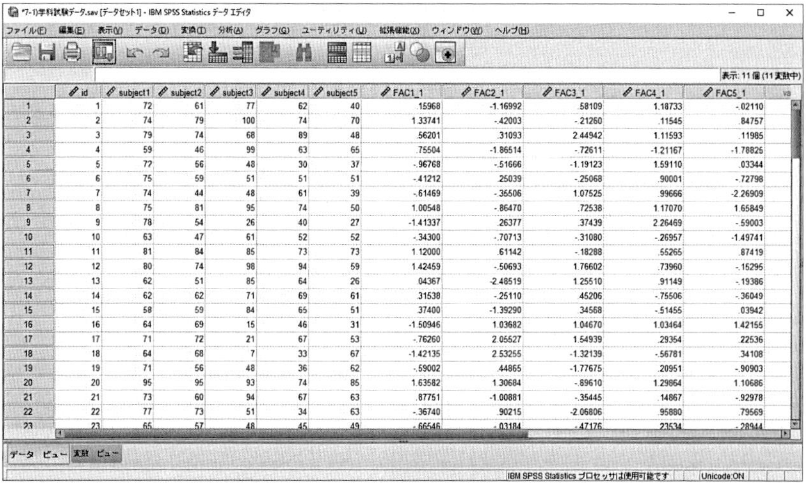

7-1)学科試験データ.sav [データセット1] - IBM SPSS Statistics データ エディタ

ファイル(F)　編集(E)　表示(V)　データ(D)　変換(T)　分析(A)　グラフ(G)　ユーティリティ(U)　拡張機能(X)　ウィンドウ(W)　ヘルプ(H)

表示: 11 個 (11 変数中)

	id	subject1	subject2	subject3	subject4	subject5	FAC1_1	FAC2_1	FAC3_1	FAC4_1	FAC5_1	var
1	1	72	61	77	62	40	.15968	-1.16992	.58109	1.18733	-.02110	
2	2	74	79	100	74	70	1.33741	-.42003	-.21260	.11545	.84757	
3	3	79	74	68	89	48	.56201	.31093	2.44942	1.11593	.11985	
4	4	59	46	99	63	65	.75504	-1.86514	-.72611	-1.21167	-1.78825	
5	5	77	56	48	30	37	-.96768	-.51666	-1.19123	1.59110	.03344	
6	6	75	59	51	51	51	-.41212	.25039	-.25068	.90001	-.72798	
7	7	74	44	48	61	39	-.61469	-.36506	1.07525	.99666	-2.26909	
8	8	75	81	95	74	50	1.00548	-.86470	.72538	1.17070	1.65849	
9	9	78	54	26	40	27	-1.41337	.26377	.37439	2.26469	-.59003	
10	10	63	47	61	52	52	-.34300	-.70713	-.31080	-.26957	-1.49741	
11	11	81	84	85	73	73	1.12000	.61142	-.18288	.55265	.87419	
12	12	80	74	98	94	59	1.42459	-.50693	1.76602	.73960	-.15295	
13	13	62	51	85	64	26	.04367	-2.48519	1.25510	.91149	-.19386	
14	14	62	62	71	69	61	.31538	-.25110	.45206	-.75506	-.36049	
15	15	58	59	84	65	51	.37400	-1.39290	.34568	-.51456	.03942	
16	16	64	69	15	46	31	-1.50946	1.03682	1.04670	1.03464	1.42155	
17	17	71	72	21	67	53	-.76260	2.05627	1.54939	.29354	.22536	
18	18	64	68	7	33	67	-1.42135	2.53255	-1.32139	-.56781	.34108	
19	19	71	56	48	36	62	-.59002	.44865	-1.77675	.20951	-.90903	
20	20	95	95	93	74	85	1.63582	1.30684	-.89610	1.29864	1.10686	
21	21	73	60	94	67	63	.87751	-1.00881	-.35445	.14867	-.92978	
22	22	77	73	51	34	63	-.36740	.90215	-2.06806	.95880	.79569	
23	23	65	57	48	45	49	-.66646	-.03184	-.47176	.23534	-.28944	

データ　ビュー　変数　ビュー

IBM SPSS Statistics プロセッサは使用可能です　　Unicode:ON

図7.3.1　主成分得点の出力

5) 結果の図的表示と解釈

　表7.3.2の成分行列を見ると，第1主成分の係数の値は全て正の数である．したがって，分散共分散行列に基づいた場合でも，第1主成分得点は全体的な試験成績を表すような総合得点とみなすことができる．ただし，係数の値のバラツキが比較的大きいため，各教科得点が総合得点に及ぼす影響の度合いが異なっている．第2主成分の係数については，数学だけが負に大きい値をとっていることが特徴的である．これらの重み係数を，横軸に第1主成分，縦軸に第2主成分をとってプロットすると，図7.3.2のようになり，数学とそれ以外の科目が明確に分離されていることが分かる．但し，第2主成分については，理科の値が正であることや，英語や社会のように知識が要求されるような科目の値が大きく，計算や論理的思考が必要な

数学の値が負に大きいことを考えると，第2主成分は単純に文系と理系を分けるものとは考えにくい．分析結果に顕著な特徴が見られない限り，成分の解釈は慎重に行うべきであるが，差し当たって解釈をするならば，第2主成分は，知識型を正の方向に，計算・論理型を負の方向に分けるような尺度，あるいは具体的知識を正の方向に，抽象的思考を負の方向に分けるような尺度であると解釈する方が適当と思われる．また，受験者の第1および第2主成分得点をプロットすると図7.3.3のようになり，図中の位置に応じて学力のタイプが分かれていると見ることができる．

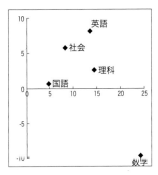

図7.3.2　教科の重み係数 $(l_i^{(1)}, l_i^{(2)})$ のプロット

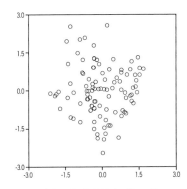

図7.3.3　受験者の主成分得点 $(\tilde{f}^{(1)}, \tilde{f}^{(2)})$ のプロット

[2] 相関行列に基づく方法と
分散共分散行列に基づく方法の結果の比較

7.1節で述べたように，主成分分析は，変数間の相関の度合いや変数の分散の大きさに影響される．相関行列に基づく方法と分散共分散行列に基づく方法は，これらの情報の扱い方の違いによって異なる結果を得るものである．ここでは，相関や分散の特徴を見ながら，両者の結果を比較しておく．

表7.3.5は各教科の得点の基本統計量であり，表7.3.6は各教科の得点間の相関係数と共分散をそれぞれ右上の非対角部分と左下の非対角部分に示したものである．まず，各教科の分散に着目すると，数学の分散が最も大きいこと，理科と英語の分散がほぼ同じであること，国語と社会の分散がほぼ同じであることが分かる．次に，教科間の相関について見ると，数学と理科の相関係数が最も大きく，次いで，社会と英語の相関係数が大きいことが分かる．表7.3.7では，成分行列の第1主成分と第2主成分の値を，相関行列に基づく場合と分散共分散行列に基づく場合とに分けて示してある．但し，相関行列の場合と分散共分散行列の場合とを同じ基準で比較するために，分散共分散行列の場合の値には再調整したものを示してある．第1主成分を見ると，相関行列の場合には各値が0.8の近くに集中しているが，分散共分散行列の場合には数学の値が最も大きく，次いで理科と英語の値が大きく，その次に社会と国語の値が続いているのが分かる．これは，先に見た分散における特徴と同じである．また，第2主成分については，相関行列の場合は各教科の値にばらつきがあるが，分散共分散行列の場合には分散の最も大きい数学の値が負に大きく偏っていることが分かる．このように，分散共分散行列の結果は，相関行列の場合と違い，元の変数の分散の大きさが強く影響する．第3主成分以降についても相関行列の場合と分散共分散行列の場合で異なる結果が得られるが，ここでは省略する．また，表7.3.8は各主成分の寄与率を相関行列の場合と分散共分散行列の場合について示したものであるが，分散の影響を強く受けている分散共分散行列の場合の方が，相関行列の場合に比べて，第1主成分および第2主成分の寄与率が大きくなっており，逆に第3主成分以降の寄与率は小さくなっていることが分かる．

表7.3.5　各教科の得点の基本統計量
記述統計量

	度数	平均値	標準偏差	分散
国語	100	66.86	12.894	166.263
社会	100	64.38	12.262	150.359
数学	100	62.65	26.116	682.048
理科	100	59.10	17.557	308.253
英語	100	56.49	17.514	306.757
有効なケースの数(リストごと)	100			

表7.3.6　各教科の得点間の相関係数と共分散

	国語	社会	数学	理科	英語
国語		0.559	0.430	0.451	0.489
社会	88.377		0.474	0.583	0.641
数学	144.961	151.781		0.656	0.561
理科	102.044	125.558	300.803		0.583
英語	110.524	137.761	256.719	179.324	

＊右上の非対角成分は相関係数を表し，左下の非対角成分は共分散を表す

表7.3.7　成分行列の値の比較

	第1主成分		第2主成分	
	相関行列の場合	分散共分散行列の場合	相関行列の場合	分散共分散行列の場合
国語	0.723	0.596	0.540	0.377
社会	0.821	0.685	0.262	0.467
数学	0.784	0.925	-0.444	-0.369
理科	0.827	0.824	-0.318	0.144
英語	0.827	0.772	0.007	0.466

＊分散共分散行列の場合の値は再調整したもの

表7.3.8　寄与率の比較

	第1主成分	第2主成分	第3主成分	第4主成分	第5主成分
相関行列の場合	63.564	13.158	9.796	7.544	5.939
分散共分散行列の場合	68.483	13.755	7.539	6.638	3.585

[3] 分散共分散行列に基づく主成分分析のQ&A

Q　学科試験の分析において，第1主成分得点を全体的な試験成績を表す総合得点という意味に解釈しましたが，各教科の得点を足し合わせただけの単純な合計点との違いは何でしょうか．

A 簡単のために標準化されていない得点に基づいて考察してみましょう．したがって，分散共分散行列に基づく第1主成分得点と合計点とを比較します．先に述べたように，第1主成分得点は，表7.3.4に示した第1主成分の重み係数 $w_i^{(1)}$ によって

第1主成分得点＝0.231×(国語の得点)＋0.253×(社会の得点)

＋0.726×(数学の得点)＋0.435×(理科の得点)＋0.407×(英語の得点)

と表され，教科ごとの重み係数が異なりますが，単純な合計点は全ての教科の得点を等しい重み係数を乗じて足し合わせたものと見ることができます．比較のために，合計点の場合にも重み係数の平方和が1になるようにすると，

合計点＝$\dfrac{1}{\sqrt{5}}$ (国語の得点)＋$\dfrac{1}{\sqrt{5}}$ (社会の得点)

$+\dfrac{1}{\sqrt{5}}$ (数学の得点)＋$\dfrac{1}{\sqrt{5}}$ (理科の得点)＋$\dfrac{1}{\sqrt{5}}$ (英語の得点)

となります．このとき，第1主成分得点と合計点の相関係数を計算すると，0.984と非常に高く，総合的な試験成績を表す尺度という意味では第1主成分得点と合計点にはほとんど違いが見られません．一方，第1主成分得点の分散は1104(計算時に高位の少数を省略したために表7.3.1の値と若干異なる)，合計点の分散は962となり，第1主成分得点の方が得点のばらつきが大きく，受験者をより良く識別するような尺度になっていることが分かります．したがって，分散を大きくしたい場合には，合計点のように各教科の配点を同じにするのではなく，主成分分析によって得られた重み係数を各教科に割り当てるのが最適な配点ということになります．

7.4 主成分分析による多変量外れ値の検出

[1]方法の概要

統計データ解析において信頼性の高い結果を得るためには，外れ値(outlier)を検出しておくことが重要である．標本の各要素に対して測定された複数変数のデータ，すなわち多変量データがあるとき，ひとつひとつの変数を個別に見る限りでは，外れ値とはならないけれども，多変数を総合的に見ると全体から大きく離れ

ている値が得られることがある．このような値を多変量外れ値と呼ぶ．2変量の場合の例として，図7.4.1に多数の人に対して測定された血圧の上下の値を散布図として表す．図中の矢印で表されたものは，血圧の上下の値はそれぞれ正常範囲に含まれるが，散布図として見ると，全体から大きくずれた位置にあり，多変量外れ値となっていることが分かる．

より変数の数が多い場合には，主成分分析を利用して"てこ比"（leverage）と呼ばれる量を標本の各要素について計算することが有効である．てこ比は全ての主成分に関する標準化された主成分得点の平方和を標本の要素の数で割ることによって求められる．今，変数の数および標本の要素の数をそれぞれp, nとすると

てこ比＝（全ての主成分に関する標準化された主成分得点の平方和）÷（標本の要素の数）

$$= \frac{\{\tilde{f}_{(1)}\}^2 + \{\tilde{f}_{(2)}\}^2 + \cdots + \{\tilde{f}_{(p)}\}^2}{n} \tag{7.4}$$

と表される．但し，てこ比は標本の要素の数が変数の数よりも多い，つまり $p < n$ のときにのみ定義される．一般に，てこ比のとり得る値の範囲は0以上1以下であり，その平均値は変数の数を標本の要素の数で除した値 p/n に一致する．各要素について計算されるてこ比の値が大きいほどその要素の測定値の全体の平均からのずれが大きくなる．てこ比の値がいくつ以上のときに，その要素の測定値を外れ値とするかという明確な判定基準は無いが，通常は，てこ比の平均値の2倍以上，つまり $2p/n$ 以上か，あるいは0.5以上のときに外れ値とすることが多い．

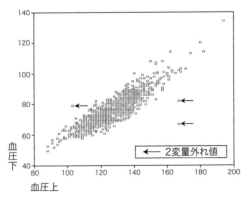

図7.4.1　多変量外れ値の例（2変量の場合）

[2]解析例

例7.4.1

1）データ

7.2節で用いた学科試験の得点データに対して主成分分析を行い，てこ比を計算する．てこ比の値から5教科の得点に関する多変量外れ値を検出する．

2）データ入力の形式

7.2節と同様に図7.2.1のように受験者IDと各教科の得点を入力しておく．

3）分析の手順

7.2節で述べた手順に従って相関行列に基づく主成分分析を行い，図7.2.7のように主成分得点（fac1_1, fac2_1, fac3_1, fac4_1, fac5_1）を変数としてデータエディタに保存する．てこ比の計算にはSPSSの変数の計算オプションを使用する．図7.4.2のように[変換]→[変数の計算]と進むと，「変数の計算」ダイアログボックスが現れるので，「目標変数」の欄にleverageと入力し，「数式」の欄に図7.4.3のように，てこ比の計算式を入力する．最後に「OK」を押す．

図7.4.2　変数の計算の手順

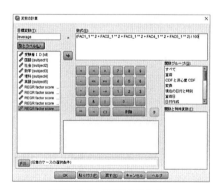

図7.4.3　計算式の入力

4）結果

　図7.4.4のようにデータエディタにleverageという名前の新しい変数が用意され，てこ比が算出される．但し，ここでは，てこ比の値を小数第3位まで表示するように設定してある．表7.4.1はてこ比の大きい順に10名のてこ比の値と各教科の得点を示したものであり，表7.4.2はてこ比の小さい順に10名の値を示したものである．今，外れ値の基準として先に述べた $2p/n$ を採用することにすると，変数の数 p が5，受験者数 n が100であるから，てこ比の値が0.100以上のものが外れ値となる．従って，IDが85, 87, 31, 18, 29, 54の6名の受験者の試験得点が多変量外れ値ということになる．図7.4.5はてこ比の値の分布を示したものであるが，0.100以上の値が全体から大きく外れていることが分かる．図7.4.6は，外れ値と判定された6名の各教科の得点をグラフに表したものであり，図7.4.7はてこ比が最も小さい6名の各教科の得点を表したものである．これを見ると，てこ比が小さい受験者は教科による得点のバラツキが無く，どの教科も大体同じ得点を取っているが，外れ値と判定された6名の得点は教科によって大きくばらついていることが分かる．特に最もてこ比の大きかったIDが85の受験者の得点は，国語，社会，理科がそれぞれ86, 57, 68と高いのに対して，数学と英語がそれぞれ26, 97と低く，文系科目でも理系科目でも得点のバラツキが大きいことが見て取れる．

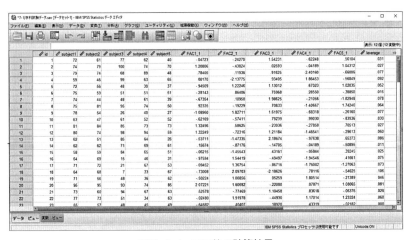

図7.4.4　てこ比の計算結果

表 7.4.1　てこ比の大きい 10 名のてこ比の値と試験得点

ID	国語	社会	数学	理科	英語	てこ比
85	86	57	26	68	37	0.132
87	65	38	35	50	64	0.126
31	93	54	88	76	70	0.120
18	64	68	7	33	67	0.106
29	85	64	24	33	63	0.104
54	74	53	8	31	57	0.101
4	59	46	99	63	65	0.092
24	60	67	79	42	32	0.090
13	62	51	85	64	26	0.086
70	71	43	73	65	59	0.084

表 7.4.2　てこ比の小さい 10 名のてこ比の値と試験得点

ID	国語	社会	数学	理科	英語	てこ比
23	65	57	48	45	49	0.008
81	56	55	57	53	48	0.009
14	62	62	71	69	61	0.011
95	66	72	66	56	58	0.011
61	55	62	50	49	44	0.014
96	62	59	64	66	46	0.014
59	74	71	91	78	67	0.015
64	59	63	54	45	59	0.016
6	75	59	51	51	51	0.016
89	61	63	61	66	68	0.018

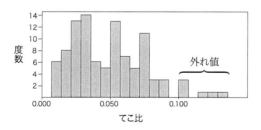

図 7.4.5　てこ比の度数分布

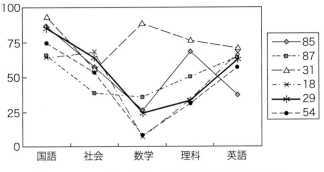

図 7.4.6　てこ比の大きい 6 名の試験得点のバラツキ

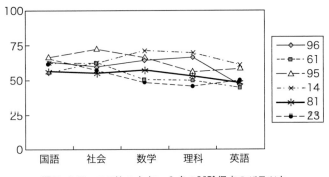

図 7.4.7　てこ比の小さい 6 名の試験得点のバラツキ

　表 7.4.3 は，外れ値と判定された，ID が 85, 87, 31, 18, 29, 54 の 6 名の受験者の
データを除去した場合の各教科の得点間の相関係数である．表 7.3.6 に示した
全受験者の得点を用いて計算された相関係数と比べると，数学と理科の相関係数
が 0.656 から 0.636 と若干小さくなっているが，その他の相関係数はどれも大き
くなっていることが分かる．また，表 7.4.4 および表 7.4.5 は，外れ値を除去し
た上で相関行列に基づく主成分分析を行ったときの固有値と成分行列を示した
ものである．それぞれ表 7.2.1 および表 7.2.2 に示した全受験者のデータに基
づく結果と比較すると，外れ値を除去して各変数間の相関が全体的に高くなった
結果，第 1 主成分の寄与率が大きくなり，また成分行列の第 1 主成分の値も大き
くなっていることが分かる．このように，外れ値を除去することによって相関係
数およびそれに基づく主成分分析の結果が変化することが分かる．

表 7.4.3 外れ値を除去した場合の各教科の得点間の相関係数

相関行列

		国語	社会	数学	理科	英語
相関	国語	1.000	.642	.528	.495	.516
	社会	.642	1.000	.490	.619	.682
	数学	.528	.490	1.000	.636	.621
	理科	.495	.619	.636	1.000	.635
	英語	.516	.682	.621	.635	1.000

表 7.4.4 外れ値を除去した場合の主成分の固有値および寄与率

説明された分散の合計

成分	初期の固有値			抽出後の負荷量平方和		
	合計	分散の %	累積%	合計	分散の %	累積%
1	3.350	66.991	66.991	3.350	66.991	66.991
2	.586	11.725	78.717	.586	11.725	78.717
3	.472	9.438	88.155	.472	9.438	88.155
4	.359	7.186	95.341	.359	7.186	95.341
5	.233	4.659	100.000	.233	4.659	100.000

因子抽出法：主成分分析

表 7.4.5 外れ値を除去した場合の成分行列の値

成分行列a

	成分				
	1	2	3	4	5
国語	.771	.492	.365	.040	.169
社会	.842	.316	-.304	.027	-.313
数学	.798	-.386	.391	-.143	-.201
理科	.830	-.284	-.119	.449	.124
英語	.849	-.120	-.281	-.367	.225

因子抽出法：主成分分析

a. 5 個の成分が抽出されました.

　最後に，分散共分散行列に基づく主成分分析を行い，得られた主成分得点から
てこ比を算出した様子を図 7.4.8 に示す．相関行列に基づく主成分分析によっ
て得られた主成分得点を用いて計算したてこ比の値を示した図 7.4.4 と比較す
ると，主成分得点の値は異なるが，てこ比については全く同じ値が得られること
が分かる．このように，てこ比は，相関行列に基づくか分散共分散行列に基づくか
といった主成分分析の方法の違いに依らない普遍的な指標である．

なお，てこ比の計算方法および多変量外れ値の検出については，繁桝・柳井・森(1999)も参照されたい．

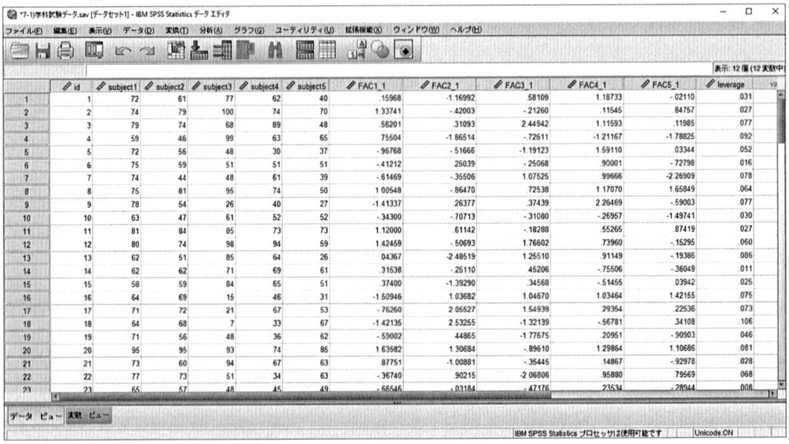

	id	subject1	subject2	subject3	subject4	subject5	FAC1_1	FAC2_1	FAC3_1	FAC4_1	FAC5_1	leverage
1	1	72	61	77	62	40	.15968	-1.16992	.58109	1.18733	-.02110	.031
2	2	74	79	100	74	70	1.33741	-.42003	-.21260	.11545	.84757	.027
3	3	79	74	68	89	48	.56201	.31093	2.44942	1.11593	.11985	.077
4	4	59	46	99	63	65	.75504	-1.86514	-.72611	-1.21167	-1.78825	.092
5	5	72	56	48	30	37	-.96768	-.51666	-1.19123	1.59110	.03344	.052
6	6	75	59	51	51	51	-.41212	.25039	-.25068	.90001	-.72798	.016
7	7	74	44	48	61	39	-.61469	-.35506	1.07525	.99666	-2.26909	.078
8	8	75	81	95	74	50	1.00548	-.86470	.72538	1.17070	1.65849	.064
9	9	78	54	26	40	27	-1.41337	.26377	.37439	2.26469	-.59003	.077
10	10	63	47	61	52	52	-.34300	-.70713	-.31080	-.26957	-1.49741	.030
11	11	81	84	85	73	73	1.12000	.61142	-.18288	.55265	.87419	.027
12	12	80	74	98	94	59	1.42459	-.50693	1.76602	.73960	-.15295	.060
13	13	62	51	85	64	26	.04367	-2.48519	1.25510	.91149	-.19386	.086
14	14	62	62	71	69	61	.31538	-.25110	.45206	-.75506	-.36049	.011
15	15	58	59	84	65	51	.37400	-1.39290	.34568	-.51455	.03942	.025
16	16	64	69	15	46	31	-1.50946	1.03682	1.04670	1.03464	1.42155	.075
17	17	71	72	21	67	53	-.76260	2.05527	1.54939	.29354	.22536	.073
18	18	64	68	7	33	67	-1.42135	2.53255	-1.32139	-.56781	.34108	.106
19	19	71	56	48	36	62	-.59002	.44865	-1.77675	.20951	-.90903	.046
20	20	95	95	93	74	85	1.63582	1.30684	-.89610	1.29864	1.10686	.081
21	21	73	60	94	67	63	.87751	-1.00881	-.35445	.14867	-.92978	.028
22	22	77	73	51	34	63	-.36740	.90215	-2.06806	.95880	.79569	.068
23	23	65	57	48	45	49	-.66546	-.03184	-.47176	.23534	-.28944	.008

図 7.4.8　分散共分散行列に基づく主成分分析による主成分得点とてこ比

[3] 主成分分析による多変量外れ値の検出に関するQ&A

Q　分散共分散行列に基づく場合の主成分得点（平均 0，分散 1）から計算されるてこ比と相関行列に基づく場合の主成分得点（平均 0，分散 1）から計算されるてこ比が等しくなる理由を教えてください．

A　この問題の証明は少し難しいですが，興味のある方のために，以下に証明の筋道について解説します．

標本を構成するn個の要素のそれぞれがp個の変数に対応する測定値を持っているとした場合，p個の測定値の平均値を引いた値を各成分とする $n\times p$ 行列Xと，それぞれの測定値の標準偏差で割った標準得点を成分とする $n\times p$ 行列をZとする．このとき，$X=(\boldsymbol{x}_1, \boldsymbol{x}_2, \cdots, \boldsymbol{x}_p)$の列ベクトルのつくる空間 $S(X)$ と $Z=(\boldsymbol{z}_1, \boldsymbol{z}_2, \cdots, \boldsymbol{z}_p)$の列ベクトルの作る空間 $S(Z)$ は同一となるので，それぞれの空間上に定義される直交射影行列 $P(X)$ と $P(Z)$ も同一となります．

この性質から，分散共分散行列および相関行列に基づく場合の主成分得点行列を，それぞれ，F_X, F_Z とすると，これらの列ベクトルで作られる空間 $S(F_X)$, $S(F_Z)$ は X および Z の列ベクトルで作られる空間 $S(X)$ および $S(Z)$ に等しくなります．てこ比は n 次の正方行列である直交射影行列の対角成分で表されますが，主成分得点の間に

$$(1/n)(F_X)'F_X = (1/n)(F_Z)'F_Z = I_P \quad (\text{単位行列})$$

という関係が成立することに注意すると，$(1/n)F_X(F_X)'$ の対角要素として計算される分散共分散行列に基づくてこ比と，$(1/n)F_Z(F_Z)'$ の対角要素として計算される相関行列に基づくてこ比が等しくなることが分かります．なお，直交射影行列に関しては，柳井・竹内 (1983)，てこ比については，Chatterjee & Hadi (1988) を参照してください．

付 録

固有値問題について

　主成分の導出にはいくつかの方法があるが，その1つである固有値問題の解法に基づく方法をまとめておく．

　今，標本の各要素について p 種類の変数 x_i $(i = 1, 2, \cdots, p)$ に関する測定値が得られているものとし，式（7.1）で表される合成変数 f を考える．主成分分析は，7.1節で述べたように式（7.2）の条件下で f の分散が最大となるような重み係数の組を求める問題である．この問題は，R を各変数の相関行列，w を重み係数を成分とするベクトル，λ を定数とすると，次の式

$$Rw = \lambda w$$

を満たす w と λ を求める問題に帰着させることができる．この問題を行列 R に関する固有値問題と呼び，得られた λ および w をそれぞれ固有値，固有ベクトルと呼ぶ．その解は変数の数と同じ p 種類あり，最も大きい固有値が第1主成分の固有値，すなわち第1主成分得点の分散であり，その固有値に対して上式を満たす固有ベクトルの成分が第1主成分における重み係数である．次いで2番目に大きい固有値とそれに対応する固有ベクトルの成分が，それぞれ第2主成分の固有値と重み係数となり，3番目以降も同様である．このように相関行列によって表された上式を解くことによって主成分を求める方法が相関行列に基づく主成分分析である．変数 x_i の相関行列 R は標準化した変数 $\tilde{x}_i$ の分散共分散行列と等しいことから，上記の固有値問題は，標準変数の分散共分散行列に関する固有値問題と言い換えることもできる．また，標準化していない変数の分散共分散行列に関する固有値問題も考えることができ，この固有値問題を解いて主成分を求める方法が分散共分散行列に基づく主成分分析である．

　p 個の固有値 $\lambda^{(1)}$, $\lambda^{(2)}$, $\cdots$, $\lambda^{(p)}$ は全て非負であり，それぞれの固有値に対応する固有ベクトルをそれぞれ $w^{(1)}$, $w^{(2)}$, $\cdots$, $w^{(p)}$ とすると，異なる固有値に対応する固有ベクトルは直交する．すなわち，固有ベクトル $w^{(k)}$ の成分を $w_1^{(k)}$, $w_2^{(k)}$, $\cdots$, $w_p^{(k)}$ とすると，$j \neq k$ のとき，次のような関係が成り立つ．

$$(\boldsymbol{w}^{(j)},\ \boldsymbol{w}^{(k)}) = \sum_{i=1}^{p} w_i{}^{(j)} w_i{}^{(k)}$$
$$= w_1{}^{(j)} w_1{}^{(k)} + w_2{}^{(j)} w_2{}^{(k)} + \cdots + w_p{}^{(j)} w_p{}^{(k)}$$
$$= 0$$

例えば,

$$R = \begin{pmatrix} 1 & 0.5 \\ 0.5 & 1 \end{pmatrix}$$

のとき, この行列の固有値および固有ベクトルは, それぞれ $\lambda^{(1)} = 3/2$, $\lambda^{(2)} = 1/2$ および

$$\boldsymbol{w}^{(1)} = \frac{1}{\sqrt{2}} \begin{pmatrix} 1 \\ 1 \end{pmatrix}, \quad \boldsymbol{w}^{(2)} = \frac{1}{\sqrt{2}} \begin{pmatrix} 1 \\ -1 \end{pmatrix}$$

となり, 明らかに $(\boldsymbol{w}^{(1)},\ \boldsymbol{w}^{(2)}) = 0$ であることが分かる.

参考文献

Chatterjee, S. & Hadi, A. S. (1988) *Sensitivity Analysis in Linear Regression*, John Wiley & Sons, New York.

奥野忠一・久米均・芳賀俊郎・吉澤正 (1971) 多変量解析法, 日科技連出版社.

繁桝算男・柳井晴夫・森敏昭 (1999) Q&Aで知る統計データ解析, サイエンス社.

竹内啓 (監修)・市川伸一・大橋靖雄・岸本淳司・浜田知久馬 (著) (1993) SASによるデータ解析入門 [第2版], 東京大学出版会.

田中豊・脇本和昌 (1983) 多変量統計解析法, 現代数学社.

柳井晴夫・高木廣文 (編者) (1986) 多変量解析ハンドブック, 現代数学社.

柳井晴夫・竹内啓 (1983) 射影行列・一般逆行列・特異値分解, 東京大学出版会.

因子分析

第8章

色，形，食べ物の好き嫌い，好きな歴史上の人物から俳優・歌手の好みにいたるまで人間の様々な対象に対する嗜好は多様である．同様に，「何事にも積極的に行動する」「たとえ，自分は損をしても友人の苦境は見のがせない」「毎日規則的に運動する」など，人間の日常の行動をより詳細に観察すると，個人個人の反応は全くランダムに起こるものではなく，なんらかの一貫性が見られる．このようなバラェテイに富んだ人間の行動を規定する要因が因子（factor）と呼ばれるもので，形の好き嫌いであれば，「安定——不安定」「単純——複雑」「直線——曲線」，人間の行動を規定する性格であれば，「内向性——外向性」[情緒安定性——不安定性]「自発性」「共感性」などが因子となる．

因子分析（factor analysis）とは このように与えられた多くの変数間に相関が見られる場合，これらの変数間に内在する因子を探ることを目的とする多変量解析の手法である．

8.1 | 因子分析の概要

因子分析の概要について本節で解説する．なお，因子分析のモデルに関しては巻末の付録で解説する．因子分析の理論の詳細については，たとえば，芝（1971），丘本（1986），柳井他（1990）を参照のこと．

[1] 方法の概要

1）因子分析モデルとは-----観測変数と潜在変数

分析で扱う変数として，試験の点数，食品の摂取重量や，ものの好き嫌いの程度などのように直接測定したり，観察することにより値を知ることができる変数と，個人の能力や嗜好，考え方のように概念や特質として存在していることは明白であっても，直接測定することは不可能な変数とが存在している．前者を観測変数 (observed variable)，後者を潜在変数 (latent variable) と呼んで区別している．因子分析は，いくつかの観測変数群の相関関係を分析して観測変数の個数より少ない数の潜在変数を求めることを目的としている．因子分析の場合，潜在変数のうち複数の観測変数に共通に作用する要因を共通因子 (common factor)，個々の観測変数に個別に作用する要因を独自因子 (unique factor) と呼んでいる．いくつかの変数を因子分析して，二つの共通因子が得られたとすると，ある観測変数は

観測変数 ＝ a ×「共通因子 1」＋ b ×「共通因子 2」＋独自因子

と表される．ただし，通常，共通因子と独自因子は無相関，独自因子同士は互いに無相関という 2 つの仮定がおかれる．

また，「共通因子 1」と「共通因子 2」は無相関であると仮定する因子分析のモデルを直交モデル (orthogonal model)，「共通因子 1」と「共通因子 2」は無相関ではないと仮定する因子分析のモデルを斜交モデル (oblique model) とよぶ．

また，a は因子 1 が，b は因子 2 がそれぞれ変数に与える影響の強さを示すもので，因子負荷量 (factor loading) とよばれる．直交解の場合は，個々の変数が各因子にどの程度影響を受けているかを示すもので，因子を座標軸とみなした場合の座標に該当し，その数値の大小によって，得られた潜在因子がどのような意味を持っているかを推測するための有用な情報源となる．

2) 共通性と独自性

個々の変数が，抽出された因子によってどの程度説明されているか示す指標となるのが共通性 (communality) である．これは，直交解の場合，変数ごとに抽出された因子の負荷量を 2 乗して足し合わせたもので，その変数の分散（多くの場合 1）より小さくなる．その変数の分散より小さい部分が独自性に相当する．一般に他の変数と相関の高い変数は共通性が高く，他の変数と非常に低い相関しかもたない変数は共通性が低くなるので，因子分析に用いる変数間の相関係数行列が与えられると共通性の推定値を計算することができる．共通性の推定値として最も頻繁に使用されるのは，それぞれの変数と他のすべての変数の重相関係数

の平方によって計算される SMC（Squared Multiple Correlation）である．なお，共通性を1と推定することは，独自性が0になることを意味し，この場合の因子分析は実質的には主成分分析を行っていることに相当する．

3）因子の寄与率

共通性が，個々の変数が因子によって説明される割合であるのに対し，寄与率は各因子が分析に用いた変数の変動をどの程度説明しているかを示す値である．寄与率の算出方法にはいくつかの方法があるが，SPSS では，回転を行う前の初期解について各因子ごとの因子負荷量の平方和を変数の数で除して算出している．なお，次項で述べる因子の回転を行った後の寄与率は出力されない．

4）因子の回転

得られた因子を，原点を中心として回転することにより，ある変数がひとつかごく少数の因子によってのみ説明される単純構造の状態に近づけることができる．単純構造の状態に近い因子ほど因子の解釈が容易になる．全ての因子が直交するという条件で行う直交回転と，因子間に相関を認める斜交回転がある．因子の回転については，8.3 で，単純構造については本章の Q&A で詳述する．

5）因子得点

分析に用いた変数と得られた因子との関係の強さは，変数により異なる．そこで，変数と因子との関連の程度を考慮した新たな変数を作成することができる．これが因子得点（factor score）である．因子得点については，8.4 で詳述する．

[2] 解析例

1）データ

ものを食べるという行為を食事という水準で考えた場合，我々が食文化として培ってきた一定のパターンが存在している．一例として，ごはんにみそ汁は典型的な日本風の朝ご飯であるが，パンにみそ汁という組合せはちょっと異様である．逆にパンに牛乳やチーズなどの乳・乳製品は合うが，ごはんと乳・乳製品はおかしな組合せとなる．このように，ある食品に対してセットで摂取される食品と，いっしょに摂取されることは稀である食品が存在しており，食品をグループ化した食

品群の間には，文化や伝統に由来する，何らかの要因が内在している．

このデータは，1980 年代に日本各地で調査した食物摂取状況調査の結果から，性・年齢を考慮して一部を抜粋したものである（豊川 1984）．ここで用いた年齢は調査時の年齢であり，現在の年齢ではない．調査は，対象者個人が摂取した食品の重量を秤量して記録したものを調査員の栄養士が面接して補完する，厚生労働省国民健康栄養調査と同様の方法で実施している．調査は連続した平日 3 日間で実施しているが，このデータでは 3 日間の平均値をもって 1 日分としている．なお，分析には，摂取された食品を 14 の食品群に丸めて使用している．SPSS で算出した記述統計量の結果を表 8.1.1 に示した（出力された数値の桁数を揃えるために，一部修正してある）

2）データ入力の形式

他のデータと同様に SPSS のデータエディターで表 8.1.2 の様に入力する．性別は整数（男性：1，女性：2）とし，年齢は 30 歳代を 1，40 歳代を 2，50 歳代を 3，60歳以上を 4 という様にコード化した．食品群別の摂取量は，グラム単位の重量なので，測定された値をそのまま入力すればよい．入力したデータを用いて算出した相関係数を表 8.1.3 に示した．

表 8.1.1　14 食品の記述統計量

記述統計量

	度数	最小値	最大値	平均値	標準偏差
米	300	.0	698.3	280.180	137.7077
パン	300	.0	266.7	6.947	22.3171
めん・その他	300	.0	356.7	38.788	49.3863
いも類	300	.0	357.7	50.975	57.9640
菓子類	300	.0	192.1	31.649	35.9171
油脂類	300	.0	67.0	8.982	8.4987
大豆食品（味噌・豆腐・納豆など）	300	.0	390.0	76.226	57.7807
果実	300	.0	855.0	113.986	145.4521
緑黄色野菜	300	.0	417.3	48.933	59.5760
淡色野菜	300	.0	1191.0	209.782	137.0347
魚介類	300	.0	351.1	62.131	56.1688
肉類	300	.0	121.7	10.354	20.8200
卵	300	.0	128.3	36.666	25.8660
乳・乳製品	300	.0	402.0	54.617	83.1276
有効なケースの数（リストごと）	300				

表8.1.2　入力データの一部

ID番号	性別	年齢	米	パン	めん・その他	いも類	……	乳・乳製品
1	2	2	305.0	22.0	52.7	43.3		53.3
2	1	1	417.2	20.0	6.7	3.3		133.3
3	2	1	395.7	26.7	12.7	86.7		73.3
4	1	3	310.9	53.3	41.0	20.0		0.0
5	2	1	345.3	0.0	0.0	0.0		0.0
⋮								
300	2	2	149.6	48.9	10.3	168.8		140.0

表8.1.3　14食品間の相関係数行列

相関行列

	米	パン	めん他	いも	菓子	油脂	大豆	果実	緑黄	淡色	魚介	肉類	卵	乳
米	1.000	-.059	.137	.210	.154	.059	.348	.163	-.051	.410	.116	-.225	.168	-.083
パン	-.059	1.000	-.047	-.003	.165	.116	-.016	.005	.091	-.050	.061	.165	.017	.093
めん他	.137	-.047	1.000	.075	.105	.105	.062	.182	.068	.174	.067	-.029	.085	.086
いも	.210	-.003	.075	1.000	.125	.192	.067	.094	.032	.231	.033	.129	.058	-.027
菓子	.154	.165	.105	.125	1.000	.166	.172	.185	.091	.186	.190	-.012	.268	.051
油脂	.059	.116	.105	.192	.166	1.000	.133	.156	.324	.324	.101	.272	.253	.302
大豆	.348	-.016	.062	.067	.172	.133	1.000	.152	.103	.234	.117	-.081	.124	-.031
果実	.163	.005	.182	.094	.185	.156	.152	1.000	.166	.097	.206	.065	.227	.155
緑黄	-.051	.091	.068	.032	.091	.324	.103	.166	1.000	.231	.224	.257	.179	.232
淡色	.410	-.050	.174	.231	.186	.324	.234	.097	.231	1.000	.120	.008	.207	.116
魚介	.116	.061	.067	.033	.190	.101	.117	.206	.224	.120	1.000	.097	.230	.072
肉類	-.225	.165	-.029	.129	-.012	.272	-.081	.065	.257	.008	.097	1.000	.104	.217
卵	.168	.017	.006	.058	.268	.253	.124	.227	.179	.207	.230	.104	1.000	.138
乳	-.083	.093	.086	-.027	.051	.302	-.031	.155	.232	.116	.072	.217	.138	1.000

めん他：めん・その他　　いも：いも類　　菓子：菓子類　　油脂：油脂類
大豆：大豆食品　　緑黄：緑黄色野菜　　淡色：淡色野菜　　魚介：魚介類
乳：乳・乳製品

3）分析の手順

　表のデータに関して因子分析を行うには，［分析］→［データの分解］→［因子分析］を選択する．ダイアログボックスでは，分析に投入する変数を全て選択する．

図8.1.1　因子分析のダイアログボックス

8.2 因子の抽出

[1] 抽出の方法

観測変数群から因子を取り出すことを因子の抽出という．因子分析により得られる因子は，潜在変数であって，数学的に一意的に定まるものではない．そのために様々な因子の抽出法が存在している．SPSSでは，以下の抽出法が用意されている．

① 主成分分析

第7章で説明した主成分分析を用いて因子を抽出する方法．相関係数行列を用いる場合，共通性は1とする．

② 主因子法

従来まではよく用いられていた因子の抽出法で，それぞれの変数についてその変数を除いた全ての変数を説明変数とした際の重相関係数の2乗（SMC）を，共通性の初期推定値として対角線上においた相関係数行列から因子を抽出し，得られた因子の共通性を再度，対角成分において因子の抽出を繰り返し，共通性の変化量が収束基準以下になるまで，反復を繰り返す方法．反復主因子法とよばれることがある．

③ 最小2乗法

元のデータの分散・共分散行列と抽出した因子から算出される分散・共分散行列の各要素の差の平方和が最小になるような因子を抽出する方法．最近，よく用いられる方法である．なお，上記の主因子法は，収束値がえられる場合，最小2乗法の解に一致する．

④ 一般化最小2乗法

③の最小2乗法に重み付けをし，変数の分散の影響を受けないようにした方法．この意味で，③の最小2乗法は重み付けのない最小2乗法と呼ばれることがある．

⑤ 最尤法

因子負荷量などの推定値から算出される尤度（likelihood）という指標を最大にするような因子を抽出する方法．適合度を算出することができるという利点があり，最近多用されている方法．

なお，④の一般化最小2乗法とともに最尤法は，相関係数行列からえられる因子負荷量と分散共分散行列から得られる因子負荷量は同一となる．

このような性質を持った解を尺度不変解という.

⑥ アルファ法

　因子のアルファ信頼性係数（第6章参照）が最大となるような因子を抽出する方法.

⑦ イメージ法

　ガットマンのイメージ理論（芝（1971），柳井他（1990）を参照）に基づいて因子を抽出する方法.

[2] 分析例

1）因子の抽出

　図8.1.1の因子分析のダイアログボックスを開いた後，［因子抽出］のボタンをクリックすると因子抽出のダイアログボックスが開く．ここで前述の方法の中から抽出法を選択する．オプションでは，「分析」に相関係数を用いるか，分散共分散行列を用いるかを選択することができる．また，「抽出の基準」として最小の固有値か，因子数かを選択することができる．一度分析を行ったデータに対して，再度分析を行う場合には，因子数を指定した方が効率がよい．主因子法や最小2乗法などの反復推定を行う場合には，最大の反復回数を指定できる．これについては，一度分析を行ない，反復回数が足りなかった（○○回以上の反復を必要とする）と表示された場合に，再度分析する際に指定し直せばよい．出力のオプションとして，回転する前の因子（初期解）の表示の有無と，スクリープロットの表示の有無を指定できる．スクリープロットについては結果のところで後述する.

図8.2.1　因子抽出のダイアログボックス

2) 因子数の決定

表8.1.2のデータに関して,因子分析(因子抽出法:主因子法,最小の固有値:1)を行った結果,表8.2.1〜8.2.2,図8.2.2に示す出力が得られた.なお,因子行列については,負荷量の順に並べ替えを行っている.また因子数と因子によって説明される分散の変化を示すスクリープロットも示している.因子数の決め方についてはQ&Aで後述する.

① 説明された分散の合計(表8.2.1)

分析に用いた変数は14変数であるため,理論上は14個の因子を得ることが可能になる.その場合,個々の因子が全体の分散の何%を占めるかを表示している.図8.2.1に示した様に抽出の基準,最小の固有値を1以上を満たした因子のみで全体の分散の何%を占めるかについても算出される.

② 因子のスクリープロット(図8.2.2)

縦軸に因子の固有値,横軸に因子の番号をとり,線で結んだものである.線の傾きが平坦になる直前までの因子をとることが良いとされており,このスクリープロットから見れば,因子数は3がふさわしいといえる.

表8.2.1　14因子の固有値と累積寄与率

説明された分散の合計

因子	初期の固有値			抽出後の負荷量平方和		
	合計	分散の%	累積%	合計	分散の%	累積%
1	2.682	19.158	19.158	2.064	14.741	14.741
2	1.692	12.083	31.241	1.092	7.797	22.537
3	1.168	8.345	39.585	.523	3.733	26.270
4	1.006	7.898	47.484	.360	2.571	28.841
5	1.000	7.144	54.628	.267	1.910	30.751
6	.950	6.783	61.412			
7	.913	6.522	67.934			
8	.841	6.005	73.938			
9	.735	5.249	79.187			
10	.687	4.909	84.096			
11	.675	4.822	88.918			
12	.569	4.065	92.983			
13	.559	3.996	96.979			
14	.423	3.021	100.000			

因子抽出法:主因子法

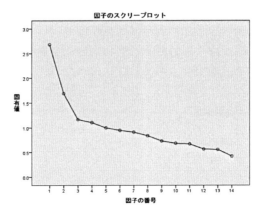

図8.2.2　因子のスクリープロット

3) 因子数を 3 とした場合の結果

　図 8.2.2 のスクリープロットの結果に基づいて，因子数を 3 と指定して再度分析を行った．表 8.2.2 に共通性を示した．　表 8.2.4 に因子負荷量を示した（変数の並べ方については 8.4[2] を参照）．これは後述の回転を行っていない解であり，初期解または因子の抽出法にしたがって主因子解とよばれる．

表 8.2.2　14 食品の共通性

共通性

	初期	因子抽出後
米	.313	.541
パン	.079	.059
めん・その他	.070	.072
いも類	.126	.119
菓子類	.159	.194
油脂類	.290	.466
大豆食品	.081	.049
果実	.150	.220
緑黄色野菜	.244	.302
淡色野菜	.323	.503
魚介類	.135	.219
肉類	.212	.310
卵	.184	.253
乳・乳製品	.162	.204

　因子抽出法：主因子法

表8.2.3　固有値と累積寄与率と抽出後の負荷量平方和

説明された分散の合計

因子	初期の固有値			抽出後の負荷量平方和		
	合計	分散の%	累積%	合計	分散の%	累積%
1	2.682	19.158	19.158	1.997	14.267	14.267
2	1.692	12.083	31.241	1.068	7.627	21.895
3	1.168	8.345	39.585	.449	3.206	25.100
4	1.106	7.898	47.484			
5	1.000	7.144	54.628			
6	.950	6.783	61.412			
7	.913	6.522	67.934			
8	.841	6.005	73.938			
9	.735	5.249	79.187			
10	.687	4.909	84.096			
11	.675	4.822	88.918			
12	.569	4.065	92.983			
13	.559	3.996	96.979			
14	.423	3.021	100.000			

因子抽出法：主因子法

表8.2.4　14食品の因子負荷量（回転前）

因子行列[a]

	因子		
	1	2	3
米	.343	-.650	-.025
パン	.117	.202	.070
めん・その他	.234	-.129	.032
いも類	.266	-.139	-.171
菓子類	.366	-.107	.220
油脂類	.600	.221	-.240
大豆食品	.216	.048	.016
果実	.388	-.036	.262
緑黄色野菜	.459	.288	.002
淡色野菜	.558	-.320	-.301
魚介類	.355	.016	.305
肉類	.265	.479	-.103
卵	.457	-.029	.208
乳・乳製品	.337	.299	-.036

因子抽出法：主因子法

a　3個の因子が抽出されました．12回の反復が必要です．

4) 最尤法による因子抽出

　表8.2.5〜8.2.8に表8.1.2のデータに関して，最尤法を用いて因子分析を行った結果を示す.

表8.2.5の因子負荷量，表8.2.7の共通性，表8.2.8の説明された分散の合計については今まで示した主因子法のものとほぼ同じであるが，違うのは表8.2.6に示した適合度検定である. 検定はχ^2検定で行われ，帰無仮説は「モデルがデータに適合している」であるため，棄却されない場合，モデルがデータに適していないとはいえないこと，即ちふさわしいモデルであることになる. 表8.2.6では有意確率が0.113であるため，因子数3のモデルは前述の条件に該当している. 因子数を増やして同様の処理を行い，適合度検定が有意にならない最小の因子数を求めれば良いのだが，このデータの場合，因子数を4以上にすると適合度検定は有意でないが，因子抽出の途中で共通性が1を超えたというメッセージ（反復中に1つまたは複数の1よりも大きい共通性推定値がありました）が出力される. こうして得られた解は不適であり，因子数を2にすると適合度検定が有意になるので，最尤法によっても因子数は3がふさわしいということになる.

表8.2.5　14食品の因子負荷量（最尤法）

因子行列[a]

	因子		
	1	2	3
米	.473	-.578	.034
パン	.067	.216	.075
めん・その他	.249	-.067	.056
いも類	.304	-.081	-.135
菓子類	.355	-.017	.235
油脂類	.551	.338	-.180
大豆食品	.205	.071	.061
果実	.355	.052	.326
緑黄色野菜	.403	.378	.015
淡色野菜	.643	-.197	-.260
魚介類	.319	.087	.325
肉類	.163	.519	-.078
卵	.437	.077	.235
乳・乳製品	.274	.363	-.020

因子抽出法：最尤法

a. 3個の因子が抽出されました. 5回の反復が必要です.

表 8.2.6　最尤法による適合度検定

適合度検定

カイ 2 乗	自由度	有意確率
64.610	52	.113

表 8.2.7　14 食品の共通性

共通性

	因子抽出後
米	.614
パン	.054
めん・その他	.063
いも類	.120
菓子類	.189
油脂類	.467
大豆食品	.203
果実	.217
緑黄色野菜	.295
淡色野菜	.476
魚介類	.231
肉類	.292
卵	.253
乳・乳製品	.203

因子抽出法：最尤法

表 8.2.8　固有値と累積寄与率　（一部割愛）

説明された分散の合計

因子	初期の固有値			抽出後の負荷量平方和		
	合計	分散の%	累積%	合計	分散の%	累積%
1	2.682	19.158	19.158	1.949	13.925	13.925
2	1.692	12.083	31.241	1.110	7.931	21.856
3	1.168	8.345	39.585	.461	3.294	25.150

因子抽出法：最尤法

8.3 因子の回転

[1] 方法の概要

　因子分析で最も特徴的な点は，因子の回転にある．因子の回転とは前述の方法で得られた因子（初期解）を回転して，より解釈が容易な因子を得ることをいう．

いま, 仮に2つの因子が得られたとき, この2つの因子により2次元の因子空間 (因子平面) が作られる. つまり全ての変数が1つの因子平面上に投影されることになる. しかし平面を構成するには, 平行でない2本の直線があればよく, 原点さえ固定されていれば軸は自由に決めることができる. 図8.3.1に示すように因子F_1, F_2の組合せよりも因子f_1, f_2の組合せの方が変数と因子の関係がはっきりしている. この状態を単純構造 (Q&A参照) という. この様な因子を得るために因子に回転をほどこす. 更に図8.3.2のように因子同士が直交するという制約を外すことにより, より容易に単純構造を作ることが可能になる. 因子同士が直交するという制約をつけて行う回転を直交回転, 制約をつけない回転を斜交回転という. 従来までは直交回転がほとんどであったが, 最近では斜交回転が主流になりつつある. 直交回転の場合, 因子負荷量は図8.3.3の様に変数が因子空間上に位置された点から, 各因子軸へ下ろした垂線の足で一意的に決められるが, 斜交回転の場合には, 図8.3.4のように因子軸に平行に射影する因子パターン (a_1, a_2) と因子軸に垂線を下ろす因子構造 (b_1, b_2) の2つの負荷量が存在する. 一般に因子の解釈にあたっては因子構造 (factor structure) に比べ, 因子パターン (factor pattern) がよく用いられる. また, 斜交回転では抽出した全因子による寄与率は算出できるが, 個々の因子の寄与率は算出できない.

SPSSでは, 以下の回転法が用意されている.

① バリマックス法

因子負荷量の平方の分散を最大にするように回転する方法で, 直交回転のなかで最も多用されている回転法. 結果としてある変数が特定の因子に関してのみ高い負荷量が得られ, その他の因子の負荷量が小さいという単純構造が得られやすくなる.

② クォーティマックス法

直交回転の一つの方法で, 因子負荷量の4乗和が最大になるようにする回転法で, 個々の変数を説明するための因子の数を可能な限り少なくすることを目的としている.

③ エカマックス法

直交回転の一方法で, ①のバリマックス回転と②のクォーティマックス回転の中間的な性質を有する回転法.

④ 直接オブリミン法

斜交回転の一方法で, 後述する因子パターンが単純になるようにする回転法.

⑤ プロマックス法

斜交回転の一方法で, バリマックス回転 (varimax rotation) によって得られた因子行列の各要素を 2 乗した行列をターゲットとしてプロクラステス回転を行う回転法である. 直接オブリミン法に比べ, 収束が早い. プロクラステス回転については柳井・繁桝他 (1990) を参照のこと. 直交回転としてはバリマックス法, 斜交回転としては, 1990 年代以降プロマックス法が利用される頻度が高くなっているという報告がある (柳井 (2000), 中川他 (2005)). プロマックス回転 (Promax rotation) の適用例としては 120 項目の性格に関する質問を 12 の性格特性を測定する新性格検査の作成 (柳井他 (1987)) がある.

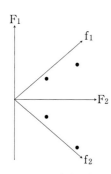

図 8.3.1 直交回転
因子同士が直交

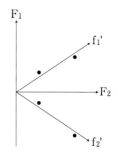

図 8.3.2 斜交回転
図の因子同士のなす角度 60 度

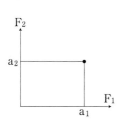

図 8.3.3 因子負荷量 (直交解)

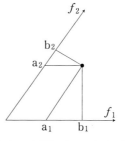

図 8.3.4 因子パターンと因子構造

[2] 解析例

　因子数が3の場合の回転は，3次元空間での回転となり，やや難解である．以下では説明を簡単にするため，因子数を2にして解説する．

1) 回転法の選択

　「回転」のボタンをクリックすると回転のダイアログボックスが開く．ここでは，前述の因子の回転法を「方法」に示された6つの方法から選択できる．いずれかの回転法を選択した場合には，回転後の解の表示および，回転後の因子のプロットについて表示の有無を指定できる．

図8.3.5　回転のダイアログボックス

2) 直交回転

　直交回転 (orthogonal rotation) の例としてバリマックス回転を行う．
表8.1.2のデータに対し，因子分析 (抽出法：主因子法，因子数：2，回転法：バリマックス回転) を行った．その結果として，表8.3.1に回転前の因子行列，表8.3.2にバリマックス回転後の因子行列，表8.3.3に因子変換行列を示した．さらに図8.3.6には表8.3.1に，図8.3.7には表8.3.2にそれぞれ示した因子負荷量を因子プロットとして示した．回転前の解では第1因子が多くの食品に正の負荷量が得られており，「米を中心にした多食傾向」を示す因子，第2因子が「近代的な食品」対「伝統的な食品 (米)」の因子であったのに対し，回転により得られた因子は第1因子が，「伝統的 (和風) な食品」，第2因子が「近代的 (洋風) な食品」とすることができる．回転を行うことによりその傾向がより明確化しており，因子

の解釈が容易になっている．なお，SPSSでは抽出した因子が3までの場合には全因子の，4以上の場合には上位3個の因子のプロットを出力する．

表8.3.1　14食品の因子負荷量（回転前）

因子行列[a]

	因子	
	1	2
油脂類	.582	.204
淡色野菜	.522	-.277
緑黄色野菜	.477	.291
卵	.452	-.031
果実	.381	-.039
菓子類	.361	-.104
魚介類	.344	.012
乳・乳製品	.342	.297
いも類	.264	-.137
めん・その他	.237	-.127
大豆食品	.222	.042
米	.356	-.687
肉類	.267	.468
パン	.119	.197

因子抽出法：主因子法

a. 2個の因子が抽出されました．17回の反復が必要です．

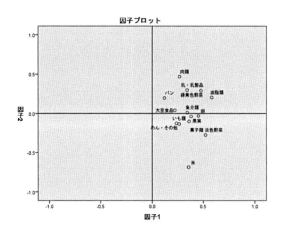

図8.3.6　主因子解（回転をしない解）の因子プロット

表 8.3.2　14 食品の因子負荷量（バリマックス回転後）
回転後の因子行列 [a]

	因子	
	1	2
米	.675	-.378
淡色野菜	.588	.056
卵	.395	.233
菓子類	.359	.112
果実	.340	.177
いも類	.295	.031
魚介類	.280	.199
めん・その他	.268	.024
大豆食品	.162	.157
肉類	-.034	.538
緑黄色野菜	.239	.505
油脂類	.374	.491
乳・乳製品	.123	.437
パン	-.009	.230

因子抽出法：主因子法
回転法：Kaiser の正規化を伴うバリマックス法
a. 3 回の反復で回転が収束しました．

表 8.3.3　バリマックス回転の回転行列
因子変換行列

因子	1	2
1	.835	.550
2	-.550	.835

因子抽出法：主因子法
回転法：Kaiser の正規化を伴うバリマックス法

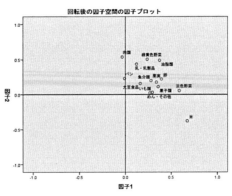

図 8.3.7　バリマックス回転後の因子プロット

3) 斜交回転

斜交回転 (oblique rotation) の例としてプロマックス回転を行う．比較の対象として直交解 (バリマックス回転) も抽出する．表 8.1.2 のデータに対し，因子分析 (抽出法：主因子法，因子数：2，回転法：バリマックス回転及びプロマックス回転) を行った．なお，ここでは分析に用いる変数を減らし，11 の副食品に絞って分析を行った．表 8.3.4 に回転前の因子行列，表 8.3.5 にバリマックス回転後の因子行列，表 8.3.6 にパターン行列，表 8.3.7 に構造行列を示してある．なお，斜交回転では因子間に相関が存在するのでその値を表 8.3.8 に示した．

表 8.3.5 のバリマックス回転により得られた因子と表 8.3.7 のパターン行列とを比較すると，両者はよく類似しており，同様の因子であると思われるが，プロマックス回転の結果の方が，因子と食品との関係が強く表れている．この傾向は特に第 2 因子で顕著であり，淡色野菜，卵，果実，魚介類，いも類など多くの変数の負荷量が 0 に近い値になっている．第 1 因子の負荷量が大きい食品は我が国で伝統的に摂取されてきた食品であり，第 2 因子の負荷量が大きい食品は明治以降頻繁に摂取されるようになった近代的な食品であると考えられる．ただしこれらの食品同士にはまったく関係のないということではないことが示されている．ちなみに第 1 因子と第 2 因子間の相関係数が表 8.3.8 より 0.530 であり，因子間の相関係数は因子のなす角のコサインとなるので，$\cos\theta = 0.530$ となる θ を求めると 58.0°と計算できる．

構造行列の場合には，ある因子で負荷量が大きい変数は，その他の因子でも総じて負荷量が大きくなる傾向があるため，解釈しづらい傾向が生じることがある．そのため，一般的には因子パターンが用いられている．

また，図 8.3.8 にはバリマックス回転後の，図 8.3.9 にはプロマックス回転後の因子プロットを示した．ただし，直交回転であるバリマックス回転についての図 8.3.8 は問題ないが，斜交回転であるプロマックス回転を行った図 8.3.9 については，正確には因子同士のなす角を 58.0°にした図を描くべきであり，図 8.3.9 は実際よりも第 2 因子が強調された図になっている．

表 8.3.4　11 食品の因子負荷量（回転前）

因子行列[a]

	因子	
	1	2
油脂類	.617	-.158
緑黄色野菜	.530	-.192
卵	.463	.235
淡色野菜	.417	.130
乳・乳製品	.391	-.252
果実	.362	.137
魚介類	.347	.155
肉類	.339	.-.319
いも類	.223	.083
大豆食品	.221	-.110
菓子類	.358	.406

因子抽出法：主因子法

a. 2 個の因子が抽出されました．10 回の反復が必要です．

表 8.3.5　11 食品の因子負荷量（バリマックス回転後）

回転後の因子行列[a]

	因子	
	1	2
菓子類	.540	-.041
卵	.496	.155
淡色野菜	.389	.199
魚介類	.356	.131
果実	.355	.155
いも類	.218	.096
油脂類	.332	.544
緑黄色野菜	.245	.507
肉類	.020	.466
乳・乳製品	.105	.453
大豆食品	.081	.233

因子抽出法：主因子法

回転法：Kaiser の正規化を伴うバリマックス法

a. 3 回の反復で回転が収束しました．

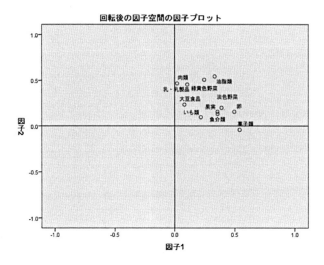

図 8.3.8 バリマックス回転後の因子プロット

表 8.3.6 11 食品の因子パターン（プロマックス回転後）

パターン行列（a）

	因子	
	1	2
菓子類	.623	-.212
卵	.505	.025
淡色野菜	.371	.107
魚介類	.357	.041
果実	.347	.068
いも類	.212	.043
肉類	-.137	.524
油脂類	.188	.518
緑黄色野菜	.102	.503
乳・乳製品	-.038	.484
大豆食品	.011	.241

因子抽出法：主因子法

回転法：Kaiser の正規化を伴うプロマックス法

a. 3 回の反復で回転が収束しました.

表 8.3.7　11 食品の因子構造（プロマックス回転後）

構造行列

	因子	
	1	2
卵	.519	.293
菓子類	.511	.118
淡色野菜	.428	.304
果実	.383	.252
魚介類	.378	.230
いも類	.235	.155
油脂類	.462	.617
緑黄色野菜	.368	.557
乳・乳製品	.218	.464
肉類	.140	.451
大豆食品	.139	.247

因子抽出法：主因子法
回転法：Kaiser の正規化を伴うプロマックス法

表 8.3.8　因子間の相関係数

因子相関行列

因子	1	2
1	1.000	.530
2	.530	1.000

因子抽出法：主因子法
回転法：Kaiser の正規化を伴うプロマックス法

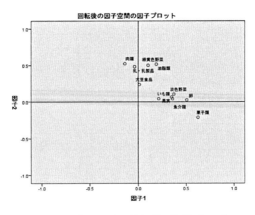

図 8.3.9　プロマックス回転後の因子プロット

8.4 | その他の分析

[1] 方法の概要

1）因子得点の算出

因子分析を行うと，各因子について個々の変数の負荷量が算出される．因子側から見ると関連の強い（よく説明できている）変数とそうでない変数が存在しており，この影響を考慮し，関連の強さで重み付けした新たな変数を作成することができる．このようにして作成した変数を因子得点といい，その他の分析に用いることができる．因子得点は抽出された因子の数だけ作成することができる．一般的には回帰法が用いられている．

[2] 分析例

因子得点の算出を行う場合には，図8.1.1に示した因子分析のダイアログボックスの「得点」のボタンをクリックする．「変数として保存」を選べば，現在分析に用いているファイルにfactor 1, factor 2, … という変数名で保存される．

図8.4.1 因子得点のダイアログボックス

次に，オプションとして欠損値の処理方法を選択する．「リストごとに除外」では，分析に用いる変数のうち一つでも欠損値があれば分析から除外される．「ペアごとに除外」では相関係数または分散・共分散行列の算出時に，欠損値との組合せとなるペアだけが除外される．つまり変数ごとに人数が異なることになり，欠損値がある対象についてもいくつかの変数については，分析に用いられる．し

かし，この場合欠損値があるケースの因子得点の算出はできない．「平均値で置換」は，欠損値のかわりにその変数の平均値を用いる方法で，相関係数等を算出する際に用いる偏差（個々の値から平均値を引いたもの）が0となるため，分析には用いられるが，分析結果に影響を及ぼさないという利点がある．

　もうひとつのオプションとして，係数の表示形式が用意されている．ここで，サイズによる並び替えを選択すると出力される因子行列が，投入した変数の順序ではなく，因子負荷量の順に並べ替えられて出力される．

図8.4.2　オプションのダイアログボックス

　表8.3.2，図8.3.7で示した，14食品を変数としてバリマックス回転を行った場合の因子得点を第一因子を横軸に，第二因子を縦軸にして散布図に示したものが，図8.4.3である．図では男性は●，女性は×と性別によりマーカーを変えている．男性が下方に女性が上方に位置しており，性別による相違がはっきりしている．前述した様に第2因子は近代的（洋風）食品の因子であり，女性が肉や乳・乳製品，緑黄色野菜など近代的な食品を摂取しているのに対し，男性はそうした食品をあまり受け入れていないことが示されている．

　表8.4.1に性別の第1，第2因子得点の平均値・標準偏差を，表8.4.2にt検定の結果を示した．第2因子得点のみ性別による差が認められており，前述の傾向が統計的にも示されている．

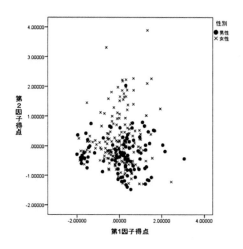

図8.4.3 因子得点プロット（性別）

表8.4.1　男女別の因子得点の記述統計量

記述統計量

性別		度数	最小値	最大値	平均値	標準偏差
男性	第1因子得点	100	-2.04827	3.09869	.0919369	1.07461026
	第2因子得点	100	-1.65532	2.09436	-3055413	.62660049
	有向なケースの数（リストごと）	100				
女性	第1因子得点	200	-1.95648	2.39550	-0.459685	.74504192
	第2因子得点	200	-1.45272	3.89747	.1527706	.86923414
	有向なケースの数（リストごと）	200				

表8.4.2　因子得点の平均値の男女差の検定

独立サンプルの検定

		等分散性のための Levene の検定		2つの母平均の差の検定						
		F 値	有意確率	t 値	自由度	有意確率（両側）	平均値の差	差の標準誤差	差の95% 信頼区間 下限	上限
第1因子得点	等分散を仮定する	15.815	0.000	1.246	298	0.214	0.13050	0.10476	-0.07566	0.3367
	等分散を仮定しない			1.105	147.514	0.271	0.13050	0.11806	-0.10280	0.3638
第2因子得点	等分散を仮定する	8.538	0.004	-4.525	298	0.000	-0.43796	0.09678	-0.62841	-0.2475
	等分散を仮定しない			-5.102	269.055	0.000	-0.43796	0.08585	-0.60698	-0.2689

因子分析における Q&A

Q1　因子分析と主成分分析はどう違うのですか.

A1　数学的には,主成分分析はデータから算出した変数の相関係数行列の固有値・固有ベクトルを求めるのに対し,因子分析の場合には相関係数行列の対角成分に共通性を入れて計算を行うことになります.主成分分析が得られた解(初期解)をそのまま用いるのに対し,因子分析は初期解に回転を行って新たな因子を作成すると主張する人もいますが,主成分分析の結果を回転してはいけないという理由はありません.SPSSでも主成分分析と因子分析は同じプログラムを使用しています.簡単に言ってしまえば,主成分分析はなるべく少数の合成変数の作成が「目的」であり,分析により得られる主成分は「結果」になります.他方,因子分析は観測変数の背景にある構成概念などの複数の潜在変数を導き出すことが目的であり,得られた因子は「原因」を意味するものになります.したがって,それぞれの変数は因子の結果になります.

Q2　因子数はどのようにして決めれば良いのですか

A2　これについては,厳密な規定はありません.分析の目的からすれば,因子数はできるだけ少ない方がいいことになりますが,少なくすればするだけ切り捨てる情報量も多くなるわけで,そのへんの釣り合いが難しいところです.a priori に決められる方法としては,1以上の固有値を持つ因子を採用する方法があり,理論的にも正しく,SPSSでも因子抽出の基準とされていますが,因子数が多く成りすぎる傾向があります.ひとつの目安として図8.2.2に示したスクリープロットがあります.これは,縦軸に因子の固有値,横軸に因子番号をとって折れ線グラフを作成します.固有値の大きさは最初の数個で急激に減少するため,スクリープロットもその部分で急降下し,あとはゆるやかな傾斜をたどります.このゆるやかな傾斜が始まる前までの因子を選ぶ方法です.因子の抽出方法で最尤法を選んだ場合には,尤度比検定による方法を用いることができます(結果の項参照).この場合には,検定の結果が有意にならない最小の因子数を採用すればよいことになります.また,分析結果から判断する方法もあります.これは,分析に用いた全ての変数について,ある一定以上の値の負荷量を持つ因子が得られるまで,因子の個数を増やすというものです.また,一つの因子に高い負荷量の変数が1

～2個しかない場合には, むしろ因子を減らすべきと考えます. しかし, この場合注意しなくてはならないのは, 一緒に分析して問題のない変数であるか否かの判断をきちんとする必要があります. この本で用いた例について言えば, いくら対象者個人の値であっても, 対象者の身長や体重などを一緒に分析するのは好ましくなく, 一緒に分析して, 身長や体重の因子が得られないからといって, 因子数を増やすことは問題です.

　実用的な観点から最も推奨すべき因子数の決定方法は, 上記の　1) 1 以上の固有値の数, 2) スクリープロット, 3) 検定による方法などいずれかを用いて因子数をある数に定め, その数の前後, 例えば, 定められた因子数が 5 の場合, 因子数を 3, 4, 5, 6, 7 といったように変更して因子分析を行い, 得られた結果が, 次に示す単純構造性をみたすこと, さらには, 解釈が可能であること, という条件をともに満たすように因子数を決めることです. なお, どの因子にも高く負荷しない変数が多く含まれる場合は, 因子数を増やして分析を行うことが必要です.

Q3　単純構造とはどのようなものですか.

A3　分析に用いた各変数について, 因子ごとの負荷量をみた場合に, できればただ一つ (不可能な場合にはごく少数) の絶対値の大きな値と, 多数の絶対値の小さな値が並んだ状態です. Thurstone (1945) は以下のように定義しています.

① 因子負荷量行列の各行は少なくとも一つの 0 を要素として持つ.

② 共通因子数を m とすると, 各列は少なくとも m 個の 0 を要素として持つ.

③ 因子負荷量行列の任意の 2 列において, 一方の列のみ含まれ, 他方の列には含まれないような若干個の変数がある.

④ 4 個以上の共通因子を有する場合, 因子負荷量行列の任意の 2 列に関し, 大半の変数を共有せず, ごく僅少の変数のみ共有する.

付　録

因子分析モデル

　p個の変数（ x_j, $j=1$, $\cdots$, p ）がm個（mはpに比べて小さい）の共通因子 $f_1, f_2, \cdots, f_m$ とj番目の変数に固有な独自因子の成分 ε_j の線形結合，すなわち

$$x_j = \lambda_{j1}f_1 + \lambda_{j2}f_2 + \cdots + \lambda_{jm}f_m + \varepsilon_j \quad (j=1, \cdots, p) \tag{8.1}$$

と表されるとする．ただし x_j の平均はゼロとする．また，因子分析の変量モデルにおいてはm個の共通因子 $f_1, f_2, \cdots, f_m$ とそれぞれの変数に固有な独自因子 εj （ $j=1$, $\cdots$, p ）は確率変数とみなされるので，それぞれの期待値は $E(f_j)=0$, $E(\varepsilon_j)=0$ と仮定され，さらにm個の共通因子 $f_1, f_2, \cdots, f_m$ の分散は1とする．

　 x_j のうちで独自因子成分 ε_j を除いた部分，すなわち共通因子によって説明される部分を

$$t_j = \lambda_{j1}f_1 + \lambda_{j2}f_2 + \cdots + \lambda_{jm}f_m \quad (j=1, \cdots, p) \tag{8.2}$$

とすると $x_j = t_j + \varepsilon_j$ となり，変数 x_j がm個の共通因子によって規定される部分と誤差部分の和に分解されることになる．なお，共通因子 $f_1, f_2, \cdots, f_m$ の全ての組合せが無相関の場合を直交解，相関が許容される場合を斜交解という．ここで，

　①共通因子 f_j （ $j=1$, $\cdots$, p ）と独自因子 ε_k （ $k=1$, $\cdots$, p ）は無相関

　②異なる2つの変数 x_j と x_k （ $j \neq k$ ）に対応する独自因子 ε_j と ε_k は無相関という2つの仮定をおく．

　①および②の仮定より， $\mathrm{Cov}(\varepsilon_j, \varepsilon_k) = \mathrm{Cov}(t_j, \varepsilon_k) = 0$ （ $j \neq k$ ）となることから，

$$\mathrm{Cov}(x_j, x_k) = \mathrm{Cov}(t_j, t_k) \quad (j \neq k)$$

が導かれる．

　また， $V(t_j)$ を x_j の分散 $V(x_j)$ で除した， $h_j^2 = V(t_j)/V(x_j)$ は共通性と呼ば

れるもので，$0 \leqq h_j \leqq 1$ が成り立っている．なお，ここで x_j の分散 $V(x_j)$ を 1 と仮定すると，直交解の場合

$$h_j^2 = V(t_j) = \lambda_{j1}^2 + \lambda_{j2}^2 + \cdots + \lambda_{jm}^2 \tag{8.3}$$

となり，$V(\varepsilon_j) = 1 - h_j^2$, が独自性 (specificity) とよばれるものになる．

さらに x_j と x_k の相関係数を r_{jk} とすると

$$r_{jk} = \lambda_{j1}\lambda_{k1} + \lambda_{j2}\lambda_{k2} + \cdots + \lambda_{jm}\lambda_{km} \tag{8.4}$$

となる．

　上記が Thurstone によって 1930 年代に提唱された因子分析の多因子モデルとよばれるものであるが，その特殊な場合として，因子分析の創始者ともいうべきスピアマンは 1904 年に $m = 1$ の 1 因子モデルを提唱している．

参考文献

中川有加・西田みゆき・柳井晴夫 (2005) 因子分析における看護研究の現状，聖路加看護大学研究紀要，31, 8-16．

丘本 正 (1986) 因子分析の基礎，日科技連出版．

芝 祐順 (1979) 因子分析法 第 2 版，東京大学出版会．

Thurstone,L.L. (1945) *Multiple Factor Analysis*. Univ.Chicago Press, Chicago.

豊川裕之 (1984) 食の構造 日本の食文化，(社) 全国食糧振興会．

柳井晴夫・柏木繁男・国生理枝子 (1987) プロマックス回転法による新性格検査の作成について，心理学研究，58, 158-165．

柳井晴夫・繁桝算男・前川眞一・市川雅教 (1990) 因子分析-その理論と応用-，朝倉書店．

柳井晴夫 (1994) 多変量データ解析法，朝倉書店．

柳井晴夫 (2000) 因子分析の利用をめぐる問題点を中心にして，教育心理学年報，39, 96-108．

クラスター分析

顔立ちが似ているとか仕草が似ているなどと言うように，似ている，似ていないという表現はしばしば用いられる．クラスター分析(cluster analysis)とは，その類似性を数量化し，個体または変数の近親さを明らかにしようとする探索的な解析方法である(Arabie,P.etal.1987 Hartigan,J.A.(1975)，前川他(1987))．統計的な分析手法の多くが，変数の特性や変数間の関係を明らかにすることが多いなかで，個体間の関係を明らかにするという異色の分析法でもある．

SPSSには，ケースを類似度の順に一つずつ併合していく階層的方法と，ケースをグループに分類することを目的とした，TwoStepクラスタ，大規模ファイルのクラスタの3つの手法が組み込まれている．階層的方法は，分析に用いるケース数が少なく，個々のケースの識別が可能な場合に適しており，ケース数が多く個々のケースの識別が困難な場合には，TwoStepクラスタや大規模ファイルのクラスタが適している．本章ではクラスター分析の階層的方法についてのみ解析する．後者の2つの手法の概略については，付録に示したので必要な場合には参照されたい．

9.1 ケースのクラスタリング

[1] 方法の概要

個々のデータについて，距離の近いもの同士を併合して，新しいクラスタを作成し，一つの個体とみなし，再度距離の近い個体または，クラスタを捜し，併合して

新しいクラスタとする．この作業を一つの最終レベルのクラスタに到達するまで繰り返す．

1) 距離と類似度

2つの個体またはクラスタの非類似度の指標となるのが距離である．SPSSで用いられている非類似度および類似度の指標としては以下8種類が利用できる．

ユークリッド距離，平方ユークリッド距離，コサイン，Pearsonの相関，Chebychev，都市ブロック，Minkowski，カスタマイズ．

代表的なものについて簡単に説明する（柳井他（1986））．

① ユークリッド距離

三平方の定理を用いて算出する，数学で用いられている一般的な距離である．

② 平方ユークリッド距離

ユークリッド距離の2乗の値である．

③ コサイン

原点から個体を結ぶ2つのベクトルのなす角の余弦の値．

④ Pearson（ピアソン）の相関

変数間で算出される相関係数を個体間に適用したもの．個体間で各変数の値を標準化して算出した値．

変数が度数の場合には，カイ2乗測度，ファイ2乗測度が利用できる．

変数が2値データの場合には，前述したユークリッド距離，平方ユークリッド距離の他，サイズの差異など合計27種類の指標が利用できる．

2) クラスタ化

クラスタ化するための基準，つまりクラスタ同士の距離を決定するための方法として，様々な方法が考えられている．

SPSSには以下の方法が用意されている．詳細については柳井他（1986）を参照されたい．

① グループ間平均連結法（between-groups linkage method）

クラスタ間の距離をあるクラスタ内の個体ともうひとつのクラスタ内の個体間のすべての距離の平均値で定義する方法．

② グループ内平均連結法 (within-groups linkage method)

2つのクラスタ間の距離を各々のクラスタに属する個体の平均値同士の距離とする方法.

③ 最近隣法 (nearest neighbour method)

2つのクラスタのうちで最も近い点同士の距離をもって, クラスタ間の距離とする方法.

④ 最遠隣法 (furtherest neighbour method)

2つのクラスタのうちで最も遠い点同士の距離をもって, クラスタ間の距離とする方法.

⑤ 重心法 (centroid method)

2つのクラスタの重心を新たなクラスタを代表する点とする方法.

⑥ メディアン法 (median method)

併合されたクラスタの代表点として, 2つのクラスタの重心の中点を用いる方法.

⑦ Ward (ウォード) 法 (ward's method)

Ward の提唱した方法で, クラスタ同士が併合する際に生じる, 情報量の損失が最小となる様に併合する方法.

3) 樹状図とつららプロット

個体やクラスタが併合する状況を図示したものが樹状図 (デンドログラム dendrogram) や, つららプロットである. SPSSではつららプロットがデフォルトで出力されるようになっている.

4) 変数のクラスタリング

ケースをクラスタリングするのと同様の方法で, 変数のクラスタリングをすることができる. p個の変数に対しケースがn人のデータを用いて, 変数をクラスタリングする際には, 変数がn個, ケースがp人と見なして今まで述べてきた階層的方法を行う (9.2 参照).

[2] 解析例

1) データ

多くの疾病には，地域性が存在している．一例を挙げれば，心疾患の死亡率は日本海側で低く，近畿，関東で高くなっている．これらの疾病の状況を用いて，47都道府県の類似性を検討してみる．都道府県数は47とあまり多くなく，都道府県名を聞けばある程度イメージすることができるので，階層的クラスター分析の例としてふさわしい．

ここで用いたデータは，平成15年の我が国の47都道府県の死因別死亡率（人口10万対）である（出典：厚生労働省平成15年人口動態統計）．分析に用いた疾患は疾病大分類に基づき，感染症，新生物（ガン，その他），糖尿病，精神及び行動の障害，高血圧性疾患，心疾患（高血圧性除く），脳血管疾患，呼吸器系の疾患，消化器系の疾患，腎不全，老衰，不慮の事故，自殺の13疾患群である．

2) データの入力形式

他のデータと同様に，SPSSのデータエディタで表9.1.1の様に入力する．都道府県名はラベルを兼ねるので，一番最初のデータとする．あとは，死因別の死亡率をそのまま入力すればよい．

表9.1.1 入力データの一部

都道府県	感染症	新生物	糖尿病	精神及び行動の障害	………	自殺
北海道	16.5	270.7	11.2	1.9		27.1
青森	14.7	294.9	12.2	4.5		39.5
岩手	15.7	283.5	12.5	4.4		37.8
宮城	11.9	245.0	8.0	4.0		26.3
⋮						
沖縄	17.8	179.7	9.1	3.8		26.1

3) 分析の手順

図 9.1.1 階層クラスタ分析のダイアログボックス

　表9.1.1のデータに対し，分析を行うには，[分析]→[分類]→[階層クラスタ]を選択する．ダイアログボックスでは，変数のボックスに各疾患を，ケースのラベルに都道府県を入れる．クラスタ対象には，今回の場合は，ケースを指定しておく．変数をクラスタリングしたい場合には変数をチェックすればよい（後述）．表示欄にあるのは，「統計」，「作図」のダイアログボックスで指定する出力を行うかどうかのチェックで，通常は両方にチェックを入れておけばよい．

　① 統計

　クラスタ凝集経過工程をチェックすると，各個体，クラスターが併合されていく過程が出力される（表9.1.3）．

　距離行列をチェックすると分析に用いた距離行列を出力する．

　② 作図

　作図のダイアログボックスを開くと，デンドログラム（図9.1.4）とつららプロットの作成の有無を選択できる．またつららプロットについては作成する方向を垂直，水平の2方向から選ぶことができる．つららプロットはケース数が大きくなると，大きな図になるため，注意が必要である．一般的にはデンドログラムが多用されている．

図9.1.2 作図のダイアログボックス

③ 方法

図9.1.3に示した「方法」のダイアログボックスでクラスタ併合の方法を指定する．今回はWard法を指定した．

SPSSでは，重心法，メディアン法，Ward法の場合には，ユークリッド距離を指定しても自動的に平方ユークリッド距離となる．

このデータの場合，新生物は全国平均が253，精神及び行動の傷害は3.3などの様に，死因による値の違いが大きいため，標準化を行った値を用いて分析を行う．その指定もこのダイアログボックスで行う．

図9.1.3 方法のダイアログボックス

4）結果

まず，処理したケースについての情報が示される（表9.1.2）．

次にクラスタが併合されていく過程が表形式で示される（表9.1.3）．結合されたクラスタの所に表示される「クラスタ1」と「クラスタ2」が結合して，その後は「クラスタ1」のクラスタ番号となる．係数としてクラスタ間の距離が示され，併合される各クラスタがその前に現れていた段階と，併合されたクラスタが次に現れる段階が表示される．具体的には，まず始めに第11クラスタ（埼玉県）と第14クラスタ（神奈川県）が，併合して新たなクラスタ（第11クラスタ）となる．このとき，2つのクラスタはWard法により算出した係数（0.796）だけ離れており，全てのクラスタの組合せのうち最も近い所に位置していることになる．次に同様にして第8クラスタ（茨城県）と第22クラスタ（静岡県）が併合し，第8クラスタとなる．このときのクラスタ間の係数（距離）は1.900である．そして併合により新たに作られた第8クラスタは，段階9で第9クラスタ（栃木県）と併合する．第9クラスタはここで初めて現れたが第8クラスタは段階2で既に現れているので，クラスタ初出の段階の欄のクラスタ1の欄には2が，クラスタ2の欄には0が表示されている．このとき，新たに併合したクラスタの番号は，併合に係わった2つのクラスタ（第8クラスタと第9クラスタ）のうち，値の小さい8となる．以下，この操作を段階46まで繰り返し，最終的に1つのクラスタに統合される．

この併合の状況が指定した形の図でも示される．SPSSのデフォルトはつららプロットであるが，場所をとるので，ここではデンドログラムのみ示した（図9.1.4）．これは，併合の様子を図で示したものであり，横に伸ばした線の長さが併合するクラスタ間の係数（距離）と比例する様に作成する．後半に併合するクラスタ間の距離が大きなクラスタ同士の併合が誇張されて表示されるきらいがあるが，小数のグループに分ける場合には，その性質がかえって適している．

ここでの分析結果として，まず主に既に人口が多いか人口が増加している都道府県（埼玉～岐阜）からなるクラスタⅠと，どちらかといえば人口が減少傾向にある都道府県（和歌山～秋田）からなるクラスタⅡに大きく分かれる．さらにクラスタⅠでは若年人口が多く死亡率が全体的に低い都道府県（埼玉～沖縄）からなるクラスタ①，それよりも死亡率がやや高い都道府県からなるクラスタに分かれ，さらに新生物と心疾患が高い都道府県（大阪～佐賀）からなるクラスタ②，心疾

患と脳血管疾患が高い都道府県 (山梨〜岐阜) からなるクラスタ③, その以外の死亡率に特徴が少ない都道府県 (兵庫〜北海道) からなるクラスタ④にわかれる. 次にクラスタⅡでは, 心疾患の死亡率が高い都道府県 (和歌山〜香川) からなるクラスタ⑤, 呼吸器系の疾患の死亡率が高い都道府県 (山口〜島根) かなるクラスタ⑥, 脳血管疾患の死亡率が高い都道府県 (福島〜秋田) からなるクラスタ⑦に分かれる.

これは, 疾患別の死亡率によって分類した結果であるが, クラスタ①は大都市圏, クラスタ②は九州, クラスタ③は北海道と近畿, 山陽, クラスタ④は北関東と中部, クラスタ⑤は瀬戸内海の東部, クラスタ⑥は山陰, 四国西部, 九州, クラスタ⑦は東北, 信越と, 完全ではないが実際の地域性と一致している.

表 9.1.2 分析に用いたケースの情報

処理したケースの要約[a]

		ケース				
有効		欠損		合計	
度数	パーセント	度数	パーセント	度数	パーセント
47	100.0%	0	0.0%	47	100.0%

a 平方ユークリッド距離 使用された

表9.1.3　クラスタの併合過程

クラスタ凝集経過工程

段階	統合されたクラスタ		係数	クラスタ初出の段階		次の段階
	クラスタ1	クラスタ2		クラスタ1	クラスタ2	
1	11	14	.796	0	0	26
2	8	22	1.900	0	0	9
3	28	34	3.044	0	0	23
4	33	37	4.293	0	0	37
5	23	25	5.762	0	0	22
6	26	29	7.244	0	0	21
7	2	3	9.018	0	0	25
8	7	20	10.919	0	0	17
9	8	9	12.862	2	0	27
10	35	46	14.809	0	0	14
11	12	13	17.004	0	0	26
12	10	45	19.586	0	0	24
13	42	43	22.259	0	0	30
14	35	44	25.126	10	0	32
15	27	40	28.169	0	0	38
16	18	21	31.266	0	0	27
17	6	7	34.429	0	8	31
18	19	24	37.685	0	0	33
19	31	38	41.061	0	0	28
20	17	41	44.518	0	0	24
21	1	26	48.492	0	6	23
22	4	23	52.483	0	5	29
23	1	28	56.640	21	3	41
24	10	17	61.251	12	20	30
25	2	16	66.232	7	0	36
26	11	12	71.377	1	11	29
27	8	18	77.377	9	16	33
28	31	39	83.479	19	0	32
29	4	11	89.934	22	26	34
30	10	42	96.500	24	13	38
31	6	15	103.131	17	0	42
32	31	35	109.958	28	14	37
33	8	19	117.021	27	18	41
34	4	47	125.603	29	0	45
35	30	36	135.162	0	0	40
36	2	5	146.129	25	0	42
37	31	33	158.391	32	4	39
38	10	27	170.673	30	15	43
39	31	32	185.451	37	0	40
40	30	31	201.202	35	39	44
41	1	8	217.676	23	33	43
42	2	6	235.842	36	31	44
43	1	10	267.115	41	38	45
44	2	30	316.560	42	40	46
45	1	4	400.837	43	34	46
46	1	2	598.000	45	44	0

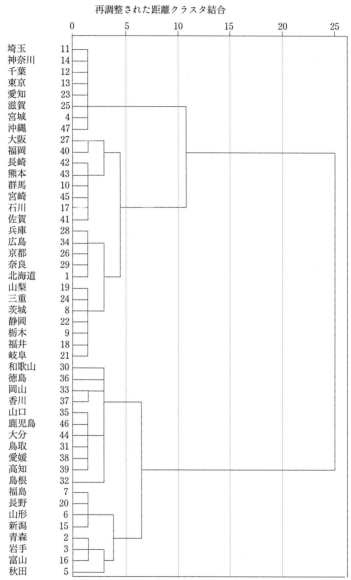

Ward 法を使用するデンドログラム
再調整された距離クラスタ結合

図 9.1.4　樹状図（デンドログラム・データを Z 得点で標準化）

9.2 変数のクラスタリング

[1] 方法の概要

　ケースをクラスタリングした方法と同様の手順で，変数をクラスタリングすることができる．併合の際に用いる距離と類似度，クラスタ化の方法などについては，9.1 を参照されたい．

[2]　解析例

1）データ

　表8.1.2 に示した食物摂取のデータを用いて食品間の類似性を検討する．データ内容に関する記述は8章を参照されたい．

2）分析の手順

　9.1 のケースのクラスタリングと同様に行う．ただし，［階層的クラスタ分析］のダイアログボックスの「クラスタ対象」で「変数」をチェックする．その他の部分は同様である．

図9.2.1　階層クラスタ分析のダイアログボックス

3）結果

　表9.2.1 に処理したケースの情報，表9.2.2 にクラスタ併合過程，図9.2.2 にデンドログラムを示した．これらは前述したケースのクラスタリングと同じである．図9.2.2 に示したデンドログラムを用いて説明すると，摂取量の平均が

50 gに満たない油脂類, 大豆食品, 肉類などが一つのクラスタを形成し, 摂取量の平均が50〜100 gの魚介類, いも類, 乳・乳製品がひとつのクラスタを形成する. この2つのクラスタが併合された後に, 次に摂取量が小さい果実が併合され, 摂取量の平均値が200 gを超えている米と淡色野菜で形成されたクラスタと併合した. クラスタ分析では単に変数の値だけの情報を用いるので, 8章で示した因子分析の結果とは異なる結果が得られている.

表9.2.1　分析に用いたケースの情報

処理したケースの要約[a]

	ケース				
有効数		欠損		合計	
度数	パーセント	度数	パーセント	度数	パーセント
300	100.0%	0	0.0%	300	100.0%

a 平方ユークリッド距離　使用された

表9.2.2　クラスタ併合過程

クラスタ凝集経過工程

段階	統合されたクラスタ		係数	クラスタ初出の段階		次の段階
	クラスタ1	クラスタ2		クラスタ1	クラスタ2	
1	6	12	61487.047	0	0	2
2	2	6	172539.420	0	1	4
3	5	13	394657.028	0	0	4
4	2	5	863686.309	2	3	5
5	2	3	1587731.903	4	0	8
6	9	11	2371704.267	0	0	7
7	7	9	3368203.190	0	6	9
8	2	4	4424530.496	5	0	10
9	7	14	6003041.435	7	0	10
10	2	7	8004798.441	8	9	12
11	1	10	12076199.50	0	0	13
12	2	8	19021897.16	10	0	13
13	1	2	45933021.37	11	12	0

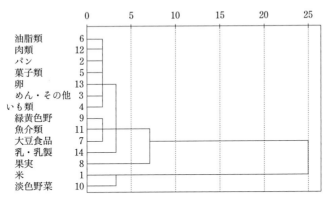

Ward法を使用するデンドログラム

再調整された距離クラスタ結合

図 9.2.2 デンドログラム

クラスター分析における Q&A

Q1 階層的方法には，類似度・距離の測定方法として様々な方法が用意されていますが，どれを使ったらよいのでしょうか．

A1 個々の類似度・距離にはそれぞれ一長一短があり，どれを使えば良いと断言することはできません．クラスター分析はどちらかと言えば探索的な分析方法なのでいろいろ試してみるのも一考かもしれません．無難であるという点からはユークリッド距離またはその平方が一番無難です．ピタゴラスの定理に基づいて算出するという数学的にも馴染みが深く，どのような併合方法も用いる事ができるという利点があります．より厳密には変数間の相関係数を考慮して計算される変数のマハラノビス距離を用いる方法があります．これは 7 章で扱った主成分分析で得られる全ての主成分の得点のユークリッド距離として求めることができます．

Q2 階層的方法には併合方法として様々な方法が用意されていますが，どの様な違いがあるのでしょうか．

A2 クラスタ同士を併合する際の基準が違うので，用いた併合方法によって，結果

は異なります．最近隣法の場合には，併合するたびにその併合されたクラスタ間の距離が小さくなり，その結果，必ずしも近くにある個体同士が併合して新たなクラスタを形成するのではなく，連鎖的により離れた個体とととともにクラスタを形成するという鎖効果(chain effect)を起こすことがあります．また重心法やメディアン法では，大きなクラスタとひとつの個体が併合した場合，クラスタの代表点が併合前の大きなクラスタの中に入ってしまうという距離の逆転が生じる場合があります(柳井他(1986))．

付 録

1）距離・類似度の算出

分析に用いる変数を x_j $(j=1, \cdots, p)$ とし，個体aの変数 x_j の値を x_{aj} $(j=1, \cdots, p)$ とする．このとき個体aとbの距離は

ユークリッド距離 d_1

$$d_1(a,\ b) = \sqrt{\sum_{j=1}^{p} (x_{aj} - y_{bj})^2} \tag{9.1}$$

都市ブロック距離 d_2

$$d_2(a,\ b) = \sum_{j=1}^{p} |x_{aj} - x_{bj}| \tag{9.2}$$

Minkowski距離 d_3

$$d_3(a,\ b) = \sqrt[k]{\sum_{j=1}^{p} |x_{aj} - x_{bj}|^k} \tag{9.3}$$

Pearsonの相関 s_1

$$s_1(a,\ b) = \frac{\sum_{j=1}^{p} (x_{aj} - \overline{x_a})(x_{bj} - \overline{x_b})}{\sqrt{\left(\sum_{j=1}^{p} (x_{aj} - \overline{x_a})^2\right)} \sqrt{\left(\sum_{j=1}^{p} (x_{bj} - \overline{x_b})^2\right)}} \tag{9.4}$$

2）TwoStep クラスタ分析と大規模ファイルのクラスタ

9.1 および 9.2 で説明した階層的クラスタ分析が，ケースまたは変数を近いもの同士，順番に併合して最終的に 1 つのクラスタにしていくという，クラスタ化の過程を重視しているのに対し，TwoStep クラスタ分析は，分析対象をグループに分割することを目的としている．つまり分析で扱う対象がいくつのグループで構成されているのかを知ることができる．大規模ファイルのクラスターも TwoStep クラスタと同様に，分析対象をグループに分割することを目的とした分析方法である．TwoStep クラスタに比べ，処理は速いが，連続変数しか扱うことができないという欠点がある．

TwoStepクラスタ, 大規模ファイルのクラスタ分析は, どちらもグループ分け
とグループの中心についての情報が主たる出力になり, 個々のケースに関する出
力はほとんどされない. どちらかといえば, その後の群別比較などのさらなる分
析のために分類することが目的なので, 分析に用いるケースの数が多く, 個々の個
体を識別することが難しい場合に適している.

参考文献

Arabie,P.・Carroll,J.D.・DeSarbo,W.S.(1987) *Three-way scaling and clustering*, Sage Publications(岡太彬訓・今泉忠 訳(1990) 3元データの分析, 共立出版).

Hartigan,J.A.(1975) *Clustering Algorithms*, John Wiley & Sons(西田春彦, 吉田光雄 他訳(1983) クラスター分析, マイクロソフトウェア).

厚生労働省統計情報部(2004)人口動態統計平成15年, 厚生統計協会.

前川眞一・柳井晴夫・西川浩昭(1987)多次元尺度法とクラスター分析, Basic数学, 20(9), 67-73.

柳井晴夫・高木廣文 他(1986)多変量解析ハンドブック, 現代数学社.

<table>
<tr><td>第</td></tr>
<tr><td>10</td><td rowspan="3">判別分析</td></tr>
<tr><td>章</td></tr>
</table>

第10章 判別分析

　高校時代の進学指導において，数学が得意な学生には理系学部を，国語が得意な学生には文系学部を受験すると合格可能性が高いと指導された経験をお持ちの方も少なくないであろう．それでは，数学も国語も共に得意な学生に対しては文系，理系のいずれの学部を勧めるのがよいのであろうか．数学，国語以外に，英語，理科，地歴，公民の得意・不得意も大学・学部の選択におおいに影響を与えることは言うまでもない．このように，高校時代の教科科目の特性，あるいは学内成績によって，文系・理系学部の進学選択，より細かく言えば，法学部，経済学部，文学部，理学部，薬学部，農学部，工学部，医学部等のいずれの学部を受験すると合格率が高いかといった問題がある．他にも，定期健診で得られた検査データからある特定の疾患にかかっているか否かや，植物の枝葉や花の形状特性から品種を特定する問題もある．このように，与えられた個体の持つ複数個の情報をいくつかの要素に分解し，その要素に重み付けをすることによって，その個体がどのグループに属するかを分析する多変量解析の手法が判別分析 (discriminant analysis) と呼ばれるものである．

　この章では，判別の対象となるグループ数が 3 つの場合を用いて一般的な例を紹介した後，2 グループの場合に特化した使い方を具体的なデータを用いて説明する．

10.1 ｜ 判別分析の概要

　p 変数からなる k グループの母集団があり，どのグループに所属しているかが判っている標本が合計で n 個得られている状況を考える（p は n より小さいものと

する）．この時，新しい標本が得られたものの，どのグループから採取されたかが不明であった場合に，それが本来帰属していたグループを判定する統計手法として判別分析が用いられる．

この手法は大きくわけて 2 つの手順があるといえる．つまり，まずどのグループから採取されたかが判っている標本を用いて，グループ間を識別するルールを構築する．そして，次に新しい未知の標本にそのルールを適用して本来属していたであろうグループを判別するのである．

前半のルール作りであるが，i 番目の標本の p 個の変数を $x_{i1}, x_{i2}, \cdots, x_{ip}$ と表現するとき，任意の係数 $a_1, a_2, \cdots, a_p$ を用意して，線形の合成変数

$$g_i = a_1 x_{i1} + a_2 x_{i2} + \cdots + a_p x_{ip} \quad (i = 1, \cdots, n) \tag{10.1}$$

を考える．n 個の標本のそれぞれについてこの合成変数を計算したとき，求められた n 個の合成変量 $\{g_i, i = 1, 2, \cdots, n\}$ の変動を表わす総平均まわりの平方和は，分散分析の時に用いたテクニックと同様に，

総平方和 $(\mathrm{S_{Total}})=$ グループ間平方和 $(\mathrm{S_{Between}})$
$$\qquad\qquad\qquad + \text{グループ内平方和} (\mathrm{S_{Within}}) \tag{10.2}$$

と分解することができる．

一方，本手法では「グループをよく識別できる」ということを目的としているが，これを言い換えると，グループ間の変動をなるべく大きくし，逆にグループ内の変動を小さくするような係数 $a_1, a_2, \cdots, a_p$ を見つければこの目的を達成することができる．つまり，これを平方和の関係で表わすと，2 つの平方和の相対的な大きさ（相関比と呼ぶ）を考えて

$$\eta^2 = \mathrm{S_{Between}} \big/ \mathrm{S_{Total}} \tag{10.3}$$

を最大にするような係数 $a_1, a_2, \cdots, a_p$ を決めることと同値となる．この方式は正準判別分析（canonical discriminant analysis）と呼ばれており，古くは大学の各専門分野の適性診断を行った柳井 (1967, 1973) の研究がある．また，このようにして定められた (10.1) 式を判別関数と言い，$a_1, a_2, \cdots, a_p$ を判別係数（より厳密には，正準判別係数）と言う．

ここでは詳細な計算過程は他書に譲るが，この問題は最終的には平方和積和行列の固有値問題に帰着し，その時，固有値 λ と相関比（正準相関係数の平方）η^2 の間には以下の関係がある．

$$\eta^2 = \lambda/(1+\lambda) \tag{10.4}$$

グループ数が m 個の場合, (10.1) 式で定義される判別関数は全部で $(m-1)$ 個得られ, それに伴い, $(m-1)$ 組の判別係数が得られる. グループをよく識別できる判別係数 $a_1, a_2, \cdots, a_p$ が求まったら, それを用いて構成される判別関数に現在の標本の値を代入して, それぞれのグループの重心を求める.

判別関数が求まった後にグループが未知の新しい標本が採取されたら, その標本と各グループの重心との距離を求め, その距離の最も小さいグループに属する標本であると判別する. 最後に全体として, どの程度判別ができるかを評価することになる.

10.2 解析例 1（3 グループの場合）

1）データ

ここでは Fisher (1036) のあやめデータを例に判別分析の解析例を示す. このデータは, 3 品種のあやめ, アイリス・セトーサ (Iris Setosa), アイリス・ヴァーシカラー (Iris Versicolor), アイリス・ヴァージニカ (Iris Verginica) のそれぞれ 50 本について, がくの長さ (Sepal Length), がくの幅 (Sepal Width), 花弁の長さ (Petal Length), 花弁の幅 (Petal Width) の 4 変数が観測されているものである. これら 4 変数を用いて 3 品種 (3 グループ) がどのように識別できるかをみてみる.

2）データ入力の形式

SPSS のデータエディタを用いて, 各変数のデータを入力する. その画面の一部を図 10.2.1 に示す. なお,「品種名」のカラムには, あやめの品種名が入力されているが, これ以外に「品種番号」カラムに, 品種ごとの番号を入力しておく. これは, SPSS の判別分析プログラム実行時に品種をグループ番号で指定するためのもので, ここではそれぞれの品種に, 1, 2, 3 の番号を付した. なお, 入力したデータは "FisherIris.sav" という名前で保存したとして話を進める.

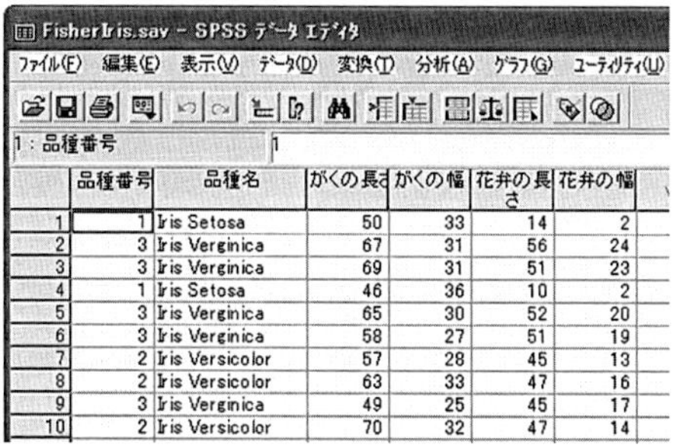

図 10.2.1　データ入力画面の一部

3) 分析の手順

　図 10.2.2 に示したように，SPSS のデータエディタ画面から［分析］→［分類］
→［判別分析］と順に指定して判別分析をスタートさせると，図 10.2.3 に示した
ような「判別分析」ウインドウが現われ，この中で判別分析に用いる変数やオプ
ションを指定することができるようになる．

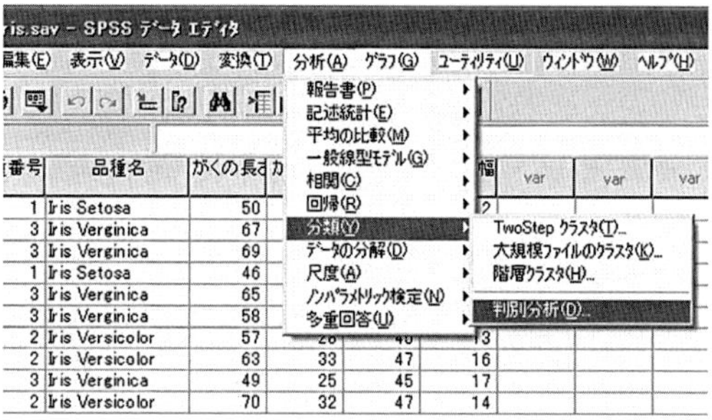

図 10.2.2　判別分析の起動手順

　「判別分析」ウインドウの左側の枠内には，現在解析対象となっているデータ
ファイルに含まれている変数の内，判別分析に利用可能な変数の一覧が表示され
る．この変数一覧の中からグループ番号を示している変数である「品種番号」を
選択後，「グループ化変数」枠の左側にある右三角ボタンを押すと，「グループ化変
数」の欄に「品種番号」が移動し，これがグループ化変数として指定されたことが
判る．そのとき「品種番号(??)」と表示されるのは，判別分析に用いるグループ番

号が定義されていないからで，これを解消するためにはその欄のすぐ下にある「範囲の定義」ボタンをクリックし，「グループ化変数」中のどのグループを判別分析に用いるかをグループの番号で指定してやればよい．ここでは，3品種ともを解析に用いるので，最小に「1」，最大に「3」を指定する（図10.2.3）．この指定をしてやれば「グループ化変数」の欄は「品種番号（1 3）」と表示され，グループ番号が定義されたことが判る．

なお，グループ化変数を指定しただけで，その範囲を指定しなければ，判別分析を実行することができず，「判別分析」ウインドウ右上の「OK」ボタンが淡い色のまま押せない状態になっている．

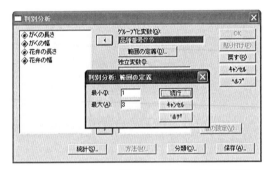

図10.2.3　グループ化変数の指定と，範囲の定義

次に，判別分析に使用する独立変数を指定する．左側の枠内に表示されている変数名の中から独立変数に使用する4つの変数（がくの長さ，がくの幅，花弁の長さ，花弁の幅）を指定後，「独立変数」枠の左側にある右三角ボタンを押すと，これらが「独立変数」欄に移動し独立変数として指定されたことが判る．なお，コントロールキー（Ctrlキー）を押しながら変数名を順にクリックしていくと複数の独立変数を同時に選択することができ，多くの変数を指定する場合に重宝する．

また，今回は4変数全部を用いて判別関数を構築しようと考えているので，「同時に独立変数を投入」の方を選択している．しかし，より多くの独立変数を持つデータを対象に解析を行なおうとする場合に，それらの中から影響力の大きい一部の独立変数だけを用いて判別関数を構築したいと考える時には，変数を選択する手法として「ステップワイズ法を使用」の方を選択すればよい．

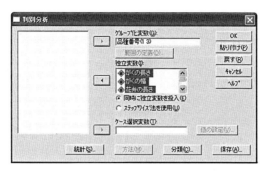

図 10.2.4 独立変数の指定

　次に「判別分析」ウインドウ左下の「統計」ボタンを押していくつかのオプショ
ンを指定する（図 10.2.5）．このウインドウでは，記述統計のオプションとして，
各独立変数の基礎統計量の算出（「平均値」）や，各独立変数におけるグループ間
の平均値が等しいと考えられるかの検定（「1 変量の分散分析」）を選択する．今
回は，多グループの線形判別関数の係数を求める「Fisher の分類関数の係数」と，
正準判別得点を計算する際に用いる判別関数の係数を表示させる「標準化されて
いない」にもチェックを付ける．

　なお，グループごとの独立変数の分散共分散行列が同等と考えられるかの検定
（「Box の M」）や，相関行列や分散共分散行列等の各種の行列を表示したい場合
は該当するオプションにチェックを入れる．

図 10.2.5　判別分析の「統計」の指定

　次に「判別分析」ウインドウ右下の「分類」ボタンを押していくつかのオプショ
ンを指定する（図 10.2.6）．ここでは標本ごとの予測されたグループ番号や，正
準判別関数ごとの判別得点等の表示を指示する「ケースごとの結果」と，実際のグ
ループと予測されたグループの判別結果を集約した分割表の表示を指示する「集

計表」を選択する．加えて，「交差妥当化」にもチェックを付ける．これは，ある
一つの標本を除外して正準判別関数を構築し，求まった関数に当該の標本を判別
させるという作業を，全ての標本に対して行なうことによる妥当性の検証方法で
あり，交差妥当性（Cross–Validation）を検証するものである．また，判別の状況
を視覚的にとらえるために，判別得点を一枚のグラフに表示させるための「結合
されたグループ」も選択する．

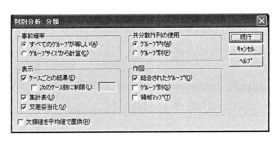

図 10.2.6　判別分析の「分類」の指定

最後に「判別分析」ウインドウ右下の「保存」ボタンを押していくつかのオプ
ションを指定する．ここで指定した計算結果は，現在解析対象となっているデー
タファイルに新しい変数として追加される．今回は，求められた判別関数によっ
て予測されたグループの番号を保存する「予測された所属グループ」と，正準判別
関数ごとの判別得点を保存する「判別得点」の 2 つのオプションにチェックを付
ける（図 10.2.7）．これらの計算結果は，元のデータと共に今回の処理に続く解
析や他のプログラムで利用することができる．

図 10.2.7　判別分析の「保存」の指定

　上記のそれぞれのオプションを指定後,「判別分析」ウインドウ右上の「OK」ボタンを押すことにより, 判別分析の計算が行なわれる.

4) 結果

　まず, 解析に用いた4変数の特性を見てみる. 読み込んだデータの有効／無効数が表示されるので, データが意図通り読み込まれたかを確認した後,「グループ統計量」とタイトルの付いた出力（表10.2.1）をみると各変数のグループごと, および全グループを通しての平均値と標準偏差が示されている. 例えば「花弁の幅」の欄をみると, これら統計量の特性がグループごとに異なっていることが判る. このことは,「グループ平均の差の検定」とタイトルの付いた出力（表10.2.2）の右端の「有意確率」がいずれも 0.0% となっていることからも, グループによって各変数の平均値が同じとは言えないことが判る.

　なお, 分散共分散行列を表示させたいのであれば, 図10.2.5の「統計」の指定の中の「グループ別分散共分散行列」と「全分散共分散行列」にチェックを入れれば表示されるようになる.

表 10.2.1　グループごとの各変量の平均値と標準偏差

グループ統計量

品種番号		平均値	標準偏差	有効数（リストごと）	
				重み付きなし	重み付け
1	がくの長さ	50.10	3.536	50	50.000
	がくの幅	34.28	3.791	50	50.000
	花弁の長さ	14.62	1.737	50	50.000
	花弁の幅	2.46	1.054	50	50.000
2	がくの長さ	59.36	5.162	50	50.000
	がくの幅	27.64	3.141	50	50.000
	花弁の長さ	43.22	5.362	50	50.000
	花弁の幅	13.26	1.978	50	50.000
3	がくの長さ	65.88	6.359	50	50.000
	がくの幅	29.74	3.225	50	50.000
	花弁の長さ	55.52	5.519	50	50.000
	花弁の幅	20.06	2.903	50	50.000
合計	がくの長さ	58.45	8.269	150	150.000
	がくの幅	30.55	4.373	150	150.000
	花弁の長さ	37.79	17.776	150	150.000
	花弁の幅	11.93	7.569	150	150.000

表 10.2.2　グループごとの各変量の平均値の差の検定

グループ平均の差の検定

	Wilks のラムダ	F 値	自由度 1	自由度 2	有意確率
がくの長さ	.383	118.522	2	147	.000
がくの幅	.596	49.882	2	147	.000
花弁の長さ	.065	1061.559	2	147	.000
花弁の幅	.077	878.766	2	147	.000

　さて，このような特性を持った変数に対して正準判別分析を行なった．まず，3つのグループの識別の度合いを示す尺度である固有値をみてみると（表 10.2.3），第 1 固有値の寄与率が 99.0％と圧倒的な割合を示しており，ほぼ第 1 正準判別関数を用いるだけで判別ができることが判る．また，これから導出される正準相関係数でみてみると，総平方和の中でグループ間平方和の占める割合は，第 1 正準判別関数で 98.3％とこれも極めて高く，第 2 正準判別関数の 50％弱とは大きく差がある．つまり，これらから今回の 3 つの品種はほとんど第 1 正準判別関数の大小で分離できることを示していると言える．（なお，(10.4) 式を用いると固有値 28.757 から正準相関係数は $\sqrt{28.757/(1+28.757)} = 0.983$ として求められる ）

　では，次に 2 つの正準判別関数の係数（表 10.2.4）の大小や正負の関係から各変数がどのように影響しているかをみてみよう．これらの係数は実は上記の固有値に対応する固有ベクトルなのであるが，第 1 正準判別関数では，2 つの「花弁」が共に正に，2 つの「がく」が共に負に効いており，花弁が大きく，がくが小さいほど関数値，つまり判別得点が大きくなることが判る．一方，説明力が小さいためあまり解釈する必要はないが，敢えて第 2 正準判別関数についてもみてみると，2 つの「幅」が共に正に，「花弁の長さ」が負に影響し，そして「がくの長さ」はほとんど影響しない関数となっており，幅広のあやめほど大きな判別得点となることが判る．

表 10.2.3　各正準判別関数の影響力

固有値

関数	固有値	分散の %	累積%	正準相関
1	28.757[a]	99.0	99.0	.983
2	.287[a]	1.0	100.0	.472

a. 最初の 2 個の正準判別関数が分析に使用されました．

表 10.2.4　正準判別関数の係数

標準化された正準判別関数係数

	関数	
	1	2
がくの長さ	−.359	.093
がくの幅	−.518	.695
花弁の長さ	.887	−.431
花弁の幅	.608	.581

　上記の正準判別関数から得られた各標本の判別得点は，それぞれの関数での大
小関係を用いて判別を行なうので，原点をどこに取っても表わす意味に変わりは
ない．そこで，ここではグラフに表現したときに各標本が原点の回りにプロット
されるように平均が 0 になるように変換して用いることにする．そうして得られ
た正準判別関数の係数が表 10.2.5 である．また，この係数を用いて計算した各
標本の判別得点は計算結果中の「ケースごとの統計」とタイトルの付いた表の右
端の「判別得点」のところにそれぞれの関数ごとに表示されている（表 10.2.6）．
これら各標本の判別得点をプロットしたものが図 10.2.8 であるが，このように
グラフにすると各グループの位置関係を視覚的にとらえることができて好都合で
ある．これをみると，第 1 グループ（アイリス・セトーサ）は左に離れているが，第
2 グループ（アイリス・ヴァーシカラー）と第 3 グループ（アイリス・ヴァージニカ）
は左右にほぼ分離されているものの比較的近い位置関係にあることが判る．グラ
フ中の各グループの重心位置は表 10.2.7 に示されている．

　なお，図 10.2.7 の「保存」で「判別得点」にチェックを付けたので，計算対象ファ
イルの右側に新しい変数として「Dis1_1（分析 1 に対する関数 1 からの判別得
点）」と「Dis2_1（分析 1 に対する関数 2 からの判別得点）」という変数名でそれ
ぞれの判別得点が追加される．このファイルを保存しておけば，今後の解析や他
のソフトで判別得点を利用する際に有用である．

表 10.2.5　平均を 0 と変換したときの正準判別関数の係数

正準判別関数係数

	関数	
	1	2
がくの長さ	−.359	.093
がくの幅	−.518	.695
花弁の長さ	.887	−.431
花弁の幅	.608	.581
(定数)	−2.049	−.7005

標準化されていない係数

表 10.2.6　ケースごとの統計(部分)

ケースごとの統計

ケース番号		実際のグループ	予測グループ	最大グループ					2番目のグループ			判別得点	
				P(D>d | G=g)		P(G=g|D=d)	重心への Maharanobis の距離の2乗		グループ	P(G=g|D=d)	重心への Maharanobis の距離の2乗	関数1	関数2
				p	自由度								
元のデータ	1	1	1	.945	2	1.000	.112		2	.000	83.011	-7.269	-.125
	2	3	3	.267	2	1.000	2.639		2	.000	27.092	6.352	1.835
	3	3	3	.273	2	.999	2.596		2	.001	17.622	4.951	2.070
	4	1	1	.506	2	1.000	1.363		2	.000	103.291	-8.227	.795
	5	3	3	.745	2	.994	.589		2	.006	10.943	4.715	.876
	6	3	3	.832	2	.997	.368		2	.003	11.738	5.179	-.045
	7	2	2	.910	2	.998	.189		3	.002	12.321	2.204	-.937
	8	2	2	.269	2	.974	2.628		3	.026	9.843	2.274	.829
	9	3	3	.315	2	.891	2.309		2	.109	6.504	4.369	-.598
	10	2	2	.584	2	1.000	1.075		3	.000	16.367	1.363	.202
	11	1	1	.462	2	1.000	1.546		2	.000	68.179	-6.435	-.760
	12	3	3	.659	2	.990	.833		2	.010	9.937	4.941	-.269
	13	1	1	.768	2	1.000	.527		2	.000	96.233	-7.944	.196
	14	1	1	.815	2	1.000	.408		2	.000	76.094	-6.893	-.343
	15	2	2	.750	2	1.000	.576		3	.000	20.523	1.178	-1.129

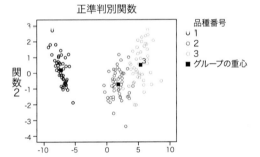

図 10.2.8　グループごとの位置関係

表 10.2.7　グループごとの重心位置

グループ重心の関数

品種番号	関数	
	1	2
1	−7.218	.206
2	1.822	−.728
3	5.396	.522

グループ平均で評価された標準化されていない正準判別関数

　さて，得られた正準判別関数を用いて各標本の属するグループを判定した場合，今回の150例はどのような判別になったのであろうか．その分類結果が表10.2.8である．これをみると，元々第1グループに属していた50例は予測でも全て第1グループに正しく判別されている．しかし，第2グループの内の2例が第3グループであると予測され，また，第3グループの2例は逆に第2グループと予測されたことが判り，誤判別率は2.7％（＝4/150）となっている．

　また，その下の「交差確認済み」とは，注目している1例を除外して残りの標本で判別関数を構築し，求められた関数に対して注目している1例を適用した場合の判別結果を求め，それを全ての標本について実行した結果である．つまり，注目している1例について，まず測定されていなかったものと考えて，1例少ないデータで判別関数を構築し，その後，この1例をグループが不明の新たに測定された標本と考えて，得られた判別関数に判定させた結果と言える．これをみると，前述の判別結果と同様となっており，この例では違いはみられない．

　まとめると，今回のデータから得られた判別関数は各グループをよく識別しており，誤判別率も低いため，新たな標本を入手した場合もほぼ正確に判別することができるであろうと予想される．

表10.2.8　正準判別分析の判別結果

分類結果[b,c]

| | 品種番号 | 予測グループ番号 | | | 合計 |
		1	2	3	
元のデータ　度数	1	50	0	0	50
	2	0	48	2	50
	3	0	2	48	50
％	1	100.0	.0	.0	100.0
	2	.0	96.0	4.0	100.0
	3	.0	4.0	96.0	100.0
交差確認済み[a]　度数	1	50	0	0	50
	2	0	48	2	50
	3	0	2	48	50
％	1	100.0	.0	.0	100.0
	2	.0	96.0	4.0	100.0
	3	.0	4.0	96.0	100.0

a. 交差確認は分析中のケースのみに実行されます．交差確認では，各ケースはそのケース以外のすべてのケースから得られた関数により分類されます．

b. 元のグループ化されたケースのうち97.3％個が正しく分類されました．

c. 交差確認済みのグループ化されたケースのうち97.3％個が正しく分類されました．

10.3 | 解析例 2（2 グループの場合）

グループ同士がどの程度接近しているのか，もしくは，離れているのかを知るために，3 グループ（以上）の場合は，前節で示したように散布図を描いてチェックした．これと同様に，2 グループのデータを対象とした場合には，得られた判別得点をグループごとのヒストグラムとして表わすことにより，グループ間の位置関係を知ることができる．話が前後するように感じられるかもしれないが，以下ではその描画方法を中心に 2 グループの例を取り上げて説明する．

1) データとその入力形式

前節で用いたあやめデータの内，第 2 グループのアイリス・ヴァーシカラー（Iris Versicolor），と第 3 グループのアイリス・ヴァージニカ（Iris Verginica）を用いて判別分析を行ってみよう．変数は前節と同じ 4 変数を用いる．

前節で利用したデータから，第 2 グループと第 3 グループを抜き出した 2 グループのデータが "FisherIris 2 G.sav" という名前で保存されているとして説明を進める．

2) 分析の手順

判別分析内の変数の指定や，統計量等のオプションの選択は前節と同様である．判別分析を行なった結果として，判別得点がデータファイルの右列に「分析 1 に対する関数 1 からの判別得点［Dis 1_1］」という変数名で追加されたところから説明をはじめる．

図 10.3.1 に示したように，SPSS のデータエディタ画面から［グラフ］→［ヒストグラム］と順に指定すると，図 10.3.2 に示したような「ヒストグラム」ウインドウが現われ，この中でヒストグラムを描画するための変数やオプションを指定することができるようになる．

図 10.3.1 ヒストグラムの起動手順

　「ヒストグラム」ウインドウの左側の枠内には，現在解析対象となっているデータファイルに含まれている変数の内，利用可能な変数の一覧が表示される．この変数一覧の中からヒストグラムを描画するための変数である「分析１に対する関数１からの判別得点［Dis1_1］」を選択後，「変数」枠の左側にある右三角ボタンを押すと，「変数」の欄に「分析１に対する関数１からの判別得点［Dis1_1］」が移動し，これが変数として指定されたことが判る．また，ヒストグラムをグループごとに描かせるために，グループの識別を示す変数である「品種番号」を選択後，「パネル」枠内の「行」の左側にある右三角ボタンを押してパネル変数を指定する．ここで「行」を指定した理由は，グループごとのヒストグラムを縦に並べて，判別得点の分布の位置関係を把握し易くしたいからである．

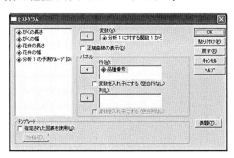

図 10.3.2 ヒストグラムの描画

上記のそれぞれのオプションを指定後,「ヒストグラム」ウインドウ右上の「OK」ボタンを押すことにより,ヒストグラムが描画される.

3) 結果

グループごとの各変数の平均や標準偏差,分散共分散行列等は前の例と同じであるので,ここでは説明を省略する.この2グループのデータに対して判別分析を行なった結果,総平方和の中でグループ間平方和が占める割合(正準相関係数)は,86.2%と十分大きな値となっている(表10.3.1).また,判別関数の係数(表10.3.2)をみると,2つの「花弁」が共に正で,2つの「がく」が共に負となっていて,花弁が大きく,がくが小さいあやめほど判別得点が大きくなることが判る.また,平均が0になるように変換したときの正準判別関数の係数,およびその時の各グループの重心位置は,それぞれ表10.3.3,10.3.4である.また,「保存」のオプション(図10.2.7)で判別得点の保存を指定したので,この判別関数で計算された判別得点が元のデータの右側に追加されている(図10.3.3).

表10.3.1　正準判別関数の影響力

固有値

関数	固有値	分散の%	累積%	正準相関
1	2.8827[a]	100.0	100.0	.862

a. 最初の1個の正準判別関数が分析に使用されました.

表10.3.2　正準判別関数の係数

標準化された正準判別関数係数

	関数
	1
がくの長さ	−.404
がくの幅	−.416
花弁の長さ	.803
花弁の幅	.831

表10.3.3　平均を0としたときの正準判別関数の係数

正準判別関数係数

	関数
	1
がくの長さ	-.070
がくの幅	-.131
花弁の長さ	.148
花弁の幅	.334
(定数)	-4.746

標準化されていない係数

表10.3.4　グループごとの重心位置

グループ重心の関数

品種番号	関数
	1
2	-1.680
3	1.680

グループ平均で評価された標準化されていない正準判別関数

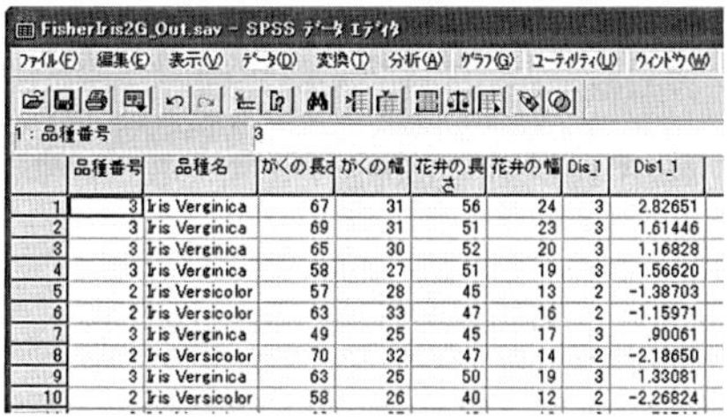
FisherIris2G_Out.sav - SPSS データエディタ

ファイル(F)　編集(E)　表示(V)　データ(D)　変換(T)　分析(A)　グラフ(G)　ユーティリティ(U)　ウィンドウ(W)

1：品種番号　3

	品種番号	品種名	がくの長さ	がくの幅	花弁の長さ	花弁の幅	Dis_1	Dis1_1
1	3	Iris Verginica	67	31	56	24	3	2.82651
2	3	Iris Verginica	69	31	51	23	3	1.61446
3	3	Iris Verginica	65	30	52	20	3	1.16828
4	3	Iris Verginica	58	27	51	19	3	1.56620
5	2	Iris Versicolor	57	28	45	13	2	-1.38703
6	2	Iris Versicolor	63	33	47	16	2	-1.15971
7	3	Iris Verginica	49	25	45	17	3	.90061
8	2	Iris Versicolor	70	32	47	14	2	-2.18650
9	3	Iris Verginica	63	25	50	19	3	1.33081
10	2	Iris Versicolor	58	26	40	12	2	-2.26824

図10.3.3　判別得点

この判別得点をグループごとのヒストグラムで表示すると，図10.3.4のようになる．下側のヒストグラムが第2グループ（アイリス・ヴァーシカラー）の判別得点分布を示し，上側のヒストグラムが第3グループ（アイリス・ヴァージニカ）の判別得点分布を示している．これらをみると，主に第2グループは負領域に，第3グループは正領域に位置している．例えば第2グループについてみてみると，グループの帰属を判断する境界である「原点(0.0)」を越えて右側に2例が付置していることが判り，これらは誤って判別されたことになる．同様に第3グ

ループでも 2 例が「原点」を越えて左側に付置し誤判別されているものの，ほとんどの標本は正しく判別されており，誤判別率は 4.0 %（＝4/100）となっている．また，今回の 100 例の分類結果が表 10.3.5 であり，誤判別された標本が 2 例ずつあることが判るが，これらが上記のヒストグラム上で原点を越えて反対側に付置している標本である．

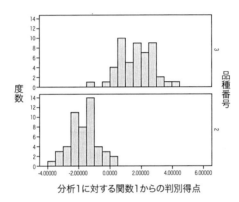

図 10.3.4　グループごとの判別得点のヒストグラム

表 10.3.5　判別結果

分類結果b,c

		品種番号	予測グループ番号		合計
			2	3	
元のデータ	度数	2	48	2	50
		3	2	48	50
	%	2	96.0	4.0	100.0
		3	4.0	96.0	100.0
交差確認済み a	度数	2	48	2	50
		3	2	48	50
	%	2	96.0	4.0	100.0
		3	4.0	96.0	100.0

a. 交差確認は分析中のケースのみに実行されます．交差確認では，各ケースはそのケース以外のすべてのケースから得られた関数により分類されます．
b. 元のグループ化されたケースのうち 96.0 %個が正しく分類されました．
c. 交差確認済みのグループ化されたケースのうち 96.0 %個が正しく分類されました．

10.4 判別分析に関するその他の問題 (Q&A)

1) 線形判別分析 (Linear Discriminant Analysis)

正準判別分析では相関比を最大にするという基準を用いて判別関数を求めたが, 別の基準として, 各グループの重心との距離を計算し, その距離が最少になるようなグループに判別するという考えもある. ここで言う距離とは単なるユークリッド距離ではなく分布の散らばり程度も考慮に入れたマハラノビスの汎距離 (Mahalanobis's generalized distance) を指す.

この考えに基づいて式を展開すると, 最終的にグループごとの「Fisher の線形判別関数」と呼ばれる関数が導かれる. この関数は定数項から引く値を示しているため (負の距離と考えれば理解しやすい) 符合が逆転し, 各標本値を代入して最大値を与えるグループに判別することになる. m 個のグループが存在する場合には m 個の判別関数が得られる.

なお, SPSS では図 10.2.5 の「統計」のところで, 「Fisher の分類関数の係数」にチェックを付けると, この関数の係数が表示されるようになる (表 10.4.1). ただし, この係数を用いた判別得点を計算・保存する指定が判別分析内にはないので, メインメニューの [変換] 内の [計算] 等を用いて得られた係数を元に各自で計算する必要がある.

表 10.4.1 Fisher の線形判別関数の係数

分類関数係数

	品種番号		
	1	2	3
がくの長さ	2.299	1.651	1.425
がくの幅	2.255	.686	.396
花弁の長さ	−1.480	.369	.947
花弁の幅	−1.616	.726	2.096
(定数)	−84.541	−72.375	−101.227

Fisher の線型判別関数

2) 2 グループの判別分析におけるヒストグラムの描き方

10.3 節で説明したヒストグラム (図 10.3.4) を一枚の図に納める方法を紹介する. SPSS では, 「棒グラフのクラスタ表示」を用いると 2 グループ (以上) のデー

タを一枚の図に描ける．ただし，そのためには，描画前に階級幅等を指定して数値変数を「カテゴリ化」しておく必要がある．具体的には以下の手順で描画することができる．

まず，カテゴリ化の方法であるが，SPSSのデータエディタ画面から [変換] → [連続変数のカテゴリ化] を指定して，「連続変数のカテゴリ化」ウインドウを表示する．ウインドウの左側の枠内には，現在解析対象となっているデータファイルに含まれている変数の内，カテゴリ化の指定が可能な変数の一覧が表示される．左側の枠内にある「分析1に対する関数1からの判別得点[Dis1_1]」を選択し，右三角ボタンを押すと，「バンドする変数」の欄に指定した変数が移動し，これがカテゴリ化対象として指定されたことが判る．ウインドウ右上の「続行」ボタンを押すと，「連続変数のカテゴリ化」ウインドウが新たに表示され，カテゴリ化するためのパラメータを指定できるようになる（図10.4.1）．左側の「スキャンされた変数のリスト」枠内にある「分析1に対する関数1からの判別得点[Dis1_1]」を選択すると，大まかなヒストグラムと最小値，最大値が表示されるので，どの程度の区切りにするか考える．今回は-4.0から0.5刻みで区切ることとしよう．カテゴリ化された変数を保存する変数名を「バンドされた変数」欄に入力する．ここでは「CateDis」と入力したことにするが，変数名は好みに応じて付ければばよい．ウインドウ右下にある「分割点の作成」ボタンをクリックすると，分割点に関するオプションが指定できるようになるが，ここでは，「等幅の区間」の「区間」のところの「最初の分割点の位置」に「-4.0」を，また，「幅」に「0.5」を入力し，「適用」をクリックする．すると，「グリッド」の「値」欄に区切りとなる数値が自動的に設定されるが，このままで描画しても区間の説明用ラベルにはカテゴリ番号しか付かないので，理解し辛い．そこで，より解り易い値ラベルを付けるために右下の「ラベルの作成」ボタンをクリックすると，ラベルの欄に区間幅が設定される．もし，小数点以下の桁数が多くて見辛いと感じるなら一つずつ修正する（図10.4.1）．最後にウインドウ下中央の「OK」ボタンをクリックすると，「バンド指定により，変数が1つ作成されます．」とのアラートウインドウが表示されるので，これにも「OK」ボタンをクリックする．すると，データの右端に新しい変数「CateDis」が追加され，カテゴリ番号が付加される（図10.4.2）．

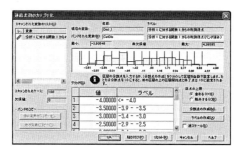

図 10.4.1 連続変数のカテゴリ化の指定画面

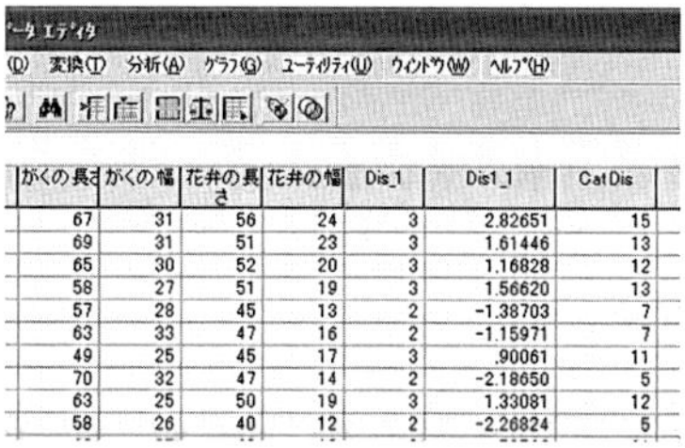

図 10.4.2 右端に追加されたカテゴリの番号

　この一連の作業で判別得点のカテゴリ化ができたので, グラフを描いてみよう. SPSSのデータエディタ画面から [グラフ] → [棒] を選択すると,「棒グラフ」ウインドウが表示され, 棒グラフの形状を指定することができるようになる. ここでは「クラスタ」と「グループごとの集計」を選択後,「定義」ボタンをクリックする. すると,「クラスタ棒グラフの定義:グループごとの集計」ウインドウが表示されて, 各種のオプションを指定できるようになる (図 10.4.3). まず, ヒストグラムを表示するための変数としてカテゴリ化された判別得点「分析 1 に対する関数 1 からの判別得点(バンド済み)[CateDis]」を「カテゴリ軸」に指定する. 次にグループを示す変数として「品種番号」を「クラスタの定義」に指定する. 最後にウインドウ右上の「OK」ボタンをクリックすると, 図 10.4.4 に示したように 1 枚の図に 2 グループのヒストグラムが描かれる.

図 10.4.3　クラスタ棒グラフの指定画面

　この図を見ると，原点 (0.0) を境に左側に第 2 グループが，右側に第 3 グループ
が分布しており，原点付近で 4 例が入り交じっていることがよく判る．

　なお，SPSS では，メインメニューの [グラフ] → [ヒストグラム] でヒストグラム
が描けるが，ここで示したような 1 枚の図に複数のグループ（SPSS ではパネルと
呼ばれている）を描画したい場合には，この操作では実現できない．ヒストグラ
ムという名称にとらわれないように気をつける必要がある．

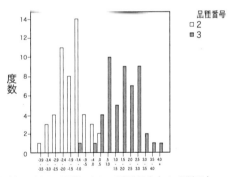

分析1に対する関数1からの判別得点（バンド済み）

図 10.4.4　1 つの図にまとめられたグループごとの判別得点のヒストグラム

参考文献

Fisher R. A.（1936）The use of multiple measurements in taxonomic problems. *Annals of Eugenics*, **7**, 179–188.

伊藤 孝一（1969）多変量解析の理論．培風館．

田栗 正章（2005）統計学とその応用．放送大学教育振興会．

田中 豊・垂水 共之・脇本 和昌（1984）パソコン統計解析ハンドブック II 多変量解析編．共立出版．

柳井 晴夫（1967）適性診断における診断方式の検討 (I) 多重判別関数と因子分析による大学の 9 つの系への適性診断，教育心理学研究，15 巻 3 号，17–32．

柳井 晴夫（1973）適性診断における診断方式の検討 (II) 大学の 84 の専門分野に対する適性診断，教育心理学研究，21 巻 3 号，148–159．

ロジスティック回帰分析

目的変数あるいは反応変数のとりうる値が2つの場合には，そのうち一方の値をとる確率に関してロジット（logit）とよばれる変換を行い，これが説明変数の線形結合の形で表されると仮定したモデルがしばしば用いられる．このモデルは自然科学だけでなく，広く行動科学，人文科学，社会科学などで応用可能である．本章では SPSS Regression Models を用いたロジスティック回帰モデル（logistic regression model）を用いた解析について述べる．

11.1 ┃ 2項ロジスティック回帰

[1] 方法の概要

観察対象となる事象には量的な値ではなく質的特性のみが観測データとして得られる場合がある．対象集団中の個体がある質的特性を備えているかどうか，またはあるカテゴリーに属しているかどうかだけを観測できる場合に得られるデータを一般に質的データという．このような質的データを取り扱う統計的方法として回帰分析を応用した方法と分割表に基づく方法がある．本章では回帰分析を応用した方法を取り扱う．

一般に回帰分析では，1つの反応変数（従属変数）と1つ以上の説明変数（独立変数）との関係を数学的にモデル化する．このとき，反応変数 Y の取りうる値が2つあり，観測値がそのうちいずれか1つであるような場合を2値変数（binary variable）という．例えば生物個体の生死，機械の故障の有無などはいずれも質的データであり，実際の状態に応じて変数の取りうる値として0または1を割り当

てることができる．このとき標本全体のうち $Y=1$ である個体の割合を p とし，p と説明変数 X に関して，α, β をパラメータとして

$$\ln[p/(1-p)] = \alpha + \beta X \tag{11.1}$$

という形で表されるモデルをロジスティック回帰モデルという．ただし，$\ln$ は e を底とする対数（自然対数）を示す．説明変数の数が２個以上の場合にも拡張でき，k 個の説明変数に関して以下のように表される．

$$\ln[p/(1-p)] = \alpha + \beta_1 X_1 + \beta_2 X_2 + \cdots + \beta_k X_k \tag{11.2}$$

ただし，β_1, β_2, $\cdots$, β_k はパラメータであり，最尤法（本章付録参照）によって推定される．左辺の $\ln[p/(1-p)]$ は p のロジットとよばれる．上記のように反応変数が２値変数の場合はとくに２項ロジスティック回帰モデル（binary logistic regression model）とよばれる．なお，(11.2)式で表わされるモデルは一般に多重ロジスティック・モデル（multiple logistic model）とよばれる．

ロジスティック回帰分析により，反応変数に対してどの説明変数が大きな影響を与えているかを推定することができる．また，説明変数に基づく反応変数の予測や各説明変数間のオッズ比の推定にも有効な方法である．

[2] 解析例

例 11.1.1

1) データ

表 11.1.1 のデータは，ある新薬の服用の有無と患者の発病後１年間における生存または死亡を観察したものである（柳井・高木(1985)より抜粋）．このデータについて，ロジスティック回帰分析を用いて新薬服用の有無と１年以内における生存・死亡の関係を調べ，この薬に延命効果があるかどうかを知りたいとする．

表 11.1.1　データ

		1年以内の生死		計
		生存	死亡	
新薬服用	なし	7	13	20
	あり	13	6	19
計		20	19	39

2) データ入力の形式

データの入力形式の一部を図 11.1.1 に示す．各変数について新薬服用なし

= 0, 新薬服用あり = 1, 生存 = 0, 死亡 = 1
の数値をわりあてている.

	新薬服用	生死	
1	.00	1.00	
2	1.00	.00	
3	.00	1.00	
4	.00	1.00	
5	1.00	.00	
6	.00	.00	
7	.00	1.00	
8	.00	1.00	
9	1.00	.00	
10	.00	1.00	
11	.00	.00	
12	1.00	1.00	
13	.00	1.00	
14	1.00	.00	
15	.00	.00	
16	1.00	.00	

図 11.1.1 入力データの一部

3) 分析の手順

[分析] → [回帰] → [二項ロジスティック] を選択する. 従属変数として「生死」, 共変量として「新薬服用」を選択する. 共変量は1つしかないので方法は「強制投入法」を選ぶ. また,「新薬服用」はカテゴリー変数であるが, 0 または 1 の値をとるので, とくにカテゴリー変数として指定する必要はない (図 11.1.2 参照). オプションで Exp(B) の信頼区間を選ぶとオッズ比の信頼区間が計算される (本章付録参照).

図 11.1.2 変数の指定

4) 結果

表 11.1.2 に結果を示す. 新薬服用の係数は -1.392 であり, 死亡を減少させる方向に働いていることがわかる. また有意確率 $p = 0.041$ であり, 5%の有意水準

でこの係数は有意に 0 ではないことを示している．また，$\text{Exp}(B) = 0.249$ であり，この値が新薬服用群における死亡率と非服用群における死亡率のオッズ比を示しており，95 ％信頼区間は 0.065 から 0.944 であり，有意に 1 より小さいことが示されている．したがって，新薬服用によって，少なくとも 1 年間の延命については効果があったことが示唆された．

表 11.1.2　2 項ロジスティック回帰分析の結果

方程式中の変換

	B	標準誤差	Wald	自由度	有意確率	Exp(B)	Exp(B) の 95％ 信頼区間	
							下限	上限
ステップ 1(a)　新薬服用	-1.392	.681	4.183	1	.041	.249	.065	.944
定数	.619	.469	1.744	1	.187	1.857		

a. ステップ 1：投入された変数　新薬服用

例 11.1.2

1）データ

例 11.1.1 のデータに関して，新薬服用の有無だけでなく同時に性別（男 1，女 2），年齢（歳），血中ヘモグロビン量（Hb）（g/dl），血中白血球数（WBC）（×1000 /μl）を調べた（柳井・高木（1985）より抜粋）．結果は表 11.1.3 のとおりであった．このデータに関して多重ロジスティック回帰分析を行い，新薬服用も含めて上記各要因と 1 年間の生死との関係を調べたい．

表 11.1.3　新薬服用の効果に関するデータ

性別 (男1，女2)	年齢 (歳)	Hb (ヘモグロ ビン量 g/dl)	WBC (白血球数 ×1000/μl)	新薬服用 (無 0，有 1)	1年以内における 生存・死亡 (生存 0，死亡 1)
1	42	14.3	7.7	0	1
1	45	15.3	8.6	1	0
1	46	16.7	7.0	0	1
1	48	11.3	7.0	0	1
1	52	11.7	14.2	1	0
1	52	12.2	12.5	0	0
1	53	13.2	8.9	0	1
1	54	13.6	7.6	0	1
1	57	13.1	5.2	1	1
1	60	13.9	8.0	0	1
1	61	13.7	5.9	1	0
1	63	8.5	7.0	1	1
1	63	9.8	6.1	0	1
1	64	12.0	10.9	1	1
1	72	11.8	5.4	0	0
1	72	11.9	5.8	1	0
1	73	15.6	6.1	0	1
1	73	7.7	9.1	1	0
2	34	13.6	3.5	1	0
2	39	12.7	5.9	0	1
2	41	11.0	7.5	1	1
2	45	9.9	6.0	1	1
2	52	12.1	4.2	0	0
2	54	10.5	7.0	1	1
2	54	11.4	6.3	0	1
2	55	14.0	9.7	1	0
2	57	10.8	5.4	0	1
2	59	12.4	7.0	0	1
2	61	10.0	6.2	0	1
2	61	13.1	6.8	0	0
2	62	9.8	7.5	0	1
2	63	9.3	5.8	1	1
2	66	6.8	7.2	1	1
2	66	13.0	6.1	1	1
2	69	11.6	7.5	0	1
2	69	12.8	7.8	1	0
2	71	14.5	6.8	1	0
2	72	12.6	4.4	0	1

2) データ入力の形式

図11.1.3のように入力する.

	性別	年齢	Hb	WBC	新薬服用	生死	
1	1.00	42.00	14.30	7.70	.00	1.00	
2	1.00	45.00	15.30	8.60	1.00	.00	
3	1.00	46.00	16.70	7.00	.00	1.00	
4	1.00	48.00	11.30	7.00	.00	1.00	
5	1.00	52.00	11.70	14.20	1.00	.00	
6	1.00	52.00	12.20	12.50	.00	.00	
7	1.00	53.00	13.20	8.90	.00	.00	
8	1.00	54.00	13.60	7.60	.00	1.00	
9	1.00	57.00	13.10	5.20	1.00	.00	
10	1.00	60.00	13.90	8.00	.00	1.00	
11	1.00	61.00	13.70	5.90	1.00	.00	
12	1.00	63.00	8.50	7.00	1.00	1.00	
13	1.00	63.00	9.80	6.10	.00	.00	
14	1.00	64.00	12.00	10.90	1.00	.00	
15	1.00	72.00	11.80	5.40	.00	.00	
16	1.00	72.00	11.90	5.00	1.00	.00	
17	1.00	73.00	15.60	6.10	.00	.00	
18	1.00	73.00	14.10	6.80	1.00	.00	
19	1.00	73.00	7.70	9.10	1.00	.00	

図11.1.3　入力データの一部

3) 分析の手順

　[分析]→[回帰]→[二項ロジスティック]を選択する. 従属変数として「生死」,
共変量として「性別」,「年齢」,「Hb」,「WBC」,「新薬服用」を選択する. 性別は1
(男)または2(女)の値をとるのでカテゴリー共変量として定義する. ただし, カ
テゴリー変数として定義した場合, 参照カテゴリーとして最初(男＝1)または最
後(女＝2)のどちらかを指定する. すべての変数をモデルに含む場合は強制投
入法を選び解析する. 変数を選択する場合にはその方法を選択する.

4) 結果

　まず, すべての共変量をモデルに含めた場合のパラメータ推定値, 有意確率,
$\mathrm{Exp}(B)$ などを表11.1.4に示した. 性別については男性にかかる係数を示して
いる. 年齢, ヘモグロビン, 白血球数はいずれも連続量として取り扱っており, 係
数が負になっているので死亡を抑制する方向に働いている. 新薬服用(＝1)にか
かる係数も負になっているので新薬服用が死亡を抑制する方向に働いている. こ
れらの共変量のうち, 5％有意水準で有意差が見られたのは新薬服用のみであり,
新薬服用に延命効果があったことが示唆された.

　さらに, 表11.1.5には変数減少法によるパラメータの推定値を示した. ステッ

プ 1 からステップ 5 までステップごとに有意確率の小さい変数を 1 つずつ減じ
ていった結果，最後に新薬服用のみが変数として残った．パラメータおよびオッ
ズ比の推定値や信頼区間は例 11.1.1 で得た結果と同じである．また各ステップ
のモデルを用いて死亡数を予測した結果を表 11.1.6 に示した．死亡数が正しく
予測された割合 (正分類パーセント) はステップ 1 からステップ 5 まで若干低下
しているがほぼ 7 割前後である．

表 11.1.4　2 項ロジスティック回帰分析の結果 (1)

方程式中の変数

		B	標準誤差	Wald	自由度	有意確率	Exp(B)	Exp(B) の 95% 信頼区間	
								下限	上限
ステップ 1(a)	性別 (1)	.787	.899	.767	1	.381	2.197	.377	12.791
	年齢	-.064	.039	2.716	1	.099	.938	.870	1.012
	Hb	-.363	.207	3.093	1	.079	.695	.464	1.042
	WBC	-.251	.210	1.437	1	.231	.778	.515	1.173
	新薬服用	-1.672	.798	4.390	1	.036	.188	.039	.898
	定数	10.217	4.449	5.274	1	.022	27371.094		

a　ステップ 1：投入された変数　性別, 年齢, Hb, WBC, 新薬服用

表 11.1.5　2 項ロジスティック回帰分析の結果 (2)

方程式の変数

		B	標準偏差	Wald	自由度	有意確率	Exp(B)
ステップ 1(a)	性別	.787	.899	.767	1	.381	2.197
	年齢	-.064	.039	2.716	1	.099	.938
	Hb	-.363	.207	3.093	1	.079	.695
	WBC	-.251	.210	1.437	1	.231	.778
	新薬服用	-1.672	.798	4.390	1	.036	.188
	定数	10.217	4.449	5.274	1	.022	27371.094
ステップ 2(a)	年齢	-.056	.037	2.281	1	.131	.946
	Hb	-.291	.182	2.567	1	.109	.747
	WBC	-.173	.186	.864	1	.353	.841
	新薬服用	-1.614	.774	4.346	1	.037	.199
	定数	8.683	3.880	5.010	1	.025	5904.655
ステップ 3(a)	Hb	-.054	.036	2.204	1	.138	.947
	WBC	-.291	.181	2.587	1	.108	.748
	新薬服用	-1.670	.762	4.810	1	.028	.188
	定数	7.384	3.574	4.269	1	.039	1609.280
ステップ 4(a)	Hb	-.225	.168	1.790	1	.181	.798
	新薬服用	-1.614	.729	4.906	1	.027	.199
	定数	3.444	2.178	2.502	1	.114	31.318
5(a)	新薬服用	-1.392	.681	4.183	1	.041	.249
	定数	.619	.469	1.744	1	.187	1.857

a　ステップ 1：投入された変数　性別, 年齢, Hb, WRC, 新薬服用

表11.1.6　2項ロジスティック回帰分析の結果(3)

分類結果(a)

			予想値		
			生死		正分類パーセント
	観測値		.00	1.00	
ステップ1 生死	.00		14	6	70.0
	1.00		4	15	78.9
	全体のパーセント				74.4
ステップ2 生死	.00		12	8	60.0
	1.00		5	14	73.7
	全体のパーセント				66.7
ステップ3 生死	.00		13	7	65.0
	1.00		5	14	73.7
	全体のパーセント				69.2
ステップ4 生死	.00		12	8	60.0
	1.00		7	12	63.2
	全体のパーセント				61.5
ステップ5 生死	.00		13	7	65.0
	1.00		6	13	68.4
	全体のパーセント				66.7

a　分割値は.500です

例11.1.3

1) データ

　糖尿病に対するある薬剤の効果を調べるために，予備的な実験としてマウスの血中グルコース濃度(mg/dl)と糖尿病発症の有無(非発症:0, 発症:1)を調べた．結果は表11.1.7のとおりであった．このデータに関してロジスティック回帰分析を行い，血中グルコース濃度(mg/dl)と糖尿病発症の有無との間の量的な関係を調べたい．

表 11.1.7　データ

血中グルコース濃度	糖尿病発症	血中グルコース濃度	糖尿病発症	血中グルコース濃度	糖尿病発症
271.8	1	359.5	1	320.3	1
257.9	1	191.2	0	177.6	0
213.7	0	160.5	0	168.2	0
283.1	1	448.3	1	234.5	1
211.1	0	196.1	1	189.6	0
227.5	0	179.2	0	268	1
342.8	1	254.2	1	105.2	0
268	1	303.5	1	113.1	0
319.3	1	141.1	0	117.2	0
370.1	1	274.6	1	111.1	0
241.6	0	152.9	0	89.8	0
165.1	0	182.3	0	105.8	0

2) データ入力の形式

図 11.1.4 のように入力する.

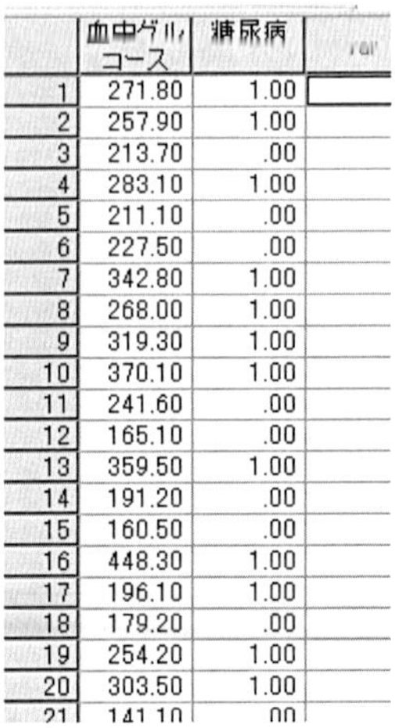

	血中グルコース	糖尿病
1	271.80	1.00
2	257.90	1.00
3	213.70	.00
4	283.10	1.00
5	211.10	.00
6	227.50	.00
7	342.80	1.00
8	268.00	1.00
9	319.30	1.00
10	370.10	1.00
11	241.60	.00
12	165.10	.00
13	359.50	1.00
14	191.20	.00
15	160.50	.00
16	448.30	1.00
17	196.10	1.00
18	179.20	.00
19	254.20	1.00
20	303.50	1.00
21	141.10	.00

図 11.1.4　入力データの一部

3) 分析の手順

[分析] → [回帰] → [二項ロジスティック] を選択する. 従属変数として「糖尿病」, 共変量として「血中グルコース」を選択する.

4) 結果

結果を表 11.1.8 に示した. 糖尿病の発症率のロジットに対して血中グルコース濃度のパラメータは有意に 0 ではないことがわかった. このパラメータ推定値から糖尿病の発症率を p とすると, $\ln(p/(1-p)) = 0.071 \times$ (血中グルコース濃度) $- 16.398$ という予測式が求められた. すなわち, $p = 1/(1 + \exp(-0.071 \times$ (血中グルコース濃度) $+ 16.398)$ となる. この予測式をグラフに書くとシグモイド曲線と呼ばれる形になる. これは, 生物学的反応にはしばしば見られる量反応関係である (本章付録参照). ただし, $\exp(x)$ は e の x 乗を表す.

表 11.1.8　ロジスティック回帰の係数の推定値と検定

方程式中の変数

	B	標準誤差	Wald	自由度	有意確率	Exp(B)
ステップ 血中グルコース	.071	.027	6.976	1	.008	1.074
1(a)　　定数	-16.398	6.248	6.888	1	.009	.000

a　ステップ 1:投入された変数　血中グルコース

[3] 2項ロジスティック回帰に関するQ&A

Q1　多重ロジスティック回帰では, 変数選択の方法はどのようにして決めればいいですか?

A1　多重ロジスティック回帰モデルでは重回帰分析と同じように, 必要のない説明変数をモデルに多数取り入れると変数間の従属関係が見られるようになり, 予測値の変動が大きくなります. 一方で, 予測に必要な説明変数をモデルに取り入れないことによってバイアスが大きくなります. 説明変数の選択方法としては, 特定の基準に従って変数を 1 つずつ加えていくかあるいは除いていく方法があり, この方法は一般にステップ・ワイズ法とよばれています.

Q2　反応変数が 2 値データの場合, 2 つのカテゴリーのうちどちらに 0 の値を割り当てるのでしょうか?

A2　どちらのカテゴリーが 0 でもかまいませんが, 解釈のときに気をつける必要があります. 例えば反応変数に 0 と 1 をわりあてた場合, ある説明変数にかかるパラメータ推定値が正であれば, その説明変数は反応変数のカテゴリー 1 を

増やす方向に働いています．なお，カテゴリー変数は0または1でなくても2つの値を割り当てれば問題ありません．

Q3 オッズ比を求めるためには，2値変数の説明変数のとりうる値は0または1でなければいけませんか？

A3 2つのカテゴリーに割り当てた2つの値の差が1であれば計算上は$\exp(B)$がオッズ比になります（本章付録参照）．ただし，解釈を難しくすることは避けた方がいいので，2値変量であれば0または1とした方がいいでしょう．

11.2 多項ロジスティック回帰

[1] 方法の概要

前節では反応変数が2値変数の場合のロジスティック回帰について述べたが，カテゴリー数が3以上の場合もある．反応変数のカテゴリー数が3以上のロジスティック回帰モデルは多項ロジスティック回帰モデル（multinomial logistic regression model または polytomous logistic regression model）とよばれる．

多項ロジスティック回帰モデルでは，反応変数のカテゴリー数をk，説明変数の個数をqとし，i番目のカテゴリーについて説明変数の1次結合をY_iとおくと，反応変数の観測値がi番目のカテゴリーである確率は，$p_i = \exp(Y_i) / \exp(Y_1 + \cdots + Y_k)$と表される．多項ロジスティック回帰分析では，$Y_i$に関する1次結合モデル$Y_i = \beta_{i0} + \beta_{i1}X_1 + \cdots + \beta_{iq}X_q$のパラメータ$\beta_{i0}, \beta_{i1}, \cdots, \beta_{iq}$を推定することが目的となる．パラメータは最尤法により求められる．この分析では，対照集団中の個体が反応変数の特定のカテゴリーに属する傾向がどの説明変数によって影響を受けているかを調べることができる．

[2] 解析例

例11.2.1

1）データ

　50人の成人を対象にして年齢 (歳), 性別 (男 1, 女 2), 趣味 (読書 1, 映画 2, 音楽 3, スポーツ 4, 該当なし 5) の 3 項目に関するアンケート調査を行った. その結果を表 11.2.1 に示した. なお, 趣味に関しては 5 つのうち最も好みのものを 1 つだけ選択して回答することとした.

表 11.2.1　趣味に関するアンケート結果

年齢	性別	趣味	年齢	性別	趣味
70	1	2	68	1	2
28	2	4	27	2	1
47	1	3	46	1	3
48	1	5	50	1	2
23	1	3	24	1	3
69	2	1	68	2	1
31	2	4	32	2	4
70	2	3	71	2	3
80	2	1	79	2	1
37	2	2	38	2	5
65	2	2	64	2	2
71	2	2	70	2	2
41	2	3	40	2	3
61	1	5	60	1	1
56	2	1	55	2	1
34	2	1	33	2	4
48	2	2	47	2	2
43	2	5	43	2	5
50	2	2	49	2	2
24	2	4	25	2	3
23	1	4	22	1	3
47	2	3	48	2	3
63	1	1	64	1	1
31	2	2	32	2	2
21	2	2	23	2	4

2) データ入力の形式

図 11.2.1 のように入力する.

	年齢	性別	趣味	var
1	70.00	1.00	2.00	
2	28.00	2.00	4.00	
3	47.00	1.00	3.00	
4	48.00	1.00	5.00	
5	23.00	1.00	3.00	
6	69.00	2.00	1.00	
7	31.00	2.00	4.00	
8	70.00	2.00	3.00	
9	80.00	2.00	1.00	
10	37.00	2.00	2.00	
11	65.00	2.00	2.00	
12	71.00	2.00	2.00	
13	41.00	2.00	3.00	
14	61.00	1.00	5.00	
15	56.00	2.00	1.00	
16	34.00	2.00	1.00	
17	48.00	2.00	2.00	
18	43.00	2.00	5.00	

図 11.2.1　入力データの一部

3) 分析の手順

分析の手順は, [分析] → [回帰] → [多項ロジスティック] を選択する. 従属変数として「趣味」(カテゴリー変数), 因子として「性別」, 共変量として「年齢」を指定する. なお, カテゴリー変数は因子として, 連続量は共変量として指定する. 観測度数および予測度数を出力するためには [統計量] として [セル確率] を指定する.

1) 結果

表 11.2.2 にパラメータの推定値を示した. 例えば, 趣味 4 (スポーツ) に関しては, 年齢のパラメータは -0.173 となり, 有意確率 $p = 0.039$ でこのパラメータは有意に 0 ではないことが示された. すなわち, 若い年齢ほどスポーツを好む傾向が強いことが示唆される. 年齢とスポーツの関係以外については, どのパラメータについても有意差が認められなかった. 表 11.2.3 に予測度数の一部を示した. 例えば, 年齢 21 歳の女性に関しては, 趣味が読書, 音楽, 映画, スポーツ, 該当なしとなる予測割合はそれぞれ 1.5%, 7.6%, 13.0%, 74.4%, 3.6% となっている.

表 11.2.2　多項ロジスティック回帰分析の結果

パラメータ推定値

趣味 (a)		B	標準誤差	Wald	自由度	有意確率	Exp(B)	Exp(B) の 95% 信頼区間	
								下限	上限
1.00	切片	-2.099	2.040	1.059	1	.304			
	年齢	.058	.038	2.386	1	.122	1.060	.984	1.142
	[性別 =1.00]	-.672	1.177	.326	1	.568	.511	.051	5.125
	[性別 =2.00]	0(b)	.	.	0	.	.	.	.
2.00	切片	.282	1.733	.026	1	.871			
	年齢	.023	.034	.445	1	.505	1.023	.957	1.094
	[性別 =1.00]	-1.038	1.130	.844	1	.358	.354	.039	3.243
	[性別 =2.00]	0(b)	.	.	0	.	.	.	.
3.00	切片	1.711	1.700	1.014	1	.314			
	年齢	-.020	.035	.321	1	.571	.980	.915	1.050
	[性別 =1.00]	.100	1.093	1.093	1	.927	1.105	.130	9.418
	[性別 =2.00]	0(b)	.	.	0	.	.	.	.
4.00	切片	6.680	2.851	2.851	1	.019			
	年齢	-.173	.084	.084	1	.039	.841	.713	.992
	[性別 =1.00]	-2.045	1.643	1.643	1	.213	.129	.005	3.236
	[性別 =2.00]	0(b)	.	.	0	.	.	.	.

a.　参照カテゴリーは 5.00 です.

b.　このパラメータは, 冗長なので 0 に設定されています.

表 11.2.3　予測度数の一部

観測および予測度数

年齢	性別	趣味	観測度数	度数 予測度数	Peason 残差	パーセント 観測度数	予測度数
21.00	2.00	1.00	0	.015	-.123	0.0%	1.5%
		2.00	1	.076	3.483	100.0%	7.6%
		3.00	0	.130	-.386	0.0%	13.0%
		4.00	0	.744	-1.703	0.0%	74.4%
		5.00	0	.036	-.192	0.0%	3.6%
22.00	1.00	1.00	0	.028	-.168	0.0%	2.8%
		2.00	0	.094	-.323	0.0%	9.4%
		3.00	1	.481	1.039	100.0%	48.1%
		4.00	0	.276	-.618	0.0%	27.6%
		5.00	0	.121	-.372	0.0%	12.1%
23.00	1.00	1.00	0	.061	-.252	0.0%	3.1%
		2.00	0	.203	-.475	0.0%	10.1%
		3.00	1	.992	.012	50.0%	49.6%
		4.00	1	.489	.841	50.0%	24.4%
		5.00	0	.256	-.541	0.0%	12.0%
	2.00	1.00	0	.021	-.148	0.0%	2.1%
		2.00	0	.102	-.337	0.0%	10.2%
		3.00	0	.160	-.436	0.0%	16.0%
		4.00	1	.672	.699	100.0%	67.2%
		5.00	0	.045	-.218	0.0%	4.5%

……以下省略

パーセントは, 各部分母集団内の観測度数合計に基づいています.

[3] 多項ロジスティック回帰に関するＱ＆Ａ

Q1　説明変数に連続量とカテゴリー変数が混在してもいいのでしょうか？

A1　反応変数はカテゴリー変数なければなりませんが, 説明変数はカテゴリー変数でも量的変数でも適用可能です. ただし, 量的変数については交互効果などの推定はできません.

Q2 多項ロジスティック回帰と通常の2項ロジスティック回帰との大きな違い
は何ですか？

A2 多項ロジスティック回帰では反応変数(従属変数)のとりうるカテゴリー
の数が2に限定されないという点でより一般的なロジスティック回帰であるとい
えます．すなわち，多項ロジスティック回帰のモデルでカテゴリー数＝2とした
場合が2項ロジスティックモデルです(本章付録4参照)．

付 録

1) ロジット

　反応変数 Y が2値変数で，0または1のいずれかの値をとるとき，例えば標本全体のうち Y が1である個体の割合を p とする．説明変数の数が1個の場合，p と説明変数 x の関係を表す最も簡単なモデルは

$$p = \alpha + \beta X \qquad (11.3)$$

である．ここで，α, β は回帰係数（パラメータ）であり，この係数の値を推定することが回帰分析の主目的のひとつである．しかし，このモデルでは p の値を0以上1以下に制限することはできない．そこで，ロジスティック回帰分析では p に関してロジット変換と呼ばれる変換を行い，この値に関して説明変数との間に線形関係を仮定している．ロジスティック・モデルを変形すると，p は

$$p = \frac{\exp(\alpha + \beta X)}{1 + \exp(\alpha + \beta X)} \qquad (11.4)$$

と表される．X と p の関係はシグモイド曲線となり生物学的な量反応関係にしばしば用いられる．図11.1.9に例11.1.3の糖尿病発症率と血中グルコース濃度との関係を示した（作図にはEXCELなどの表計算ソフトを使用）．なお，p のロジットを $\mathrm{logit}(p)$ と表すと，$\mathrm{logit}(1) = +\infty$, $\mathrm{logit}(0) = -\infty$, $\mathrm{logit}(0.5) = 0$ となる．

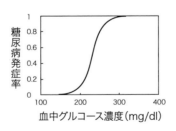

図11.1.9　シグモイド曲線

2) 最尤法

$P[Y=1]=p$, $P[Y=2]=1-p$ とすると, Y の観測値 y_1, y_2, $\cdots$, y_n が得られたとき,対数尤度関数は

$$\ln L(p) = \sum_{i=1}^{n} y_i \ln p + \left(n - \sum_{i=1}^{n} y_i\right) \ln(1-p) \tag{11.5}$$

となる. $\ln[p/(1-p)]=\alpha+\beta X$ の場合, α, β は, $\partial \ln L(p)/\partial\alpha=0$, $\partial \ln L(p)/\partial\beta=0$ の解として求められる. 実際の推定ではニュートン法などを用いて数値計算によって推定値を求める.

3) オッズ比

2値変数に関してそれぞれの値をとる確率の比をオッズといい,2つの群についてのオッズの比をオッズ比 (odds ratio) という. 例えば,ある疾患の発病の有無に関して,ある要因へ曝露した群における発病確率を p_2,非曝露(対照)群における発病確率を p_1 とすると,オッズ比 (OR) は

$$OR = \left(\frac{p_2}{1-p_2}\right) \Big/ \left(\frac{p_1}{1-p_1}\right) \tag{11.6}$$

となる. このオッズ比は曝露群の発病リスクの大きさを示す指標として医学・生物分野でしばしば用いられる. オッズ比が1より大きければ曝露群のリスクが高いことを示し,小さければ低いことを示している. 発病確率が曝露の有無と関係がなければオッズ比は1に近づく.

ロジスティック回帰モデルにおいて,発病の有無を反応変数とし,要因への曝露の有無を説明変数(非曝露群 $X=0$,曝露群 $X=1$ とおく)とすると,p_1, p_2 の各ロジットはパラメータ α, β を用いてそれぞれ以下のように表される.

$$\ln\left(\frac{p_1}{1-p_1}\right) = \alpha+\beta X = \alpha, \ \ln\left(\frac{p_2}{1-p_2}\right) = \alpha+\beta X = \alpha+\beta \tag{11.7}$$

よって,オッズ比の対数は以下のようになる.

$$\ln(OR) = \ln\left[\left(\frac{p_2}{1-p_2}\right) \Big/ \left(\frac{p_1}{1-p_1}\right)\right] = \ln\left(\frac{p_2}{1-p_2}\right) - \ln\left(\frac{p_1}{1-p_1}\right) = \beta \tag{11.8}$$

すなわち，$OR = \exp(\beta)$ となる．したがって，ロジスティック回帰分析において説明変数を上記のように設定すれば，パラメータ β に関して $\exp(\beta)$ がこの説明変数と反応変数とのオッズ比を表すことになる．

4) 多項ロジスティック回帰モデル

2項ロジスティック回帰モデルの場合，反応変数は2値変数なので，ある観察対象者（個体）がグループ1に属する確率は，説明変数の数が q であれば

$$P(G_1) = \frac{\exp(\beta_0 + \beta_1 x_1 + \cdots + \beta_q x_q)}{1 + \exp(\beta_0 + \beta_1 x_1 + \cdots + \beta_q x_q)} \tag{11.9}$$

であり，$P(G_1) + P(G_2) = 1$ なので，グループ2に属する確率は

$$P(G_2) = \frac{1}{1 + \exp(\beta_0 + \beta_1 x_1 + \cdots + \beta_q x_q)} \tag{11.10}$$

となる．（Anderson (1972), Jones (1975) を参照）

多項ロジスティック回帰モデルの場合に，反応変数のカテゴリー数が k，すなわちグループ数が k であるとするとき，反応変数の観測値がカテゴリー s である確率は

$$P(G_s) = \frac{\exp(\beta_{s0} + \beta_{s1} x_1 + \cdots + \beta_{sq} x_q)}{\sum_{i=1}^{k} \exp(\beta_{i0} + \beta_{i1} x_1 + \cdots + \beta_{iq} x_q)} \tag{11.11}$$

と表される．したがって，任意の2つのカテゴリー r と s について，

$$\frac{P(G_r)}{P(G_s)} = \frac{\exp(\beta_{r0} + \beta_{r1} x_1 + \cdots + \beta_{rq} x_q)}{\exp(\beta_{s0} + \beta_{s1} x_1 + \cdots + \beta_{sq} x_q)} = \exp[X'(\beta_r - \beta_s)] \tag{11.12}$$

となる．すなわち，$x' = (x_1, x_2, \cdots, x_q)$ とすれば，

$$\ln \frac{P(G_r)}{P(G_s)} = x'(\beta_r - \beta_s) \tag{11.13}$$

となる．さらに，カテゴリーのうちの1つである k を基準とすれば $B_k = 0$ とおける．したがって，カテゴリー k 番目のグループ以外のグループに関して，$s = 1, 2, \cdots, k-1$ とおけば，ある反応変数がカテゴリー k 以外（任意のカテゴリー s）である確率は

$$P(G_s) = \frac{\exp(\beta_{s0} + \beta_{s1}x_1 + \cdots + \beta_{sq}x_q)}{1 + \sum_{i=1}^{k-1} \exp(\beta_{i0} + \beta_{i1}x_1 + \cdots + \beta_{iq}x_q)} \tag{11.14}$$

である. よって, カテゴリー k である確率は

$$P(G_k) = \frac{1}{1 + \sum_{i=1}^{k-1} \exp(\beta_{i0} + \beta_{i1}x_1 + \cdots + \beta_{iq}x_q)} \tag{11.15}$$

となる. 例 11.2.2 では反応変数 (趣味) のうち 5 番目のカテゴリー (該当なし) を基準としている. (詳しくは Anderson (1972), Jones (1975) を参照)

参考文献

Anderson, J.A. (1972) Separate sample logistic regression, *Biometrika*, **59**, 19–35.

Jones, R.H. (1975) Probability estimation using a multinomial logistic function, *J Statistical Computation and Simulation*, **3**, 315–329.

柳井晴夫・高木廣文編 (1985) 統計学–基礎と実践–. メヂカルフレンド社.

第12章 対数線形モデル

　3つ以上のカテゴリー変数からなる多次元の分割表では，2変数ずつの関連だけでなく，その関連の程度がその他の変数のカテゴリーごとに異なる場合や，別の変数間の関連に影響を受けている場合など，様々な状況が考えられる．このような多次元の分割表データに関して系統的に分析を行う方法の1つとして対数線形モデル (log–linear model) に基づく解析がある．本章では，SPSS Regression Models による対数線形モデルに基づく基本的方法と，複数の変数のうちの1つが反応変数とみなされる場合のロジット対数線形モデルについて述べる．

12.1 基本モデル

[1] 方法の概要

　質的データを取り扱う統計的方法として回帰分析を応用した方法と分割表に基づく方法があり，前者については第11章で概説した．本章では分割表に基づく方法を取り扱う．社会調査，疫学調査，アンケート調査などにおいては，複数の質問項目に対する回答に応じて回答者を分類することができる．このような場合，データは多次元の分割表（クロス表）の形で集計される．一般に要因数が増えるほど要因間の関連は複雑になるため，系統的にこれらの関連を調べる方法が必要となる．対数線形モデルは分割表の各セルの頻度が多項分布またはポアソン分布に従うと仮定して，ある被験者（回答者あるいは被観察者）が一定のセルに属する確率の対数を複数の要因の線形結合で表現したモデルである．

1) 2次元の分割表

分割表の最も簡単な形は，要因数が2で，各要因のカテゴリー数も2の場合である．この分割表は2×2の分割表と呼ばれる．2つの要因を A, B とおき，各カテゴリーを A_1, A_2, B_1, B_2 とすれば，被験者が例えば A_1, B_2 に属する確率を p_{12} と表すことにすると，A_i, B_j に属する確率 p_{ij} $(i = 1, 2, j = 1, 2)$ は，

$$\ln(p_{ij}) = \mu + \lambda_i^A + \lambda_j^B + \lambda_{ij}^{AB} \tag{12.1}$$

と表される．ここで，lnは自然対数である．μ は平均値，λ_i^A, λ_j^B はそれぞれ要因 A, B の主効果，λ_{ij}^{AB} は A と B の交互作用を示すパラメータである．μ, λ_i^A, λ_j^B, λ_{ij}^{AB} にはそれぞれ1個，2個，2個，4個の値が存在する．このようなモデルを一般に対数線形モデルとよぶ．例えば，2次元の分割表で2つの要因 A と B が独立であれば，両者の交互作用はなくなり主効果だけのモデルになる．したがって，前述のパラメータ λ_{ij}^{AB} はすべて0となる．なお，3要因間の交互作用は2次の交互作用とよばれる．

2) 飽和モデルと不飽和モデル

1つの分割表に関して交互作用を含めて考えうるすべてのパラメータを含むモデルを飽和モデル (saturated model) といい，飽和モデルから1つ以上のパラメータを除いたモデルを不飽和モデル (unsaturated model) という．対数線形モデルではカイ2乗分布の近似を用いてモデルの適合度を判定する．統計量としては尤度比またはピアソンのカイ2乗統計量が用いられる．その際の自由度は分割表のセルの数からモデルのパラメータ数を引いた値である．

3) 階層モデル

要因数が3つの場合，それらを A, B, C とすると，主効果のパラメータは λ_i^A, λ_j^B, λ_k^C，2要因間の交互作用のパラメータは λ_{ij}^{AB}, λ_{jk}^{BC}, λ_{ik}^{AC}，3要因間の交互作用のパラメータは λ_{ijk}^{ABC} がありうる．これらを簡略化のためにそれぞれ A, B, C, AB, BC, AC, ABC などと表すことにする．ここで，不飽和モデルには次のような仮定をおく．すなわち，モデルがある変数を含む交互作用のパラメータを持つならば，そのモデルはその要因を含むより低次元の交互作用または主効果のパラメータを持つものとする．例えば，2要因の交互作用 AB を持つならば必ず A と B の主効果を持つ．このような仮定をおいたモデルを階層モデル (hierarchical model) という．

[2] 解析例

例 12.1.1

1) データ

例 11.2.1 のデータについて，年齢を年代別に分けてカテゴリー変数(20 歳代 1，30 歳代 2，40 歳代 3，50 歳代 4，60 歳以上 5) とし，年代，性別，趣味の 3 変数について分割表を得ることができる．結果は表 12.1.1 に示すとおりである．

表 12.1.1　5×2×5 の分割表データ

年代	性別	趣味				
		1	2	3	4	5
	(男 1, 女 2)	(読書)	(音楽)	(映画)	(スポーツ)	(該当なし)
1	1	0	0	3	1	0
(20 歳代)	2	1	1	1	3	0
2	1	0	0	0	0	0
(30 歳代)	2	1	3	0	3	1
3	1	0	0	2	0	1
(40 歳代)	2	0	3	4	0	2
4	1	0	1	0	0	0
(50 歳代)	2	2	1	0	0	0
5	1	3	2	0	0	1
(60 歳代)	2	4	4	2	0	0

2) データの入力

図 12.1.1 のようにデータを入力する．表 12.1.1 はこのような元データをクロス集計表としてまとめたものである．

	年代	性別	趣味	va
1	5.00	1.00	2.00	
2	1.00	2.00	4.00	
3	3.00	1.00	3.00	
4	3.00	1.00	5.00	
5	1.00	1.00	3.00	
6	5.00	2.00	1.00	
7	2.00	2.00	4.00	
8	5.00	2.00	3.00	
9	5.00	2.00	1.00	
10	2.00	2.00	2.00	
11	5.00	2.00	2.00	
12	5.00	2.00	2.00	
13	3.00	2.00	3.00	
14	5.00	1.00	5.00	
15	4.00	2.00	1.00	
16	2.00	2.00	1.00	
17	3.00	2.00	2.00	
18	3.00	2.00	5.00	

図 12.1.1　入力データの一部

3）分析の手順

　対数線形モデルを当てはめるためには，［分析］→［対数線形］→［一般的］を選択する．図12.1.2に示すように因子として「年代」，「性別」，「趣味」を選択する．モデルとして飽和モデルあるいはユーザー指定のどちらかを選択する．ユーザー指定をした場合は，主効果および5次までの交互作用を選択できる．例えば，「年代」と「趣味」の交互作用をモデルに含める場合は，モデルのダイアログボックスで「年代」と「趣味」の2つを選んで交互作用の変数として指定する．

図12.1.2　一般的な対数線形分析の因子の指定

4）結果

　表12.1.2の(a)から(g)に，飽和モデルから階層モデルにしたがい順次パラメータを減じていき，各段階のモデルの適合度を示した．表12.1.2(a)は飽和モデルを示し，このモデルにはすべての可能なパラメータが含まれている．飽和モデルの自由度は0で，適合度検定のための統計量は計算されない．表12.1.2(b)は飽和モデルから3要因の交互作用を除いたモデルの適合度を示している．すなわち，趣味，性別，年代の各主効果と「性別＊趣味」，「年代＊趣味」，「年代＊性別」の各交互作用をモデルに含む．このモデルの適合度の有意確率は尤度比0.908，ピアソンのカイ2乗で0.975であり，適合度は有意に低くはない．以下，表12.1.2(c)には上記のモデルから3つの交互作用のうち「年代＊性別」を除いたモデル，表12.1.2(d)には性別＊趣味の交互作用を除いたモデル，表12.1.2(e)には「年代＊趣味」を除いたモデルについてそれぞれ適合度が示されている．このうち，「年代＊趣味」を除いたモデルのみ有意確率が低く，尤度比では0.014，Pearsonのカイ2乗では0.082であった．したがって，3つの交互作用のうち「年代＊趣味」を

除いた場合のみ適合度が低下することがわかった（尤度比では有意差あり）．そこで，さらに交互作用のうち，「年代＊趣味」のみを残し，「年代＊性別」，「性別＊趣味」の2つの交互作用を除いたモデルの適合度を表12.1.2(f)に示す．有意確率は0.759と0.920であり，適合度は良い．しかし，さらに年代＊趣味の交互作用を除くと表12.1.2(g)に示すように有意確率(0.016, 0.045)は小さくなり適合度が低下する．したがって，モデルとして3要因の各主効果と「年代＊趣味」の交互作用を含むモデルが最も適切であることが示された．よって，趣味の傾向は年齢の影響を受けることが示唆された．表12.1.3にこの最適モデルのパラメータ推定値を示した．パラメータ推定時における制約条件のためいくつかのパラメータに関しては0が設定される（本章付録1参照）．

表12.1.2　モデルの適合度検定

(a)

	値（判別分析）	自由度	有意確率
尤度比	.000	0	.
Pearson のカイ 2 乗	.000	0	.

a モデル：ポアソン分布
b 計画：定数＋年代＋性別＋趣味＋年代＊性別＋年代＊趣味＋性別＊趣味＋年代＊性別＊趣味

(b)

	値（判別分析）	自由度	有意確率
尤度比	9.126	16	.908
Pearson のカイ 2 乗	6.923	16	.975

a モデル：ポアソン分布
b 計画：定数＋趣味＋性別＋年代＋性別＊趣味＋年代＊趣味＋年代＊性別

(c)

	値（判別分析）	自由度	有意確率
尤度比	16.249	20	.701
Pearson のカイ 2 乗	12.425	20	.901

a モデル：多項分布
b 計画：定数＋趣味＋性別＋年代＋性別＊趣味＋年代＊趣味

(d)

	値（判別分析）	自由度	有意確率
尤度比	12.199	20	.909
Pearson のカイ 2 乗	9.413	20	.978

a モデル：多項分布
b 計画：定数＋趣味＋性別＋年代＋年代＊趣味＋年代＊性別

(e)

	値（判別分析）	自由度	有意確率
尤度比	52.148	32	.014
Pearson のカイ 2 乗	43.639	32	.082

a モデル：多項分布

b 計画：定数＋趣味＋性別＋年代＋性別＊趣味＋年代＊性別

(f)

	値（判別分析）	自由度	有意確率
尤度比	18.869	24	.759
Pearson のカイ 2 乗	15.042	24	.920

a モデル：多項分布

b 計画：定数＋趣味＋性別＋年代＋年代＊趣味

(g)

	値（判別分析）	自由度	有意確率
尤度比	61.438	40	.016
Pearson のカイ 2 乗	56.370	40	.045

a モデル：多項分布

b 計画：定数＋趣味＋性別＋年代

表 12.1.3 不飽和モデルのパラメータ推定値

パラメータ推定値（c, d, e）

パラメータ（非線型回帰／GLM）	推定値	標準誤差	Z	有意確率	95% 信頼区間 下限	95% 信頼区間 上限
定数（回帰）	-329(a)					
［趣味 =1.00］	1.946	1.069	1.820	.069	-.149	4.041
［趣味 =2.00］	1.792	1.080	1.659	.097	-.325	3.909
［趣味 =3.00］	.693	1.225	.566	.571	-1.707	3.094
［趣味 =4.00］	-17.243	3469.605	-.005	.996	-6817.544	6783.058
［趣味 =5.00］	0(b)	.	.	.	.	.
［性別 =1.00］	-.944	.315	-2.999	.003	-1.562	-.327
［性別 =2.00］	0(b)	.	.	.	.	.
［年代 =1.00］	-17.004	3469.605	-.005	.996	-6817.306	6783.297
［年代 =2.00］	2.67E-008	1.414	.000	1.000	-2.772	2.772
［年代 =3.00］	1.099	1.155	.951	.341	-1.165	3.362
［年代 =4.00］	-19.124	.816	-23.422	.000	-20.724	-17.523
［年代 =5.00］	0(b)	.	.	.	.	.
［年代 =1.00］ ＊ ［趣味 =1.00］	15.059	3469.605	.004	.997	-6785.243	6815.360
［年代 =1.00］ ＊ ［趣味 =2.00］	15.213	3469.605	.004	.997	-6785.089	6815.514
［年代 =1.00］ ＊ ［趣味 =3.00］	17.698	3469.605	.005	.996	-6782.604	6817.999
［年代 =1.00］ ＊ ［趣味 =4.00］	.000	.	.	.	.	.

[年代 =1.00] * [趣味 =5.00]	0(b)	.	.	.	.	.
[年代 =2.00] * [趣味 =1.00]	-1.946	1.773	-1.098	.272	-5.421	1.529
[年代 =2.00] * [趣味 =2.00]	-.693	1.581	-.483	.661	-3.792	2.406
[年代 =2.00] * [趣味 =3.00]	.000	.	.	.	.	.
[年代 =2.00] * [趣味 =4.00]	18.341	3469.605	.005	.996	-6781.960	6818.643
[年代 =2.00] * [趣味 =5.00]	0(b)	.	.	.	.	.
[年代 =3.00] * [趣味 =1.00]	.000	.	.	.	.	.
[年代 =3.00] * [趣味 =2.00]	-1.792	1.354	-1.323	.186	-4.446	.862
[年代 =3.00] * [趣味 =3.00]	-2.36E-008	1.414	.000	1.000	-2.772	2.772
[年代 =3.00] * [趣味 =4.00]	.000	.	.	.	.	.
[年代 =3.00] * [趣味 =5.00]	0(b)	.	.	.	.	.
[年代 =4.00] * [趣味 =1.00]	17.871	1.144	.000	1.000	15.628	20.114
[年代 =4.00] * [趣味 =2.00]	.000	.	.	.	.	.
[年代 =4.00] * [趣味 =3.00]	.000	.	.	.	.	.
[年代 =4.00] * [趣味 =4.00]	.000	.	.	.	.	.
[年代 =4.00] * [趣味 =5.00]	0(b)	.	.	.	.	.
[年代 =5.00] * [趣味 =1.00]	0(b)	.	.	.	.	.
[年代 =5.00] * [趣味 =2.00]	0(b)	.	.	.	.	.
[年代 =5.00] * [趣味 =3.00]	0(b)	.	.	.	.	.
[年代 =5.00] * [趣味 =4.00]	0(b)	.	.	.	.	.
[年代 =5.00] * [趣味 =5.00]	0(b)	.	.	.	.	.

a 定数は, 多項仮定ではパラメータではありません. したがって, これらの標準誤差は計算されません.

b このパラメータは余分であるため, 0 に設定されています.

c モデル:多項分布

d 計画:定数＋趣味＋性別＋年代＋年代＊趣味

e Hessian 行列が特異であり反転できないので, 一部のパラメータ推定値は 0 に推定されています. したがって, Hessian 行列の一般化行列が代わりに計算されます.

例 12.1.2

1) データ

　生体が複数の有害因子に曝露した場合しばしば複合効果を生じる．例えば，放射線と何らかの発がん物質の相乗効果により発がんリスクが増加することが知られている．表 12.1.4 は放射線とある発がん物質（化学物質）に同時に曝露したマウスにおける一定期間内のがん発生の有無を調べた結果である．

表 12.1.4　データ

放射線	化学物質	発がん	
		0	1
0	0	28	2
0	1	29	1
1	0	24	6
1	1	21	9

2) データの入力

　図 12.1.3 のようにデータを入力する．表 12.1.4 はこのような元データをクロス集計表としてまとめたものである．

	放射線	化学物質	発がん	
1	.00	1.00	.00	
2	.00	.00	.00	
3	1.00	.00	.00	
4	.00	.00	.00	
5	1.00	1.00	.00	
6	.00	.00	1.00	
7	.00	.00	.00	
8	.00	.00	.00	
9	.00	1.00	.00	
10	.00	.00	.00	
11	.00	.00	.00	
12	1.00	.00	.00	
13	.00	.00	1.00	
14	.00	.00	.00	
15	.00	.00	.00	
16	.00	.00	.00	

図 12.1.3　入力データの一部

3) 分析の手順

　対数線形モデルを当てはめるためには，[分析] → [対数線形] → [一般的] を選

択する．ダイアログボックスでは，因子として放射線，化学物質，発がんを選択する．モデルとして飽和モデルあるいはユーザー指定のどちらかを選択する．

4) 結果

例 12.1.1 に準じて順次パラメータを減少させてモデルの適合度を調べていった結果，3要因の主効果および「放射線」と「発がん」の交互作用を残したモデルが適切であることがわかった（途中の経過は省略）．表 12.1.5 (a) にこのモデルの適合度を示した (0.762, 0.765)．さらにこのモデルから「放射線」と「発がん」の交互作用を除くと適合度は有意に低下した．表 12.1.5 (b) にその適合度を示した (0.023, 0.030)．表 12.1.6 には最も適切なモデル（各主効果と「放射線」と「発がん」の交互作用）のパラメータの推定値を示し，表 12.1.7 にはこのモデルによる各セルの期待度数を示した．

なお，例 12.1.2 のデータに関して，[分析]→[対数線形]→[モデル選択]を選択することにより直接的に階層的なモデルを検討することも可能である．「放射線」,「化学物質」,「発がん」を因子として選択する．飽和モデルから順次パラメータを減じていった場合の出力から尤度比，自由度，有意確率を抜粋し表 12.1.8 に示した．この表のステップ3に示すモデルは表 12.1.5 (a) に示すモデルと同じである．

表 12.1.5　不飽和モデルの適合度

(a)

	値（判別分析）	自由度	有意確率
尤度比	1.162	3	.762
Pearson のカイ 2 乗	1.151	3	.765

a モデル：多項分布
b 計画：定数＋化学物質＋発がん＋放射線＋放射線＊発がん

(b)

	値（判別分析）	自由度	有意確率
尤度比	11.310	4	.023
Pearson のカイ 2 乗	10.719	4	.030

a モデル：多項分布
b 計画：定数＋化学物質＋発がん＋放射線

表 12.1.6　不飽和モデルのパラメータ推定値

パラメータ推定値 (c, d)

パラメータ (非線型回帰／GLM)	推定値	標準誤差	Z	有意確率	95% 信頼区間 下限	95% 信頼区間 上限
定数 (回帰)	2.015(a)					
［化学物質 =.00］	3.19E-018	.183	.000	1.000	-.358	.358
［化学物質 =1.00］	0(b)	.	.	.	.	.
［発がん =.00］	1.099	.298	3.685	.000	.514	1.683
［発がん =1.00］	0(b)	.	.	.	.	.
［放射線 =.00］	-1.609	.632	-2.545	.011	-2.849	-.370
［放射線 =1.00］	0(b)	.	.	.	.	.
［放射線 =.00］ * ［発がん =.00］	1.846	.663	2.783	.005	.546	.3.146
［放射線 =.00］ * ［発がん =1.00］	0(b)	.	.	.	.	.
［放射線 =1.00］ * ［発がん =.00］	0(b)	.	.	.	.	.
［放射線 =1.00］ * ［発がん =1.00］	0(b)	.	.	.	.	.

a 定数は，多項仮定ではパラメータではありません．したがって，これらの標準誤差は計算されません．

b このパラメータは余分であるため，0 に設定されています．

c モデル：多項分布

d 計画：定数＋化学物質＋発がん＋放射線＋放射線＊発がん

表 12.1.7　対数線形モデルによる期待度数

セル度数と残差 (a, b)

放射線	化学物質	発がん	観測度数	%	期待度数	%	残差 (分散分析)	標準化残差	調整済み残差	逸脱
.00	.00	.00	28	23.3%	28.500	23.7%	-.500	-.107	-.183	-.996
		1.00	2	1.7%	1.500	1.3%	.500	.411	.585	1.073
	1.00	.00	29	24.2%	28.500	23.7%	.500	.107	.183	1.004
		1.00	1	.8%	1.500	1.3%	-.500	-.411	-.585	-.901
1.00	.00	.00	24	20.0%	22.500	18.7%	1.500	.351	.566	1.760
		1.00	6	5.0%	7.500	6.2%	-1.500	-.566	-.828	-1.636
	1.00	.00	21	17.5%	22.500	18.7%	-1.500	-.351	-.566	-1.702
		1.00	9	7.5%	7.500	6.2%	1.500	.566	.828	1.812

a モデル：多項分布

b 計画：定数＋化学物質＋発がん＋放射線＋放射線＊発がん

表12.1.8　階層的モデルの選択

Step	モデルに含まれるパラメータ	尤度比	自由度	有意確率
0	飽和モデル	-	0	-
1	放射線＊化学物質 放射線＊発がん 化学物質＊発がん	0.87737	1	0.3489
2	放射線＊発がん 化学物質＊発がん	0.89966	2	0.638
3	放射線＊発がん 化学物質	1.16156	3	0.762
4	放射線＊発がん	1.16156	4	0.884
5	放射線 発がん	11.30969	5	0.046

[3] 基本モデルに関するＱ＆Ａ

Q1 不飽和モデルのパラメータに関してなぜ階層的なモデルを考えるのですか？

A1 次元数が多くなるにともない，考えられる主効果と交互作用の数はきわめて多くなります．例えば変数の数が4個ですと考えられる効果の数は合計14個になり，階層的な構造を仮定しなければ，飽和モデルから1個ずつパラメータを取り除いていく方法も極めて複雑になってしまいます．一般に，1つの効果が存在しないときにその効果を含む高次元の交互作用が存在するとは考えにくいので，合理的な仮定だと考えられます．

Q2 どのような場合にポアソン分布を仮定するのですか？

A2 全体のサンプルサイズ（標本の大きさ）あるいは分割表のいずれかの周辺度数が予め定まっている場合は多項分布を仮定します．多くの実験や調査ではこのタイプのデータが多いようです．しかし，一定期間における事故の発生件数や機械の故障回数といったようにいずれの周辺度数も全体のサンプルサイズも決まっていない場合にはポアソン分布を仮定します．

Q3 セルの中に0が含まれていてもいいのでしょうか．

A3 実際の計算では頻度が0のセルに関しては0.5を加えて反復計算を開始します．最尤法によりパラメータを求める場合は，一定の収束条件で反復計算を行うので，初期状態はあまり影響を与えません．しかし，水準数があまりにも多い場合には多数のセルにおいて度数が0になり，統計量のカイ2乗分布の近似が低下します．

Q4　対数線形モデルはどのような分野で応用可能でしょうか？

A4　いろいろな分野で応用できますが, 例えば多重環境要因の複合リスク解析(緒方ら(1984))や最近注目される社会学, 心理学への応用(Alexander von Eye(2002))などがあります.

12.2　ロジット対数線形モデル

[1] 方法の概要

多次元の分割表において, 複数の変数のうちいずれか1つが2値変数の反応変数として定義され, 他が説明変数として定義される場合には, 対数線形モデルを用いて反応変数と説明変数の関係を推定できる. このようなモデルをロジット対数線形モデル(logit log-linear model)という. 反応変数と説明変数の関係は第11章で説明したロジスティック回帰モデルと同様になる. ここで, 反応率pのロジットをとれば, ロジットに対して説明変数の線形結合の形でモデルが表される.

例えば3変数の場合, 通常の対数線形モデルは次のように表される.

$$\ln(p_{ijk}) = \mu + \lambda_i^A + \lambda_j^B + \lambda_k^C + \lambda_{ij}^{AB} + \lambda_{ik}^{AC} + \lambda_{jk}^{BC} + \lambda_{ijk}^{ABC} \tag{12.2}$$

ここで, 変数Aが反応変数で2値データであるとする. カテゴリー1の確率はp_{1jk}, カテゴリー2の確率はp_{2jk}であるから, p_{1jk}についてロジットをとるとAと関係のないパラメータは取り除かれ, 以下のように表される.

$$\begin{aligned}\ln\left(\frac{p_{1jk}}{1-p_{1jk}}\right) &= \ln(p_{1jk}/p_{2jk}) = \ln(p_{1jk}) - \ln(p_{2jk}) \\ &= (\lambda_1^A - \lambda_2^A) + (\lambda_{1j}^{AB} - \lambda_{2j}^{AB}) + (\lambda_{1k}^{AC} - \lambda_{2k}^{AC}) + (\lambda_{1jk}^{ABC} - \lambda_{2jk}^{ABC}) \\ &= w_0 + w_j^B + w_k^C + w_{jk}^{BC}\end{aligned} \tag{12.3}$$

[2] 解析例

例12.2.1

1) データ

例12.1.2のデータを用いて, 発がんの有無を反応変数として放射線と化学物質を説明変数としてこれらの関係を調べる.

2) 分析の手順

　ロジット対数線形モデルを当てはめるためには, [分析] → [対数線形] → [ロジット] を選択する. 図 12.2.1 に示すように因子として「化学物質」,「放射線」を選択し, 従属変数として「発がん」を選択する.

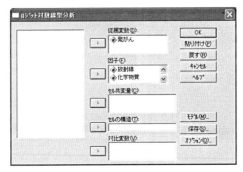

図 12.2.1　ロジット対数線形モデルの変数等の指定

3) 結果

　表 12.2.1 (a) に「発がん＊化学物質」および「発がん＊放射線」の 2 つの交互作用を含むモデルの適合度 (0.349, 0.348) を示した. さらに 2 つの交互作用のうち,「発がん＊放射線」を除いたモデル,「発がん＊化学物質」を除いたモデルについて表 12.2.1 (b), (c) にそれぞれ適合度を示した.「発がん＊放射線」を除いた場合は適合度が有意に低下し,「発がん＊化学物質」を除いた場合には, 適合度は有意に低下しなかった. したがって, このモデルからもこの実験結果からは放射線のみが発がんリスクを増加させることが示された. 表 12.2.2 に表 12.2.1 (c) に示したモデルのパラメータ推定値を示した. なお, 発がんの主効果, 発がんと放射線の交互作用のパラメータ推定値に関する有意確率はそれぞれ 0.000, 0.005 であり, 交互作用のパラメータともに有意に 0 ではないといえる.

表 12.2.1　不飽和モデルの適合度

(a)

	値 (判別分析)	自由度	有意確率
尤度比	.877	1	.349
Pearson のカイ 2 乗	.880	1	.348

a モデル：多項ロジット
b 計画：定数＋発がん＋発がん＊化学物質＋発がん＊放射線

(b)

	値（判別分析）	自由度	有意確率
尤度比	11.048	2	.004
Pearson のカイ 2 乗	9.988	2	.007

a モデル：多項ロジット

b 計画：定数＋発がん＋発がん＊化学物質

(c)

	値（判別分析）	自由度	有意確率
尤度比	1.162	2	.559
Pearson のカイ 2 乗	1.151	2	.562

a モデル：多項ロジット

b 計画：定数＋発がん＋発がん＊放射線

表 12.2.2　不飽和モデルのパラメータ推定値

パラメータ推定値 (c, d)

パラメータ（非線型回帰／GLM）		推定値	標準誤差	Z	有意確率	95% 信頼区間 下限	上限
定数（回帰）	［放射線 =.00］＊［化学物質 =.00］	.405(a)					
	［放射線 =.00］＊［化学物質 =1.00］	.405(a)					
	［放射線 =1.00］＊［化学物質 =1.00］	2.015(a)					
	［放射線 =1.00］＊［化学物質 =1.00］	2.015(a)					
［発がん =.00］		1.099	.298	3.685	.000	.514	1.683
［発がん =1.00］		0(b)	.	.	.	.	.
［発がん =.00］＊［放射線 =.00］		1.846	.663	2.785	.005	.547	3.145
［発がん =.00］＊［放射線 =1.00］		0(b)	.	.	.	.	.
［発がん =1.00］＊［放射線 =.00］		0(b)	.	.	.	.	.
［発がん =1.00］＊［放射線 =1.00］		0(b)	.	.	.	.	.

a 定数は，多項仮定ではパラメータではありません．したがって，これらの標準誤差は計
算されません．

b このパラメータは余分であるため，0 に設定されています．

c モデル：多項ロジット

d 計画：定数＋発がん＋発がん＊放射線

[3] ロジット対数線形モデルに関するQ＆A

Q1　対数線形モデルとロジスティック回帰分析との違いは何ですか？

A1　ロジスティック回帰分析では説明変数がカテゴリー変数でも量的変数でも

適用可能ですが, 対数線形モデルのロジット・モデルでは原則として説明変数が
カテゴリー変数の場合を取り扱います. SPSSでは説明変数が量的変数の場合は
共変量としてモデルに取り入れますが, セル中のケースの共変量の平均値を適用
しています. いずれにしても, すべてがカテゴリー変数の場合に交互作用の有無
を検出する目的では対数線形モデルが適しているといえます.

Q2 3要因の交互作用はどのように考えればよいですか? また, 高次元の交互
作用を考えることは難しいですがどのような意味がありますか?

A2 例えば A, B, C の3要因の交互作用については, A と B の交互作用の大
きさが C のカテゴリーによって異なる場合, B と C の交互作用の大きさが A に影
響を与えている場合, などいくつかの解釈が可能です. したがって, 高次元の交互
作用が検出された場合には解釈に十分に気をつける必要があります. しかし, 対
数線形モデルではこれらの高次の交互作用も含めて数学的に統一的に取り扱え,
多次元の分割表への一般化を行っている点が重要だと思われます.

付 録

1) パラメータの制約条件

パラメータを推定するために必要な制約条件として主に2通りの方法が用いられている．例えば，2×2 の分割表の場合，$\lambda_1^A + \lambda_2^A = 0$, $\lambda_1^B + \lambda_2^B = 0$, $\lambda_{1j}^{AB} + \lambda_{2j}^{AB} = 0$, $\lambda_{i1}^{AB} + \lambda_{i2}^{AB} = 0$ とするか，あるいは $\lambda_2^A = 0$, $\lambda_2^B = 0$, $\lambda_{i1}^{AB} = 0$, $\lambda_{i2}^{AB} = 0$ とする．SPSSでは後者の条件を用いている．ただし，どちらの制約条件を用いるかは数学的にはあまり本質的ではない．また，このような制約条件をおけば，例えば 2×2 の分割表の場合，パラメータの数は4となる．

2) ポアソン分布と多項分布

多次元分割表データの標本分布については，2つ場合が考えられる．3変数の場合，セル (i, j, k) $(i = 1, \cdots, I, j = 1, \cdots, J, k = 1, \cdots, K)$ の観測度数 f_{ijk} が確率変数 X_{ijk} の実現値であるとする．このとき m_{ijk} を X_{ijk} の期待値とする．まず，全体の標本サイズもどの周辺和も固定されていない場合，はそれぞれ互いに独立にポアソン分布に従うと仮定される．すなわち，f_{ijk} のようなデータが得られる確率は

$$P(X_{ijk} = f_{ijk}) = \prod_{i=1}^{I} \prod_{j=1}^{J} \prod_{k=1}^{K} \frac{(m_{ijk})^{f_{ijk}}}{f_{ijk}!} \exp(-m_{ijk}) \tag{12.4}$$

となる．一方，全体の標本サイズ $(= n)$ またはいずれかの周辺和が固定されている場合，$X_{ijk} = f_{ijk}$ となる確率は

$$P(X_{ijk} = f_{ijk}) = \frac{n!}{\displaystyle\prod_{i=1}^{I} \prod_{j=1}^{J} \prod_{k=1}^{K} f_{ijk}!} \prod_{i=1}^{I} \prod_{j=1}^{J} \prod_{k=1}^{K} \left(\frac{m_{ijk}}{n}\right)^{f_{ijk}} \tag{12.5}$$

となる．m_{ijk} はそれぞれの分布のパラメータであり，上記の2つ式はいずれも尤度関数とみなせる．したがって，上記尤度関数を最大にするように m_{ijk} を求めればそれが最尤推定値となる．実際の計算では一定の収束条件をおいた上で反復計算を行うことにより最尤推定値が求められ，さらにこれを対数変換して各パラメータが求められる．（詳しくは Everitt (1980)，緒方・柳井 (1999) などを参照）

参考文献

Alexander von Eye (2002) *Configural Frequency Analysis*, Lawrence Erlbaum Associates.

Everitt,B.S.(1980) *The Analysis of Contingency Tables*, Chapman&Hall.

緒方裕光・松原純子・柴田義貞(1984)多重環境要因の複合効果の統計解析―対数線形モデルによる分析―, 応用統計学 **13**, 105–114.

緒方裕光・柳井晴夫(1999) 統計学―基礎と応用―, 現代数学社.

第13章

生存時間データの解析

　一個の生物，機械，あるいはシステムの一つの二値反応（binary response；起きる，起きない）に関して，観察開始からの経過時間 T を非負の確率変数と考えるとき，その反応が起こるまでの時間に関する観察データを生存時間（survival time）データと呼ぶ．生存時間は生物が死亡するまでの時間を意味するが，好ましくない反応が起きてしまう時間の意味で故障時間（failure time）と呼ばれることもある．生存時間の解析には，ノンパラメトリック，パラメトリック，及びセミパラメトリックな手法がある．ここでは，SPSS（Advanced Models）の分析機能を用いてノンパラメトリックな手法である生命表とカプラン・マイヤー法，及びセミパラメトリックな手法である比例ハザードモデルを紹介する．これらの方法は，生物の生存時間だけでなく，機械やその他の寿命時間に相当するデータに関して広く応用できる．なお，生命表の基本概念については，例えば，佐藤（2005）を，生存時間データの詳細な解析法については大橋・浜田（1995）を参照されたい．

13.1 生命表

[1]方法の概要

　生命表（life table method/ actuarial method）は Halley（1693）によって初めて提案されたとされる．生命表における出生コホートの仮想的な規模を Radix（基数）と呼ぶことがあり，通常は十万人である．

表 13.1.1　生命表の基本的構成要素

区間	中央値	幅	区間の始めの生存者数	区間死亡数	区間打切り数	推定値 区間死亡確率	推定値 区間生存確率	推定値 生存関数
$[t_1 = 0, t_2)$	t_{m1}	b_1	n_1	d_1	c_1	$\hat{q}_1$	$\hat{p}_1$	$\hat{S}_1 = 1$
$[t_2, t_3)$	t_{m2}	b_2	n_2	d_2	c_2	$\hat{q}_2$	$\hat{p}_2$	$\hat{S}_2$
$\vdots$	$\vdots$	$\vdots$	$\vdots$	$\vdots$	$\vdots$	$\vdots$	$\vdots$	$\vdots$
$[t_{k-1}, t_k)$	t_{mk-1}	b_{k-1}	n_{k-1}	d_{k-1}	c_{k-1}	$\hat{q}_{k-1}$	$\hat{p}_{k-1}$	$\hat{S}_{k-1}$
$[t_k, \infty)$	-	-	n_k	d_k	c_k	$\hat{q}_k = 1$	$\hat{p}_k = 0$	$\hat{S}_k$

　表 13.1.1 に Radix が n_1 の生命表の基本的構成要素を示す．区間 i, $[t_i, t_{i+1})$ $(i = 1, 2, \cdots, k-1$; ただし, $t_1 = 0)$, 区間中央値 t_{mi}, 及び区間幅 b_i に関して，区間の始めの生存者数を n_i, 区間中の死亡者数を d_i, および区間中の打切り数を c_i とする．従って，$n_{i+1} = n_i - d_i - c_i$. 区間生存確率は連続的に順序付けされた一つの二値反応の確率であるので，累積生存関数推定値 $\hat{S}_i = \hat{S}(t_i)$ は，$\hat{S}_{i+1} = \hat{S}_i p_i$ $(i = 1, \cdots, k-1$; $\hat{S}_1 = 1)$ で与えられる．区間中の（条件付き）生存確率 $\hat{p}_i$ は，$\hat{p}_i = 1 - \hat{q}_i$ で与えられる．ここで $\hat{q}_i$ は区間中の（条件付き）死亡確率で，$\hat{q}_i = \dfrac{d_i}{r_i}$ で与えられる．r_i はリスク人口数（population at risk）で $r_i = n_i - c_i/2$（打切りは区間内で一様に分布すると仮定）．

[2] 解析例

例 13.1.1

1) データ

　このような生命表の考え方をがん患者の臨床データに応用するようになったのが T 年生存率（Berkson and Gage（1950））である．治療効果の指標として，治療後からの生存時間を評価することが多い．しかし，単年度の人口動態統計と国勢調査に基づいた生命表データと違って，臨床研究では対象者数が少ないだけでなく，患者を少なくとも T 年以上追跡している間に，治療中止や，患者の転院などで追跡不能者が生じるし，T 年を超えた生存者は観察途中のまま研究を終了することが多い．前述したように研究対象としている反応の発生以前に別の事象（イベント）によって観察が中止された場合の時間を「打切り（censoring）」と呼ぶ．例えば，「x 年までは生存を確認したが，その後不明」である場合，生存時間は「x 年」ではなく，「x 年以上」である．

表 13.1.2 に「打切り」を含む腎臓がん男性患者の生存時間データ (Cutler and Ederer (1958)) の例を示す．区間 [4, 5) の一部の患者は 生存時間が [5, ∞) としての情報を持っていることに注意する必要がある．なお，区間 [0, 1) は 0 年以上 1 年未満を意味する．

表 13.1.2　Cutler と Ederer (1958) の 5 年生存率データ

区間 (年)	区間の始めの生存数	区間中に生じた死亡数	区間中に生じた追跡不能者数	区間中に生じた追跡中止者数
[0,1)	126	47	4	15
[1,2)	60	5	6	11
[2,3)	38	2	-	15
[3,4)	21	2	2	7
[4,5)	10	-	-	6

2) データの入力

表 13.1.2 のようなデータについて生命表を作成するには，各患者について生存時間と死亡または追跡不能の状態を入力する必要がある．生存時間としては，例えば [0, 1) までに死亡するか追跡不能になった患者については 0.5 を入力する．以下同様に 1.5, 2.5, 等を入力する．状態としては，区間中に死亡した患者については 1，区間中に生じた追跡不能者または区間中に生じた追跡中止者については，中途で追跡不能になった患者として 2 を入力する．これらの数値の設定は任意でよい．図 13.1.1 に入力データの一部を示した．

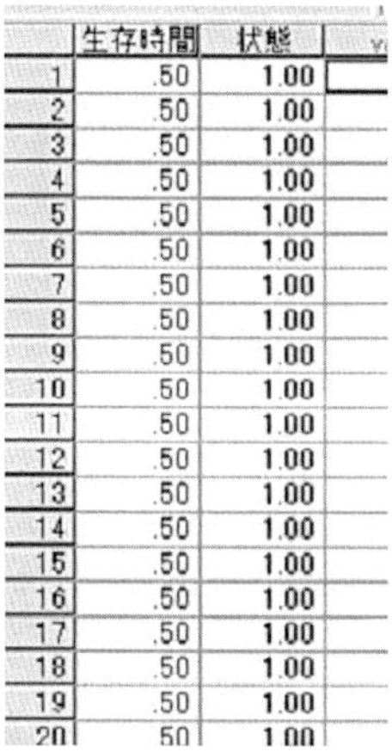

	生存時間	状態
1	.50	1.00
2	.50	1.00
3	.50	1.00
4	.50	1.00
5	.50	1.00
6	.50	1.00
7	.50	1.00
8	.50	1.00
9	.50	1.00
10	.50	1.00
11	.50	1.00
12	.50	1.00
13	.50	1.00
14	.50	1.00
15	.50	1.00
16	.50	1.00
17	.50	1.00
18	.50	1.00
19	.50	1.00
20	.50	1.00

図 13.1.1　入力データの一部

図 13.1.2　変数の設定

3) 分析の手順

生命表を作成するには，[分析]→[生存分析]→[生命表]を選択する．図 13.1.2 に変数の設定を示した．ここでは，状態変数の事象の定義として死亡の状態に割り当てた数値 1 を定義する．状態変数の数値が 1 以外（この場合は 2）の場合，途中で追跡不可能なケースとして処理される．表示時間間隔には，生命表の時間間隔を指定する．ここでは，0 年から増分 1 年で 5 年までとする．

4) 結果

この例では，米国コネチカットがん登録データから 1946 年から 1951 年までに局限性腎臓がんと診断された患者の診断日からの生存時間を追跡している．1946 年に診断された患者以外では追跡期間 5 年未満であるが，生存時間データを信頼性のある 5 年生存率が得られることを著者らは強調している．

累積生存分布関数 $S(t)$，密度関数 $f(t)$，ハザード関数 $\lambda(t)$ の 3 個の関数の推定値とその標準偏差を表 13.1.3 に示す．また，生存分布時間の中央値は 3.0545（標準誤差 0.759）年と推定できる．

表 13.1.3　生命表

生命表(a)

区間の最初の時点	区間に投入した数	区間の途中で離脱した数	リスクのある被験者の数	末期の被験者の数	末期率	生存率	区間の最後の生存率	区間の最後の生存の標準誤差	確率密度	確率密度の標準誤差	ハザード	ハザードの標準誤差
0	126	19	116.500	47	.40	.60	.60	.05	.403	.045	.51	.07
1	60	17	51.500	5	.10	.90	.54	.05	.058	.025	.10	.05
2	38	15	30.500	2	.07	.93	.50	.05	.035	.024	.07	.05
3	21	9	16.500	2	.12	.88	.44	.06	.061	.041	.13	.09
4	10	6	7.000	4	.57	.43	.19	.09	.253	.090	.80	.37

a 中央値の生存時間は 3.0545 です

[3] 生命表に関する Q&A

Q1　日本の生命表にはどのようなものがありますか？

A1　日本では明治 35 年以来，人口動態統計と国勢調査に基づいた生命表が作成されています．日本の生命表には毎年発表されている簡易生命表と確定人口を基礎資料とした(完全)生命表があります．出生してからの経過時間 T 年を確率変数と考えた生存関数を $S(t)$ とすると，t 歳に達したものが，その後生存できると期待される年数，平均余命(life expectancy) $LE(t)$ は，

$$LE(t) = E(T-t \mid T \geqq t) = \frac{\int_t^\infty (x-t)f(x)dx}{S(t)} = \frac{\int_t^\infty S(x)dx}{S(t)}. \tag{13.1}$$

特に，出生時 $t = 0$ の平均余命 $LE(0) = E(T) = \int_0^\infty xf(x)dx = \int_0^\infty S(x)dx$ は平均寿命(life expectancy at birth)と呼ばれています．通常，生命表の区間の単位は年齢で，乳児時期と最高齢区間を別にして区間幅 h は 1 年か 5 年とされ，打切り数はゼロです．表 13.1.1 の区間 i, $[t_i, t_{i+1}]$ ($t_{i+1} = t_i + b_i$) の中央値の定常人口を $_{b_i}L_{ti}$ ($b_i = 1$ のときは L_{ti} と表す) とすると，

$$LE(t_i) = \frac{\sum_{j=i}^{k+1} {}_{bj}L_{tj}}{n_i} \quad (\text{あるいは} = \frac{\sum_{j=i}^{k+1} L_{tj}}{n_i}) \text{ で計算されます．}$$

表 13.1.4　第 19 回（完全）生命表（平成 12 年, 2000 年）による平均余命（年）

	年齢					
	0	20	40	60	80	100
男	77.72	58.33	39.13	17.54	7.96	2.18
女	84.60	65.08	45.52	22.42	10.60	2.72

　表 13.1.4 は厚生労働省大臣官房統計情報部編の第 19 回（完全）生命表による代表的な平均余命を示しています．これは, 2000 年 1 月 1 日から同年 12 月 31 日の死亡状況と同年の国勢調査による確定人口を基礎資料として作成されました．

　この生命表では男で 112 歳, 女で 116 歳までの各歳別の基本的数値が示されています．$t_1 = 0$ 歳（1 歳未満）では約 85 ％が最初の半年で死亡し, ほぼ $L_{t1} = n_1 - (4/5)d_1$．$t_i = 1 \sim 99$ 歳では $L_{ti} = n_i - (1/2)d_i$ と概算するなら, 100 歳以上では $\sum_{j=100} L_{tj} = LE(100)n_{101}$ です．

13.2 カプラン・マイヤー法

[1] 方法の概要

　カプラン・マイヤー法（Kaplan–Meier method）は順序付けられた生存時間データによる解析方法で, 生存時間の区分方法に依存しない利点を持つ．生存時間データを小さいほうから順に並べて,

$$t_1 < t_2 < \cdots < t_i < \cdots < t_k$$

とする．生存時間 t_i の直前まで反応がない個数（打切りを含む）を n_i, また $d_i (\geq 1)$ 例が生存時間 t_i を記録したとする．累積生存関数推定値 $\hat{S}(t_i)$（Kaplan–Meier 推定値）は,

$$\hat{S}(t_i) = \left(\frac{n_1 - d_1}{n_1}\right)\left(\frac{n_2 - d_2}{n_2}\right)\cdots\left(\frac{n_i - d_i}{n_i}\right) \tag{13.2}$$

で与えられる．Kaplan と Meier (1958) はこの推定値を積限界推定量（product limit estimator）と呼んだ．

[2] 解析例

例 13.2.1

1) データ

表 13.2.1 は, 生存時間データ解析例としてよく引用される Gehan (1965) の無作為化臨床試験データである. 白血病が寛解した 42 例に寛解維持療法として無作為にプラセボ (対照群 21 例) あるいは 6-MP (治験群 21 例) が投与された. 再発までの時間が週を単位に示されている.

表 13.2.1　Gehan (1965) の白血病再発時間 (単位　週) データ

対照群										
1	1	2	2	3	4	4	5	5	8	8
8	8	11	11	12	12	15	17	22	23	
治験群										
6	6	6	6*	7	9*	10	10*	11*	13	16
17*	19*	20*	22	23	25*	32*	32*	34*	35*	

注) * 打切り (censoring).

2) データの入力

各患者について, 生存時間, 状態変数, 群変数を図 13.2.1 のように入力する. ここでは, 状態変数を死亡の場合は 1, 途中で追跡不可能となった場合を 2 とし, 群変数については対照群を 1, 治療群を 2 とした.

3) 分析の手順

カプラン・マイヤーの方法を実行するには, [分析] → [生存分析] → [Kaplan-Meier] を選択する. 図 13.2.2, 図 13.2.3 に変数の設定およびオプションの設定を示した.

	生存時間	状態	群	
1	1.00	1.00	1.00	
2	1.00	1.00	1.00	
3	2.00	1.00	1.00	
4	2.00	1.00	1.00	
5	3.00	1.00	1.00	
6	4.00	1.00	1.00	
7	4.00	1.00	1.00	
8	5.00	1.00	1.00	
9	5.00	1.00	1.00	
10	8.00	1.00	1.00	
11	8.00	1.00	1.00	
12	8.00	1.00	1.00	
13	8.00	1.00	1.00	
14	11.00	1.00	1.00	
15	11.00	1.00	1.00	
16	12.00	1.00	1.00	
17	12.00	1.00	1.00	
18	15.00	1.00	1.00	
19	17.00	1.00	1.00	
20	22.00	1.00	1.00	
21	23.00	1.00	1.00	
22	6.00	1.00	2.00	
23	6.00	1.00	2.00	
24	6.00	1.00	2.00	
25	6.00	2.00	2.00	
26	7.00	1.00	2.00	

図 13.2.1　入力データの一部

図 13.2.2　変数の設定

変数の設定では，生存変数として「生存時間」，状態変数として「状態」，因子として「群」を指定し，状態変数の「事象の定義」では，終結事象を示す値として「単一値」の 1 を指定する．2 群間で累積生存時間分布の違いを検定するためには因子の比較で，ログランク，Breslow を指定する．ストラータ (A) は，生存時間の長さをいくつかの層（例えば，生存時間 2 年以内，2 年以上）にわけて，それぞれの層別に図 13.2.4 のような生存時間関数，表 13.2.3 のような検定結果を求めるものである．

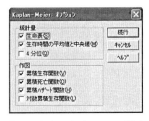

図 13.2.3　オプションの設定

4) 結果

　累積生存関数の Kaplan–Meier 推定値を 図 13.2.4 に示した．図中の群 1 が対照群で，群 2 が治験群である．要約統計量として出力される生存時間の平均値（最後の観察値である打切り値までの計算）および中央値の推定値は表 13.2.2 に示す．

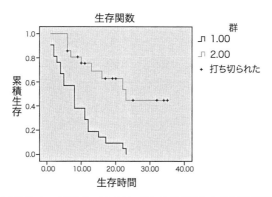

図 13.2.4　カプラン・マイヤー法により推定した生存時間関数

表 13.2.2　生存時間に関する推定値

生存時間の平均値および中央値

群	平均値 (a)				中央値			
	推定値	標準誤差	95%信頼区間		推定値	標準誤差	95%信頼区間	
			下 限	上 限			下 限	上 限
1.00	8.667	1.411	5.900	11.433	8.000	1.669	4.729	11.271
2.00	23.287	2.827	17.746	28.829	23.000	5.255	12.699	33.301
すべて	15.339	1.860	11.693	18.985	12.000	1.717	8.636	15.364

　この例では，図 13.2.4 に示されるように治験群が対照群より生存時間が長いことを示唆しており，対照群の中央値（Q_{50}）は 8 週であるが，治験群の中央値は 23 週であった．

　また，2 群間の累積生存分布関数の違いの統計学的検定として，ログランク検定（Log–Rank test），一般化ウィルコクソン検定（generalized Wilcoxon test）の結果が表 13.2.3 のように得られる．

表 13.2.3　2 群間の累積生存時間分布の統計学的検定

全体の比較

	カイ 2 乗	自由度	有意確率
Log Rank(Mantel-Cox)	16.793	1	.000
Breslow(Generalized Wilcoxon)	13.458	1	.000

さまざまなレベルの群の生存分布に関する等質性を検定します．

　ログランク検定及びウィルコクソン検定は生存時間の分布を仮定しない群間比較を行うためのノンパラメトリック検定である．比較している二つの累積生存分布関数を $S_1(t)$, $S_2(t)$ とすると，検定している帰無仮説は $H_0: S_1(t) = S_2(t)$ であり，対立仮説は $H_1: S_1(t) \neq S_2(t)$ ($t \leq t_p$, t_p は観察した最大の生存時間) である．ログランク検定 (Peto & Peto (1972)) は，分割表のマンテル・ヘンツェル法 (Mantel と Haenzel (1959)) を生存時間データ解析に応用した検定方法である．他方，ここでのウィルコクソン検定は打切りがある順序統計量まで拡張されているので，一般化ウィルコクソン検定 (Gehan (1965)) と呼ばれる．この二つの検定統計量は統一的に表現でき，ウィルコクソン検定は観察期間の前半，ログランク検定は観察期間の後半の 2 群間の分布の差異が検定結果に影響する．

　この例では，表表 13.2.3 のように何れの検定統計量も 1% の有意水準で帰無仮説が棄却されることを示している．

　これらの検定統計量は 3 群間以上の比較に用いることができ，帰無仮説 $H_0: S_1(t) = S_2(t) = \cdots = S_g(t)$ ($g \geq 3$)，対立仮説 H_1：少なくともいずれか 1 組の群間で $S_i(t) \neq S_j(t)$ ($i \neq j$) のもとで検定統計量が近似的に自由度 $g-1$ の χ^2 分布に従うことで多重比較の考え方を応用して検定ができる．3 群間以上の比較では，傾向性の検定も考慮すべきである．

13.3 　比例ハザードモデル

[1] 　方法の概要

　生存時間データの回帰分析として現在よく利用されている Cox 比例ハザードモデル (Cox's proportional hazards model) はセミパラメトリックな手法であり，特定の分布を仮定しない部分尤度 (partial likelihood) の考え方による．比例ハザードモデルでは，ハザード関数を説明変数ベクトル $\boldsymbol{x}$ を用いて

$$\lambda(t | \boldsymbol{\beta}' \boldsymbol{x}) = \lambda_0(t) \exp(\boldsymbol{\beta}' \boldsymbol{x})$$

とする．ただし，便宜上 $\lambda_0(t)$ は $\boldsymbol{x} = 0$ ベクトルのときのハザード関数とし，基準ハザード関数あるいはベースライン（リスク）と呼ばれることがある．このよ

うな比例ハザードモデルが，線形回帰分析を生存時間分布に拡張する方法として Cox(1972) により提案されたので Cox 比例ハザードモデルと呼ばれる．

[2] 解析例

例 13.3.1

1)　データ

　表 13.2.1 に示したデータに Cox 比例ハザードモデルを適用する．図 13.3.1 のように変数の指定をする．

図 13.3.1　Cox回帰分析のための変数の指定

2) 分析の手順

　Cox の比例ハザードモデルを適用するには，[分析]→[生存分析]→[Cox回帰] を選択する．図 13.3.2, に作図の設定を示した．

図 13.3.2　Cox回帰分析の作図の指定

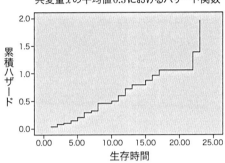
共変量xの平均値0.5におけるハザード関数

図13.3.3 Cox回帰分析によるハザード関数

3) 結果

　表13.2.1の生存時間データにCox比例ハザードモデルによりパラメータを推定した結果を表13.3.1に示す．また，共変量xの平均値（0.5）におけるハザード関数のグラフを図13.3.3に示した．さらに時間依存のCox回帰モデルによる分析結果を表13.3.2に示した．表13.3.1は，モデルとして一つの説明変数x（治験群$x=1$，対照群$x=0$）を用いた場合，表13.3.2は，さらに時間依存性説明変数$x(t)$（治験群$x(t)=\ln t$，対照群$x(t)=0$）をモデルに加えた場合である．後者の場合，xと$x(t)$に対応するパラメータを各々β_1，β_2とすれば，ベースライン（対照群のハザード関数）$\lambda_0(t)$と比べた，治験群の相対リスクは$\exp(\beta_1)t^{\beta_2}$となる．この相対リスクはβ_2が正であれば時間の経過に従って増加し，負であれば時間の経過によって減少する．時間依存のCox回帰モデルの帰無仮説$H_0: \beta_2 = 0$に対するWald統計量の有意確率は0.558で帰無仮説を棄却する根拠がないことを示している．これらの結果は表13.2.1の生存時間データが観察時間内で時間依存性説明変数を必要とする証拠が弱いことを示している．

　時間依存のCox回帰を行うためには，［分析］→［生存解析］→［時間依存のCox回帰］を選び，図13.3.4と図13.3.5のように指定する．

表13.3.1 Cox回帰分析の結果
方程式中の変数

| | β | 標準誤差 | Wald | 自由度 | 有意確率 | $\text{Exp}(\beta)$ | $\text{Exp}(\beta)$ の 95.0% CI | |
							下限	上限
群	-1.509	.410	13.578	1	.000	.221	.099	.493

表13.3.2 時間依存のCox回帰分析の結果

方程式中の変数

	β	標準誤差	Wald	自由度	有意確率	Exp(β)	Exp(β) の 95.0% CI	
							下限	上限
群	-2.224	1.313	2.869	1	.090	.108	.008	1.418
T_COV_	.333	.568	.343	1	.558	1.395	.458	4.251

[3] 比例ハザードモデルに関するQ&A

Q1 時間依存のCox回帰ではどのようにモデルを設定すればよいですか?

A1 例13.3.1では,時間依存性の共変量として $x(t)$ (治験群 $x(t) = \ln t$, 対照群 $x(t) = 0$) をモデルに加えるために, $\ln$(生存時間) ∗ 群というモデルを設定しました.(図13.3.4 および図13.3.5 参照)

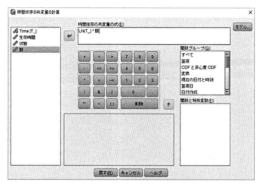

図13.3.4 時間依存のCox回帰分析のためのモデルの指定(1)

図13.3.5 時間依存のCox回帰分析のためのモデルの指定(2)

付 録

1）累積生存分布関数, 密度関数, ハザード関数

生存時間を表す連続な確率変数 T が $T \geqq t$（tは規定した時間, $t > 0$）である確率 P $(T \geqq t)$（t までは反応が起きない確率）を累積生存分布関数 $S(t)$ と呼び, 確率変数 T の確率分布関数 $F(t) = \mathrm{P}(T \leqq t)$ との関係は $F(t) = 1 - S(t)$ である. また, 時間区間 $[t, t+\Delta t]$ 内で反応する確率 $\mathrm{P}(t < T < t+\Delta t)$ を用いて定義される（確率）密度関数 $f(t)$ は, $f(t) = \lim_{\Delta t \to 0+} \dfrac{\mathrm{P}(t < T < t+\Delta t)}{\Delta t}$ である. そして $F(t) = \displaystyle\int_0^t f(t)dt$, $f(t) = F(t)' = -S(t)'$. さらに, $S(0) = 1$, $F(0) = 0$, $S(\infty) = 0$, 及び $F(\infty) = 1$.

生存時間データの解析で重要なのは $T \geqq t$ との条件付きで時間区間 $[t, t+\Delta t]$ 内で反応する確率 $\mathrm{P}(t < T < t+\Delta t \,|\, T \geqq t)$ を用いて定義されるハザード関数 $\lambda(t)$,

$$
\begin{aligned}
\lambda(t) &= \lim_{\Delta t \to 0+} \frac{\mathrm{P}(t < T < t+\Delta t \,|\, T \geqq t)}{\Delta t} \\
&= \frac{f(t)}{S(t)} = \frac{-S(t)'}{S(t)} = -\frac{d\ln S(t)}{dt}
\end{aligned}
\tag{13.4}
$$

である. 従って, $S(t) = \exp\left[-\displaystyle\int_0^t \lambda(t)dt\right]$,

$f(t) = \lambda(t)S(t) = \lambda(t)\exp\left[-\displaystyle\int_0^t \lambda(t)dt\right]$.

このように3個の関数 $S(t)$, $f(t)$, 及び $\lambda(t)$ はいずれも一つの特定の生存時間分布を一意に定めることが解る. 一方で, それぞれの関数は我々に異なった観点から観察データの解釈を与えてくれる. $\lambda(t)$ は反応が起こる瞬間のリスクの形状を時間の関数として表す. 例えば, 疫学研究でがんの発生リスクは観察開始からの経過時間を確率変数としたハザード関数と暗黙裏に考えられ, 観察人年 (person-years) 当りのがん発生数で表現された罹患率や死亡率で示される. $f(t)$ は反応の期間別頻度の形状を評価するのに有用である. $S(t)$ は興味ある

生存確率を与える時間の推定に有用である.

2) 累積ハザード関数

$\int_0^t \lambda(t)dt$ を累積ハザード関数と呼ぶことがあり，これを $H(t)$ とすれば，$S(t) = \exp[-H(t)]$ から $H(t) = -\ln S(t)$．また，$F(t) = 1 - S(t) = 1 - \exp[-H(t)]$．$H(t)$ が十分に小さければ，$F(t) \doteqdot H(t)$．例えば，ある観察期間内で年齢別がん罹患率が定常的に $\hat{\lambda}(a)$（$a = 0, 1, \cdots, 84$，と各歳で推定）であったと仮定すると，国別の 65 歳あるいは 75 歳未満の累積がん罹患率の近似値として，累積ハザード値 $\sum_{a=0}^{64} \hat{\lambda}(a)$ あるいは $\sum_{a=0}^{74} \hat{\lambda}(a)$ が用いられることがある.

3) 寿命と時間

生物，機械，あるいはシステムであれ，寿命が存在する．例えば，ヒトの寿命を決める主要なリスクの一つである発がんリスクは年齢（a）のべき関数（ca^n，c は定数）のように増加するが，固形がん（リンパ・造血組織を除いた悪性腫瘍）における急激な増加（$n = 4 \sim 6$）に比べ白血病では増加が緩慢である．この年齢別発生リスクを説明するために多段階発がんモデル（Armitage & Doll, 1954）が考えられた．そこで長期に亘る観察期間であれば発がんリスクは観察開始からの経過時間 t で表現したハザード関数 $\lambda(t)$ より，観察開始時の年齢を x および $a = x + t$ として，年齢別発生リスク $\lambda^*(a)$ で表現した方が理解し易いこともある.

4) リスク因子との量・反応関係

研究対象とする反応の発生原因をリスク因子と呼ぶ．疫学研究ではリスク因子による発生リスクの差異は，長い潜伏期のために死亡率や罹患率，つまりハザード関数に組込まれて評価されることが多い．リスク因子と反応の因果関係は，リスク因子が反応より時間的に先行するだけでなく，リスク因子の量と反応の発生リスクの間に量・反応関係がみられることが重要である.

5) 打切りと競合リスク

　観察開始時点と観察終了時点は研究目的に応じて決められる．研究対象とする反応の発生前に別の事象（イベント）が起きるか，何らかの理由で観察を中止した場合を打切り（censoring）（通常，このように研究対象の反応は打切られた時間より後［右］であることを情報として含むので，右側打切り）と呼ぶ．また，多くの場合，生存時間データは観察期間の最後まで反応が起こらないデータを含む．便宜的に研究対象とする反応の生存時間を T_r，観察期間内の打切りに関する生存時間を C，及び解析する観察期間を t_p とすると，観察している生存時間 T は，$T = \mathrm{mini}(T_r, C, t_p)$ と考えると理解し易い．リスク因子の有無に関わらず，研究対象とする反応以外の特定の事象の発生リスクを競合リスクと呼ぶ．競合リスクを考えない場合，研究対象とする反応が発生する生涯リスク（上記確率分布 $F(\infty)$）は常に 1 である．前述した，累積ハザード関数 $H(t)$ は，競合リスクを仮定しない場合で，その値が十分に小さければ，確率分布 $F(t)$ の近似値として意味がある．例えば，日本の白血病の 75 歳未満の累積罹患率は 0.42～0.96% の範囲である．この指標は，人口構成を調整する必要がない．他方，競合リスクを考えた場合，例えば，あるヒトの死亡生涯リスクは事故などの外因で死亡する確率は約 9%，がんで死亡する確率は約 29%，及びがん以外の疾患で死亡する確率は約 62% であろう．

6)　生存時間データの解析とリスクアセスメント

　リスクアセスメントの分野でもハザード関数（例えばがん罹患率）の回帰モデルによる解析が行われている．この中心的なデータはヒトの集団を対象とした疫学研究（epidemiologic study），特に固定集団を長期に追跡するコホート研究（cohort study）から得られてきた．コホート研究の古典的な解析方法の一つが分割表のマンテル・ヘンツェル法（13.2　カプラン・マイヤー法の項参照）の応用である．現在では，Cox 比例ハザードモデルだけでなく，観察人年を用いたポアソン回帰モデルもコホート研究の解析方法として用いられる．ポアソン回帰モデルは指数分布族（exponential family of distributions）に関する一般化線形モデルの一つであり，セミパラメトリックな手法も用いられる．総観察人年は，健康影響が発生した個体や打ち切りが生じた個体では観察開始からそれまでの経過年数，非発生個体では観察期間の年数を加えた値となる．例えば，観察開始から t 年目の

一年間で，男女・年齢で層別化した階層j，説明変数xの集団で健康影響が発生した個体数を$O(t|x, j)$，対応する観察人年$PY(t|x, j)$をとすると，ポアソン回帰モデルは

$$O(t|x, j) \sim \text{Poisson}(E(t|x, j)), \; E(t|x, j) = PY(t|x, j)\lambda(t|\beta'x, j)$$

と表現される．また，$\lambda(t|\beta'x, j) = \lambda_{0j}(t)RR(\beta'x)$ あるいは $\lambda(t|\beta'x, j) = \lambda_{0j}(t) + \text{EAR}(\beta'x)$ のモデル型が用いられる．$RR(\beta'x)$は相対リスクを示す．$E(t|x, j)$は正の値しか取りえないため$RR(\beta'x)$はCox比例ハザードモデルと同様に$\exp(\beta'x)$とすると都合が良いが，$1+\beta'x$とすることもある．後者の利点は，説明変数xが一つのリスク因子被ばく量であるとき，対応する回帰係数βが単位被ばく量当りの過剰相対リスク（excess relative risk）と解釈できることである．$\text{EAR}(\beta'x)$は過剰絶対リスク（excess absolute risk）を示す．なお，Cox比例ハザードモデルと同様にポアソン回帰モデルでも時間依存性説明変数$x(t)$を用いることもある．

　生命表の考え方を応用したある健康指標が生涯を通じて発生する確率を生涯リスク（lifetime risk）と呼び，これを一つのリスクの指標として用いることがある．例えば，65歳あるいは75歳までの累積がん罹患率が国別のがん罹患の生涯リスクの近似値として用いられる．この場合，競合リスクを考えないので全ての部位で理論的な生涯リスクは$1 (= F(\infty))$，$F(t)$は累積分布関数）である．他方，死亡による生涯リスクをいくつかの死因による競合リスク（k個のハザード関数$\lambda_i(t)$, $i = 1, \cdots, k$）に分割する方法がある．この場合の一つの方法は，t歳の全死因のハザード関数を$\lambda(t)$，その累積生存分布関数を$S(t)$，及び死因iのハザード関数を$\lambda_i(t)$，そして死因iの生涯リスクをLR_iとし，

$$\lambda(t) = \sum_{i=1}^{k}\lambda_i(t), \; S(t) = \exp\left(-\int_0^t \lambda(t)dt\right),$$

$$\text{LR}_i = \int_0^\infty \lambda_i(t)S(t)dt, \; \sum_{i=1}^{k}\text{LR}_i = 1$$

とすることである．特定のリスク因子が影響を与える死因は一つではないかもしれない．特定のリスク因子の被ばく量をx，被ばく時年齢をeとした被ばく後の死因iの生涯リスクは，

$$\text{LR}_i(x, e) = \int_e^\infty \lambda_i(t|x, e)S(t|x, e)dt, \; \sum_{i=1}^{k}\text{LR}_i(x, e) = 1 \tag{13.5}$$

となる．また，死因iの被ばく誘発死亡（生涯）リスク (lifetime risk of exposure-induced death)，$\mathrm{REID}_i(x, e)$を，

$$\mathrm{REID}_i(x, e) = \int_e^\infty \mathrm{EAR}_i(t|x, e)S(t|x, e)dt,$$

$$\mathrm{EAR}_i(t|x, e) = \lambda_i(t|x, e) - \lambda_i(t|x=0, e) \tag{13.6}$$

とすることが提案されている．これにより，死因iの自然発生による（特定のリスク因子によらない）生涯リスクを$\mathrm{LR}_i(x, e) - \mathrm{REID}_i(x, e)$と概念的に区別できる．特定のリスク因子がハザード関数に与える影響に比べ，平均余命に与える影響は一般に小さい．そこで特定のリスク因子による寿命損失の指標として死因iのリスク因子誘発死亡例当りの平均余命の損失が考えられている．この寿命損失は死因の種類i，被ばく時年齢eには依存するが，被ばく量xにはほとんど依存しない．この考え方は死亡だけでなく，罹患にも応用できる．

7) 部分尤度

Cox比例ハザードモデルではベースライン$\lambda_0(t)$を未知のままにしておいて，βに関する推測を行う．区間k, $[t_k, t_{k+1})$（区間幅h_k, $k=1, \cdots, m$）では，$\lambda_0(t)$が時間に一定で$\lambda_0(t) = \lambda_k$とする．区間幅を小さくしていくことで，区間内の生存時間が観察された個体数を1個体とすることができるが，λ_k（及び$\lambda_0(t|\lambda_1, \cdots, \lambda_m)$）の推定値の精度は減少するであろう．このとき$\beta$の最尤推定量$\hat{\beta}$は尤度関数，

$$\mathrm{L}(\hat{\beta}) = \frac{1}{e^n \prod_{j=1}^n h_j} \prod_{j=1}^n \frac{\exp(\hat{\beta}' \boldsymbol{x}_{i(j)})}{\sum_{l \in R_j} \exp(\hat{\beta}' \boldsymbol{x}_l)} = \frac{1}{e^n \prod_{j=1}^n h_j} \mathrm{PL}(\hat{\beta}) \tag{13.7}$$

を最大にする．ここでnは生存時間が観察された個数，R_jはj番目に観察された生存時間直前のリスクセット，$i(j)$はj番目に生存時間が観察された個体，及びh_jは$j-1$番目とj番目に観察された生存時間の区間幅．$\mathrm{PL}(\hat{\beta})$は$\lambda_0(t)$に依存しないで，説明変数だけに依存することが理解できる．そこで$\mathrm{PL}(\hat{\beta})$を，部分尤度あるいは偏尤度と呼び，部分尤度を最大にするβを推定する方法が考え出された．ベースライン$\lambda_0(t)$のようになんらかの条件付き統計学的推測により，尤度関数から当面関心のないパラメータ（局外母数 (nuisance parameter) と呼ばれ

る）として除くことをセミパラメトリックな手法と呼ぶ．なお，同時点の生存時間データが複数存在するとき，タイ（tie）があると言う．現実問題として生存時間データにタイが生じる場合があり，その計算処理方法がいくつか考えられている．さらに，Coxは説明変数ベクトルが時間依存性である場合にも比例ハザードモデルを拡張している．

参考文献

Armitage, P. and Doll. R. (1954) The age distribution of cancer and a multistage theory of carcinogenesis, *British Journal of Cancer*, 8, 1-12.

Berkson, J. and Gage. R.P. (1952) Survival curve for cancer patients following treatment, *J. Am. Stat. Assoc.* 47, 501-515.

Cox. D.R. (1972) Regression models and life tables (with discussion), *J. R. Stat. Soc.* B34, 187-220.

Cutler, S.J. and Ederer. F. (1958) Maximum utilization of the life table in analyzing survival, *J. Chronic Dis.* 8, 699-712.

Gehan. E.A. (1965) A generalized Wilcoxon test for comparing arbitrarily singly-censored samples, *Biometrika* 52, 203-223.

Kaplan, E.L. and Meier. P. (1958) Non-parametric estimation from incomplete observations, *Journal of the American Statistical Association* 53, 457-481.

厚生労働省大臣官房統計情報部編(2002) 第19回生命表．厚生統計協会．

佐藤俊哉(2005)宇宙怪人しまりす医療統計を学ぶ,岩波書店．

Mantel, N. and Haenszel. W. (1959) Statistical aspects of the analysis of data from retrospective studies of disease, *J. Natl. Cancer Inst.* 22, 719-748.

大橋靖雄・浜田知久馬(1995)生存時間解析 SASによる生物統計,東京大学出版会．

Peto, R. and Peto. J. (1972) Asymptotically efficient rank invariant test procedures (with discussion), *J. R. Stat. Soc.* A135, 185-206.

さらに進んだ分析法
——多変量解析法を中心にして——

14.1 多変量解析について

これまで，第5章，7章，8章，9章，10章，11章で解説した重回帰分析，主成分分析，因子分析，クラスター分析，判別分析，ロジスティック回帰分析，および第13章の生存時間データの解析の第3節で解説した比例ハザードモデルは，いくつかの個体が，複数個の変量に関する観測値によって特徴づけられる多変量データ (multivariate data) が与えられている場合，それらの変量間の相互関係を分析する多変量解析 (multivariate analysis) と呼ばれる統計的な解析の手法である．より詳しくいえば，多変量解析とは，事象そのもの，またはその事象の背後にあると想定される要因の多元的測定から，

（ⅰ）事象の簡潔な記述と情報の圧縮（次元の縮小），

（ⅱ）事象の背後にある潜在因子の探索（次元の意味づけ），

（ⅲ）事象に対する複雑に絡みあった多数の要因の影響の総合化（変数の重みづけ），

（ⅳ）未知のデータの判別と分類，

を目的とする一連の統計的手法の総称といえよう．

多変量解析には，本書のこれまでの各章において説明された手法の他に，多次元尺度分析，重回帰分析や判別分析に質的データを適用する数量化理論，正準相関分析および理論的にその特別な場合とみなされてよい対応分析，といった手法がある．

ところで，こういった多変量解析の各種の技法や，多変量正規分布に基づく統計的推測の主要な枠組みはイギリスのゴールトン (F. Galton)，ピアソン (K. Pearson)，フィッシャー (R. A. Fisher)，インドのマハラノビス (P. C. Mahalanobis)，アメリカ

のホテリング (H. Hotelling) やアンダーソン (T.W.Anderson) らによって, 1960 年代までにはほぼ完成されていたが, 計算量が膨大なために, 実際データへの適用はあまり多く見られなかった. しかし, 1970 年代になって多変量解析の応用が心理学, 経済学, 医学などの分野において普及していくにつれ, SPSS, BMDP, SAS といった汎用統計プログラムパッケージが登場し, 複雑な計算を要する多変量解析の技法をもはや, 特殊なものではなく, 1 変量の検定と同様に極めて身近な統計的手法に変貌させたといえよう. そのため, 1980 年代になると, 多変量解析は, 法律学, 経済学, 政治学, 心理学, 教育学, 社会学, 農学, 人類学, 生物学, 医学など, いわゆる広義の意味での行動科学と呼ばれる幅広い分野における統計的データ解析の手法として定着したといい得ても過言ではない.

　これまでに, 多変量解析の各種技法の理論, 応用に関する書物は多数出版されているが, 応用面に限定すると, 人類学全般に関する応用事例を紹介していた VanVarks&Hawell (1984), 人文科学全般にわたる応用事例を紹介した鈴木・竹内 (1987) および柳井他 (1990), 心理教育学の応用事例を紹介した渡部 (1992), 工学の応用事例を紹介した吉沢・芳賀 (1992, 1997) がある. さらに, 20 世紀後半から 21 世紀にかけて, 多変量解析の応用は上記の分野にとどまらず建築学, 土木・交通工学, 歯学, 看護学, 計量文献学, 家政学, 文化人類学, 体育学にも広まった. 先に述べた領域, および上記の領域からの 73 の代表的論文をまとめたものに柳井他 (2002) がある.

　ところで, 1980 年代以降, 心理学, 公衆衛生学の学会誌に掲載された論文の約 20 ％に多変量解析が適用されている事実は多変量解析法の幅広い応用可能性を如実に示すものである. 1990 年代になると, 1970 年代において米国において理論的発展が進められた項目反応理論 (item response theory), 共分散構造分析 (covariance structure analysis) といった新しいタイプの多変量解析の手法が主に心理学の分野において発展した. さらに, 上記の分野の他に, 工学の分野にも多変量解析が発展し, 主成分分析を拡張した手法として, 独立成分分析 (independent component analysis) という新しい技法が発展した. なお, 多変量解析の理論的文献としては, 1958 年に初版が出版され, 2003 年に 3 版が出版された (Anderson, 1958, 2003) をあげておこう.

14.2 多変量データの種類と構造

表 14.1 多変量データ

個体 / 変数	1	2	3	・・	j	・・	p
1	x_{11}	x_{12}	x_{13}	・・	x_{1j}	・・	x_{1p}
2	x_{21}	x_{22}	x_{23}	・・	x_{2j}	・・	x_{2p}
3	x_{31}	x_{32}	x_{33}	・・	x_{3j}	・・	x_{3p}
・・	・・	・・	・・	・・	・・	・・	・・
i	x_{i1}	x_{i2}	x_{i3}		x_{ij}		x_{ip}
・・	・・	・・	・・	・・	・・	・・	・・
n	x_{n1}	x_{n2}	x_{n3}	・・	x_{nj}	・・	x_{np}

　多変量データとは一般に，表 14.1 のように，縦に n 個の個体，横に p 個の変量を割り当てた $n \times p$ 行列として表すことができる．ここで，p 個の変量 $x_1, x_2, \cdots, x_p$ に関する n 個の個体の測定値を成分とする n 次元ベクトルを $\boldsymbol{x}_j\ (j = 1, \cdots, p)$ とすれば，それらを列ベクトルにもつ $n \times p$ 型行列 X を多変量データとみなすことができる．この操作により，記述的な立場から眺めると，多変量解析の各種の技法の数学的操作は，n 次元ユークリッド空間内に，p 個の変量の持つ構造をよく反映できるような比較的少数の次元を持つ線形部分空間を構成することにあるといえよう．なお，n 個のデータは必ずしも個人データである必要はなく，例えば，県別，国別のように，地域データであってもよい．さらには，いくつかの企業のある期間における株価のような時系列データを多変量データとして取り扱うこともできる．ところで，上記の n 個の個体のそれぞれについて，p 個の変量のほかに，q 個の変量 $y_1, y_2, \cdots, y_q$ に関する多変量データ $Y = (y_1, y_2, \cdots, y_q)$ がある場合，$(p + q)$ 個の変量に関する多変量データを，$n \times (p + q)$ 行列 $Z = (X, Y)$ と記述することができる．

　ここで，分析の対象となる変数が 2 組の変数群（X および Y）に分割され，X に含まれる複数個の変量の変動が原因となって，その結果，Y に含まれる変量の変動が生ずるような場合を考えよう．すなわち，n 組のデータのそれぞれについて，p 個の変量 $x_1, x_2, \cdots, x_p$ と 1 個の変量 y があり，k 番目のデータについて，

$$y_k = f(x_{1k}, x_{2k}, \cdots, x_{pk}) + \varepsilon_k,\ k = 1, \cdots, n \tag{14.1}$$

という関係式が想定される場合，$x_j\ (j = 1, \cdots, p)$ を独立変数（independent variable），y を従属変数（dependent variable），または，$x_j\ (j = 1, \cdots, p)$ を説明変数（explanatory variable），y を基準変数（criterion variable）または目的変数という．X と Y の間に厳密な意味での因果関係が成立しなくても，X の変動に基づい

て, Y の変動が説明できる場合, やはり X は説明変数, Y は目的変数とよぶことができる. 目的変数とは, 説明変数 X の測定目標となる変数で外的基準とよばれることがある.

分析に用いられる変数群 Z が説明変数 X と目的変数 Y の 2 組に分離される場合の多変量解析の手法は「外的基準のある場合の手法」, そうでない場合の手法は「外的基準のない場合の手法」と呼ばれる. 後者の範疇に含まれる手法においては, 分析の出発点が必ずしも X または Y のような矩形型の行列によって表現される多変量データではなく, p 個の変数間の類似度 (または非類似度) からなる, 正方行列型の類似度行列 S が分析の出発点になることがある.

なお, 外的基準のある場合の分析法において, X, Y の一方の変数群が, 実際のデータではなく, 仮想された潜在変数 (latent variable) である場合がある. このような潜在変数によってデータを説明するモデルは一般に潜在変数モデル (latent variable model) と呼ばれる.

なお, 多変量解析が取り扱う多変量データは, 必ずしも 2 次元の表形式のデータに限られることはない. これらの多変量データを時系列的に収集すれば, 3 次元の多変量データとなる. また, 心理学においてしばしば用いられる SD 法 (semantic differential method) においては, (対象) × (刺激語) × (被験者) の 3 次元多変量データが得られる. さらに, 2 つの多変量データ行列 B および C のクロネッカー積 $B \otimes C$ を多変量データとして用いることもできる.

14.3 変数の種類

すでに, 第 2 章においても触れたが, 上記の $(p+q)$ 個の変数 X, Y のそれぞれに与えられる数値の種類は, 次のように分類される. まず, 身長, 体重, 学力試験の得点, 摂氏の温度のように数値間の間隔と距離に加法性が成立する場合, その数値は間隔尺度 (interval scale) とよばれる. このうち, 身長, 体重のように絶対零点を持ち, 比が意味を持つ数値は比尺度 (ratio scale) とよばれる. 間隔尺度にはならないが, 1, 2, 3 といった数値間の順序には意味がある数値は順序尺度 (ordinal scale), 数値の間隔, および順序, ともに意味のない数値は名義尺度 (nominal scale) とよばれる. 間隔尺度, 比尺度をなす数値によって構成されるデータは量的データと呼ばれ, 加減乗除の計算が可能で, それぞれの変量についての平均値, 標準偏差, および, ピアソンの積率相関係数を求めることが可能で

ある．順序尺度の場合には，適当な仮定をおくことによって，順位値を間隔尺度値に変換することができるが，最も簡単には，順位値をそのまま間隔尺度値とみなすこともできる．数値が職業名，支持政党名のようにアイテム（項目）–カテゴリー型の名義尺度の変数からなる質的データである場合は，明らかにそれぞれの数値の加減乗除は不可能である．ある変量データがカテゴリー数kからなるアイテムに対応する反応として与えられている場合，該当するカテゴリーに 1，ほかのすべてのカテゴリーに 0 を与えることによって構成されるダミー変数（dummy variables）を定義すれば，それぞれの合計点および平均値は，各カテゴリーへの反応頻度および反応の割合を与える．なおダミー変数においてカテゴリ数が 2 の場合，2 値データ（binary data）とよばれる．

以上述べたように，多変量解析の手法は，(1) 外的基準の有無，(2) 変数群 X, Y が量的変数（間隔尺度，比尺度），質的変数（名義尺度）のいずれか．(3) 変数群 X, Y の一方が潜在変数であるか否か．(4) 変数群 X, Y に含まれる変数の個数，等によって分類される．図 14.1 はこれらの基準にもとづいての多変量解析の各種手法を分類したものである．

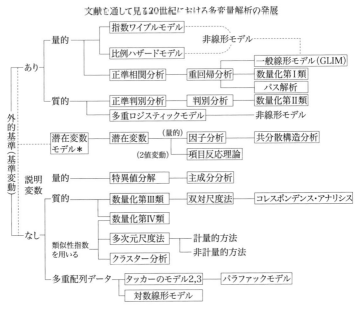

図 14.1　多変量解析法の分類（柳井 (2002) の図 1 を一部変更したもの）

14.4 多変量解析の基本原理
——相関係数のベクトルによる表現

多変量解析における基本的手法である，重回帰分析，主成分分析，因子分析において\
は，分析に用いられる変数間の相関関係を分析する手法であるとみなすことができる．これらの変数間の相関関係を二つのベクトル間の角度とみなすことにより，多変量解析の各種手法の関連を見通しよく理解することができる（柳井他 (1976) 参照）．本節では，まず相関係数のベクトルによる表現を解説する．

すでに第 2 章 (2.6) 式で示されている相関係数をベクトルを用いて表現してみよう．

n 人の身長 (X) のデータを x_1, x_2, x_3, $\cdots$, x_n ，体重 (Y) のデータを y_1, y_2, y_3, $\cdots$, y_n ，身長と体重の平均値を $\overline{x}$, $\overline{y}$ として，それぞれの得点の平均値からの偏差を成分とする次のような二つの n 次元ベクトルを定義する．

$$\boldsymbol{x} = \begin{pmatrix} x_1 - \overline{x} \\ x_2 - \overline{x} \\ x_3 - \overline{x} \\ \cdots \\ x_n - \overline{x} \end{pmatrix}, \quad \boldsymbol{y} = \begin{pmatrix} y_1 - \overline{y} \\ y_2 - \overline{y} \\ y_3 - \overline{y} \\ \cdots \\ y_n - \overline{y} \end{pmatrix} \tag{14.2}$$

このとき，x と y の標本分散をそれぞれ $s_x{}^2$, $s_y{}^2$ ，および x と y の共分散を s_{xy} とすると，これらは，それぞれ二つのベクトル $\boldsymbol{x}$ および $\boldsymbol{y}$ の内積 $(\boldsymbol{x}, \boldsymbol{y})$ を用いることによって次のように表現される．

$$s_x{}^2 = (1/n) \sum_{j=1}^{n} (x_j - \overline{x})^2 = (1/n)(\boldsymbol{x}, \boldsymbol{x}) = (1/n)\|\boldsymbol{x}\|^2,$$

$$s_y{}^2 = (1/n) \sum_{j=1}^{n} (y_j - \overline{y})^2 = (1/n)(\boldsymbol{y}, \boldsymbol{y}) = (1/n)\|\boldsymbol{y}\|^2,$$

$$s_{xy} = (1/n) \sum_{j=1}^{n} (x_j - \overline{x})(y_i - \overline{y}) = (1/n)(\boldsymbol{x}, \boldsymbol{y}) \tag{14.3}$$

したがって，$\boldsymbol{x}$ と $\boldsymbol{y}$ の相関係数 $r(\boldsymbol{x}, \boldsymbol{y}) = r_{xy}$ は (14.2) 式より，次式となる．

$$r(\boldsymbol{x}, \boldsymbol{y}) = r_{xy} = \frac{s_{xy}}{s_x s_y} = \frac{(\boldsymbol{x}, \boldsymbol{y})}{\|\boldsymbol{x}\| * \|\boldsymbol{y}\|} = \cos\theta(\boldsymbol{x}, \boldsymbol{y}) \tag{14.4}$$

つまり，x と y の相関係数 $r(x, y) = r_{xy} = \dfrac{s_{XY}}{s_x s_y} = \dfrac{(x, y)}{\|x\| * \|y\|} = \cos\theta(x, y)$ は，

(15.1) 式で定義される平均偏差得点を成分とする二つの n 次元ベクトル x と y のなす角度 $\theta(x, y)$ の余弦 (cosine) で表せることがわかる．

上式は第 2 章の (2.5) 式で示した相関係数に一致するものである．つまり，二つのベクトル x, y のなす角度と相関係数の関連は以下の表 14.2 になる．

表 14.2　二つの平均偏差得点ベクトルのなす角度と相関係数の関連

角度	0 度	30 度	45 度	60 度	90 度	120 度	180 度
相関係数	1	$\sqrt{3}/2$	$\sqrt{2}/2$	0.5	0	-0.5	-1

ところで，変数 x を a 倍して b 点を加算したときの得点 v，変数 y を c 倍して d を加えた得点を w，すなわち，

$$v = ax + b, \quad w = cy + d$$

のように変換すると v と w の平均偏差ベクトルは，$v = ax$，$w = cy$ となり，$ac > 0$ の場合，v と w のベクトルの角度はベクトル x と y のなす角度と変わらない．ゆえに，$ac > 0$ の場合 v と w の相関係数は x と y の相関係数と一致することがわかる．また，ベクトル x, y の長さである $\|x\|$ および $\|y\|$ は x, y の標準偏差 s_x, s_y の $\sqrt{n}$ 倍になっていることがわかる．ここで，次の例題をベクトルを用いて解いてみよう．

例題 1： 分散の等しい二つのテスト x, y の相関係数が 0 であると仮定する．このとき，合計点 $(x+y)$ と x または y の相関係数は $1/\sqrt{2} = \sqrt{2}/2 = 0.707$ となる．

解法： 図 14.2 から明らかに，合計点を示すベクトル $(x+y)$ と x または y のベクトルのなす角度は 45 度．したがって，$r(x, y) = \cos(45°) = \sqrt{2}/2 = 0.707$ となる．

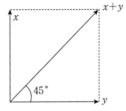

図 14.2　2 つのテスト x, y と合計点 $(x+y)$ の相関係数のベクトル表現

例題2： p 個のテスト $x_1, x_2, \cdots, x_p$ の分散がすべて等しく，互いに無相関であると仮定する．このとき，q を p より小さい数とすれば，$T(p) = x_1 + \cdots + x_p$ と，$x_1, \cdots, x_p$ のうちから任意の q 個の変数，$x_{h1}, x_{h2}, \cdots, x_{hq}$ を選びその和 $T(q) = x_{h1} + \cdots + x_{hq}$, との相関係数は $\sqrt{q} / \sqrt{p}$ となる．

例題3： x と y の二つのテストがあって，x の分散が y の分散に比べて大きいとき，合計点 $(x+y)$ と x の相関係数の方が，合計点と y の相関係数に比べて小さくなる．

解法： 図14.3より合計点ベクトル $(\boldsymbol{x}+\boldsymbol{y})$ とベクトル $\boldsymbol{x}$ のなす角度は，ベクトル $\boldsymbol{y}$ となす角度に比べ小さくなるので，合計点と x の相関係数の方が，合計点と y の相関係数に比べて大きくなることがわかる．

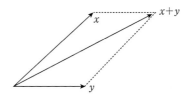

図14.3　分散の異なる2つのテストと合計点の相関のベクトル表現

ところで，テスト x とテスト y の重み付き合計点 $f = ax + by$ の分散は

$$s_f{}^2 = (1/n)\|a\boldsymbol{x} + b\boldsymbol{y}\|^2 = (1/n)(a^2\|\boldsymbol{x}\|^2 + 2ab(\boldsymbol{x}, \boldsymbol{y}) + b^2\|\boldsymbol{y}\|^2)$$

$$= a^2 s_x{}^2 + 2ab s_{xy} + b^2 s_y{}^2 = (a \quad b)\begin{pmatrix} s_x{}^2 & s_{xy} \\ s_{xy} & s_y{}^2 \end{pmatrix}\begin{pmatrix} a \\ b \end{pmatrix} \tag{14.5}$$

となる．さらにこれを一般化すると，p 個の変数 $x_1, x_2, \cdots, x_p$ の重み付き合計点 $f = w_1 x_1 + w_2 x_2 + \cdots + w_p x_p = X\boldsymbol{w}$ の分散は

$$s_f^2 = (1/n)\|X\boldsymbol{w}\|^2 = (1/n)\boldsymbol{w}'X'X\boldsymbol{w} = \boldsymbol{w}'((1/n)(X'X)\boldsymbol{w}) = \boldsymbol{w}'C_{XX}\boldsymbol{w} \tag{14.6}$$

となる．ただし，$C_{XX} = (s_{ij})$ は p 個の変数 $x_1, x_2, \cdots, x_p$ 間の分散共分散行列である．

さらに，x のかわりに p 個の変数を標準得点で表したデータ行列を Z，重みつき合計点を $g = Z\boldsymbol{v}$ とすると，$s_g{}^2 = \boldsymbol{v}'R_{XX}\boldsymbol{v}$ となる．ただし，$R_{XX} = (r_{ij})$ は，p 個の変数 $x_1, x_2, \cdots, x_p$ 間の相関係数行列である．

14.5 二変量の相関関係から多変量の相関関係へ

ここで，ある高校のクラスで実施された，国語 (X)，英語 (Y)，数学 (Z) のテスト成績の相関係数が $r(x, y) = \sqrt{3}/2$, $r(y, z) = \sqrt{3}/2$ であったとしよう．このとき，ベクトル x と y のなす角度は $\theta(x, y) = 30°$，ベクトル y と z のなす角度は $\theta(y, z) = 30°$ となるから，ベクトル x と z のなす角度 $\theta(x, z)$ は最大値 60 度，最小値 0 度となる．したがって，相関係数 $r(x, z)$ の最大値は 1，最小値は 0.5 となる．最小値 0.5 となるときは，$\theta(x, z) = 60°$ で，ベクトル x, y, z は 2 次元平面上にあることにより，x, y, z の分散がすべて等しいと仮定すれば，$y = (1/\sqrt{3})(x + z)$ となり，英語の成績 (Y) は，国語の成績 (X) と数学の成績 (Z) の和を $\sqrt{3}$ で除したものに等しくなる．一般的に $r(x, y) = a$, $r(y, z) = b$, $r(x, z) = c$（ただし，a, b, c の絶対値は 1 以下とする）とすれば，

$$ab - \sqrt{1-a^2}\sqrt{1-b^2} \leq c \leq ab + \sqrt{1-a^2}\sqrt{1-b^2} \tag{14.7}$$

となることが示される．なお上式は，x, y, z の 3 変数間の相関係数行列の行列式が非負，すなわち，

$$\det \begin{pmatrix} 1 & a & c \\ a & 1 & b \\ c & b & 1 \end{pmatrix} = 1 + 2abc - a^2 - b^2 - c^2 \geq 0 \tag{14.8}$$

となることと同値である．

例題 4：3 つの変数 x, y, z 間の相関係数がすべて等しく a であるとき，$a \geq -0.5$ となることを上式を用いて示せ．

14.6 回帰分析のベクトル表現と共分散比の計算

回帰分析の理論，および計算法については第 3 章で詳述したので，本節では，これらの手法の応用例として，(1) 回帰分析において構成される二組の残差項の相関係数のベクトル的表現，および (2) 回帰分析の利用法による共分散比 (covariance ratio) の計算法について紹介する．

(1) x から y を予測する回帰式の残差と y から x を予測する回帰式の残差間の相関係数

回帰分析において，x から y を予測する場合の予測式は第 3 章でのべたように

$$y_x = ax + b，ただし，a = r_{xy}(s_y/s_x)，b = \overline{y} - a\overline{x}.. \tag{14.9}$$

次に，x と y の役割を交換して，y から x を予測する場合の予測式は

$$x_y = cy + d，ただし，c = r_{xy}(s_x/s_y)，d = \overline{x} - c\overline{y} \tag{14.10}$$

ここで，それぞれの残差項を $e(y/x) = y - y_x$，$e(x/y) = x - x_y$ として定義するとこれらの二つの残差項間の相関係数はどのようになるであろうか．この問題はベクトル表示によって非常に容易に解けることを示そう．

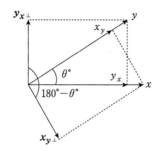

図 14.4　2 変数ベクトル x および y によって構成される 2 つの残差ベクトル

(14.2) 式で定義される平均偏差得点ベクトル x と y が与えられている場合，これらの 2 本のベクトルによって，図 14.4 のような平面が構成される．

このとき，ベクトル y からベクトル x に下ろした垂線から原点までのベクトルを y_x，この垂線と平行に原点から垂直にたてられたベクトルを $y_{x\perp}$ とすると，

$$y = y_x + y_{x\perp}$$

同様に，ベクトル x を，$x = x_y + x_{y\perp}$（左側のベクトルが図 14.4 中の x_y，右側のベクトルが $x_{y\perp}$ に相当）と分解すると，$\theta(y_{x\perp}, x_{y\perp}) = 180° - \theta(x, y)$ となることから，$\cos(180° - \theta(x, y)) = -\cos\theta(x, y)$ より，x から y を予測する回帰式の残差成分 $y_{x\perp}$ と y から x を予測する残差成分 $x_{y\perp}$ の相関係数は x と y の相関係数 $r(x, y)$ にマイナスの符号をつけたものに等しくなる．

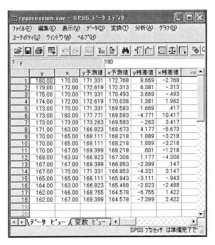

図 14.5　回帰分析による二組の予測値と残差値 (データ数＝ 18)

「計算例 1」残差値間の相関係数

　図 14.5 の左側にある二変数 y は男子大学生 18 名の身長, x はその父親の身長である.

ここで, SPSS の [分析] → [回帰分析] をクリックして, 単回帰分析を行う.

この結果, x と y の相関係数は 0.541, 平均値 $\bar{x}$, $\bar{y}$ はそれぞれ 170.17, 168.22, 標準偏差 s_x, s_y は 5.20, 4.37 となる. したがって, x にもとづく y の予測式 (図 14.5 中では「y 予測値」と表示), y にもとづく x の予測式 (図中では「x 予測値」と表示) はそれぞれ $y_x = 0.644x + 61.851$, $x_y = 0.455y + 90.868$ となる. したがって, それぞれの残差値 (y 残差値, x 残差値) は, $e(y/x) = y - y_x$ および $e(xy) = x - x_y$ によって求められる. 18 人のデータについて, 上記の予測値, 残差値を図 14.5 の第 3 行目から第 6 行目に記した. ここで, 二つの残差値間の相関係数を求めると, -0.541 となることが確かめられる.

(2) 回帰分析の利用による共分散比の求め方について:

　大学入試において, 第 5 章で示したように, 国語 (x_1), 社会 (x_2), 英語 (x_3), 理科 (x_4), 数学 (x_5) といった 5 つの科目成績 (すべての科目は 100 点満点とする) が得られたとする. このとき, 5 科目の合計点 ($t = x_1 + x_2 + x_3 + x_4 + x_5$) に対し

て最も影響を与える科目を調べるためには，合計点とそれぞれの科目の相関係数を求めることがしばしば行われる．しかし，合計点と相関係数が最も大きい科目の成績の分散が小さい場合には，その科目の合計点に対する影響度は必ずしも大きくない．そこで，合計点から各科目成績を予測する回帰式を求める．すなわち，$x_j (i = 1, \cdots, 5)$ と t を，x_j およびその合計点の平均偏差得点を成分とする n 次元ベクトルとすれば，合計点 t に基づく x_j の予測式とその回帰係数は

$$(x_j)_t = a_{jt} t + b_{jt} \quad \text{ただし，} \quad a_{jt} = \frac{\sum_{k=1}^{n} \{(t_k - \overline{t})(x_{jk} - \overline{x_j})\}}{\sum_{k=1}^{n} (t_k - \overline{t})^2} = \frac{(t, x_j)}{(t, t)} \quad (14.11)$$

となる．ここで，$\displaystyle \sum_{j=1}^{5} a_{jt} = \frac{\sum_{j=1}^{5} (t, x_j)}{(t, t)} = \frac{(t, t)}{(t, t)} = 1$ となり，共分散比の合計は 1 となることがわかる．

「計算例2」： 5教科の共分散比

第7章で示した，国語，社会，数学，理科，英語の 100 人のデータについて各教科の共分散比をSPSSを用いて計算する手順を紹介する．まず，新しい変数「合計点」を作成し，[分析]→[回帰]→[線型] とすると回帰分析の画面が現れる．ここで，「従属変数」の欄に「英語(subject 1)」，「独立変数」の欄に「合計点」を挿入する．ここで「ＯＫ」ボタンを押すと，回帰分析の結果が画面に現れる．最下段の左側に現れる「非標準化された(回帰)係数」の値である 0.127 が「国語」の共分散比となる．同様にして，「社会」「数学」「理科」「英語」の共分散比が，0.136, 0.319, 0.211, 0.206 となる．こうして得られた5教科の共分散比の総和が 0.999（ほぼ 1）になることが確かめられる．この結果，配点はすべて同一であっても，「数学」の成績が「合計点」に最も強い影響を与えていることがわかる．

14.7 重回帰分析の数学的表現

すでに5章で解説したように，y という変数（目的変数）の測定値が p 個の説明

変数 x_1, x_2, $\cdots$, x_p と誤差項 ε (母平均 0 と仮定) の線形結合, すなわち i 番目の個体についての測定値が

$$y_i = \beta_1 x_{1i} + \beta_2 x_{2i} + \cdots + \beta_p x_{ip} + \varepsilon_i \tag{14.12}$$

によって表される場合, x_j と y の平均値を 0 と仮定すれば上式の推定値

$$\hat{y}_i = b_1 x_{1i} + b_2 x_{2i} + \cdots + b_p x_{ip_j} \tag{14.13}$$

の係数 $b' = (b_1,\ b_2,\ \cdots,\ b_p)$ は,

$$\sum_{i=1}^{n} (y_i - \hat{y})^2 = (y - X\beta,\ y - X\beta) = y'y - Y'X\beta - \beta'X'y + \beta'X'X\beta$$

上式をベクトル β の各成分で偏微分することにより

$$b = (b_1,\ b_2,\ \cdots,\ b_p)' = C_{XX}^{-1} c_{Xy} \tag{14.14}$$

として求められる. ここで C_{xx} は p 個の説明変数 $x_j (j = 1, \cdots, p)$ の分散共分散行列, c_{Xy} は p 個の説明変数のそれぞれと y との共分散を成分とするベクトルである. さらに, R_{xx}, r_{xy} を説明変数間の相関係数行列, p 個の説明変数 x_j と y との相関係数ベクトルとして,

$$b_s = (b_{s1},\ b_{s2},\ \cdots,\ b_{sp})' = R_{XX}^{-1} r_{Xy} \tag{14.15}$$

を求めると, b_j は偏回帰係数, b_{sj} は標準偏回帰係数とよばれ, $b_{sj} = b_j(s_{xj}/s_y)$ という関係が成立する (s_{xj}, s_y はそれぞれ x_j, および y の標準偏差). このとき,

$$r_{Xy} = \sqrt{(r_{Xy})' b_s} = \sqrt{(r_{Xy})' R_{XX}^{-1} r_{Xy}} \tag{14.16}$$

は, 実測値 y と (14.13) 式にもとづく y の推定値との相関係数に一致するもので, 重相関係数 (multiple correlation coefficient), また, その 2 乗は多重決定係数 (multiple coefficient of determination) とよばれる. このような一連の計算手順が重回帰分析とよばれるものである. なお, 重相関係数は, 複数個の説明変数の線形結合と目的変数との間の最大の相関係数に一致する.

14.8　偏相関係数行列

第 7 章の計算例で用いたように, 国語 (x_1), 社会 (x_2), 数学 (x_3), 理科 (x_4), 英語 (x_5) の 5 教科の成績が与えられていたとしよう. このとき, 5 教科のうちの i と j の科目の成績から他の 3 教科の成績の影響を除去した偏相関係数を (i, j) 成

分とする偏相関係数行列 R_{par} は, 5 教科間の相関係数行列を R としたとき, その逆行列を R^{-1}, その逆行列の対角成分 $D = Diag(R^{-1})$ の平方根の逆数を対角成分とする対角行列と $D^{-1/2}$ したとき,

$$R_{par} = 2I_5 - D^{-1/2} R^{-1} D^{-1/2} \tag{14.17}$$

で与えられる. (I_5 は 5×5 型単位行列)

「計算例 3」偏相関係数行列の計算

第 7 章の表の 5 教科の成績の相関係数行列とその逆行列は次式となる.

$$R = \begin{pmatrix} 1 & .559 & .430 & .451 & .489 \\ & 1 & .474 & .583 & .641 \\ & & 1 & .656 & .561 \\ & 対称 & & 1 & .583 \\ & & & & 1 \end{pmatrix}, R^{-1} = \begin{pmatrix} 1.566 & -.574 & -.210 & -.106 & -.219 \\ & 2.126 & .041 & -.550 & -.785 \\ & & 1.947 & -.930 & -.474 \\ & 対称 & & 2.180 & -.344 \\ & & & & 2.077 \end{pmatrix}$$

$$D^{-1/2} = \begin{pmatrix} .799 & 0 & 0 & 0 & 0 \\ & .686 & 0 & 0 & 0 \\ & & .717 & 0 & 0 \\ & 対称 & & .677 & 0 \\ & & & & .694 \end{pmatrix} \text{より,} \ R_{par} = \begin{pmatrix} 1 & .314 & .120 & .057 & .121 \\ & 1 & -.020 & .255 & .373 \\ & & 1 & .451 & .235 \\ & 対称 & & 1 & .161 \\ & & & & 1 \end{pmatrix}$$

となる. これを SPSS によって計算するには, [分析]→[相関]→[偏相関] として, 偏相関のダイアログボックスを選択し, 変数を「国語 (x_1)」と「社会 (x_2)」, 制御変数を「数学 (x_3)」「理科 (x_4)」および「英語 (x_5)」して, [OK] を押す. こうして, 偏相関係数 0.3144 という値が得られる. 他の科目間についても同様の方法で偏相関係数を計算する必要がある.

14.9 主成分分析法

主成分分析は多変量解析において最も基本的な次元縮小の方法で, すでに本書の第 7 章でその理論と SPSS による計算例を紹介した. 本節では, ベクトル表現による主成分分析の紹介を試みよう.

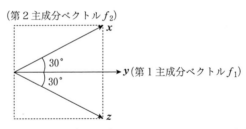

図14.6　3変数 (x, y, z) の主成分分析のベクトル表現

14.5で述べたように，国語 (x)，英語 (y)，数学 (z) の相関係数行列が与えられているとしよう．これを図示したものが図14.6である．このとき，英語ベクトル y が第1主成分ベクトル f_1 に一致し，f_1 と直角に交わる第2主成分ベクトルを f_2 とする．ここで，f_1, f_2 のベクトルの長さを1とすると，変数 x, y, z に対するベクトル f_1, f_2 への垂線の足と原点の長さ（これは相関係数行列による主成分分析によってえられた主成分負荷量に一致する）は表14.3のようになる．

表14.3　図14.6に対応する主成分分析の結果

	第1主成分負荷量	第2主成分負荷量	平方和
x（国語）	$\sqrt{3}/2$	0.5	1
y（英語）	1	0	1
z（数学）	$\sqrt{3}/2$	-0.5	1
平方和（寄与）	5/2	1/2	
累積寄与率	5/6 (83.3%)	1(100%)	

例題5：上記の平方和（寄与）の値，および3変数 x, y, z の第1，第2主成分負荷量の値が，相関係数行列 $R = \begin{pmatrix} 1 & \sqrt{3}/2 & 1/2 \\ \sqrt{3}/2 & 1 & \sqrt{3}/2 \\ 1/2 & \sqrt{3}/2 & 1 \end{pmatrix}$ の最大の二つの固有値，固有ベクトルに一致することを示せ．

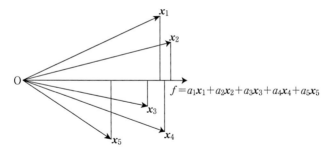

図 14.7　主成分分析における第 1 主成分とその求め方

　上記の例題 5 から推測されるように，p 個の変数間の相関係数が比較的高い正の相関を持つと仮定され，p 個のベクトルが図 14.7 のように位置付けられる場合，第 1 主成分ベクトル f は，ベクトル x_j から f に下ろした垂線の足から原点までの長さを a_j としたとき，

$$q = \sum_{j=1}^{p} a_j^2$$ の長さが最大になるように f を決めればよい．このようにして定められた f が第 1 主成分ベクトル，平方和が最大にされた a_j $(j=1,\cdots,p)$ が主成分負荷量となり，ベクトルの長さが 1 の場合，最大にされた q の値は p 個の変数間の相関係数行列の固有値，主成分負荷量は固有ベクトルとなる．ベクトル x_j の長さをそれぞれの変数の標準偏差 s_j とすれば，分散共分散行列にもとづく主成分分析の解が得られる．

　上記の方式の多変量解析の方法が主成分分析とよばれるもので，ホテリングによって 1930 年代に定式化されたが，その萌芽は 20 世紀初めに相関係数を定式化したピアソン (K.Pearson) にまでさかのぼることができる．なお，主成分分析は，多数の変数の持つ情報をできる限り少数の主成分（次元）で説明するもので，情報圧縮の手法といえよう．

　なお，主成分分析の解法は第 4 章の付録でも解説したが，平均偏差得点からなる多変量データ行列 x，あるいは標準得点からなる多変量データ行列 Z が与えられている場合，共分散行列 $C_{XX}=(1/n)X'X$ または相関係数行列 $R_{XX}=(1/n)Z'Z$ の固有値，固有ベクトルを求めることに帰着される．なお，分散共分散行列 C_{XX} の非負の固有値と，$\overline{C_{XX}}=(1/n)XX'$ の非負の固有

値 λ_j $(j=1,\ \cdots,\ r)$ は一致し，それらの固有値に対応する固有ベクトルを $V=(v_1,\ v_2,\ \cdots,\ v_r)$, $W=(w_1,\ w_2,\ \cdots,\ w_r)$, $\mu_j=\sqrt{\lambda_j}$ とおくと，

$$X = \mu_1 w_1 v_1' + \mu_2 w_2 v_2' + \cdots + \mu_r w_r v_r' = W \Delta V,$$

ただし，$\Delta = \begin{pmatrix} \mu_1 & 0 & & 0 \\ 0 & \mu_2 & & 0 \\ & & \cdots & \\ 0 & 0 & & \mu_r \end{pmatrix}$

と分解される．これを行列 X の特異値分解 (singular value decomposition) という．この詳細については，柳井・竹内 (1983) を参照してほしい．

14.10 因子分析法

多変量解析のうち，歴史的に最も古くから開発されたものに因子分析がある．20世紀の初頭，因子分析の創始者として著名なイギリスのスピアマン (C.Spearman) は，知能はあらゆる知的活動の根底に内在する共通因子（一般因子）とそれに独立な個々の知的活動に固有な独自因子からなるという知能の2因子説を発表し，これが契機となって因子分析の1因子モデルが提案された (Spearman, 1904)．これを祝って，2004年には世界の各地で因子分析100年祭が開催されている．1930年代になると因子分析の研究はアメリカ大陸に移動し，サーストン (L.L.Thurstone) は，知能が，「言語力」「文章理解力」「数的理解力」「計算力」「手先・指先の器用さ」によって成立するという知能の多因子説を発表し，因子分析の1因子モデルを多因子モデルに拡張した．因子分析の多因子モデルについては，第8章の巻末付録に詳述したので，ここでは触れないが，相関係数行列 R の対角成分を1ではなく，各変数の共通性を挿入した R_h を分析の出発点とするものであることがわかる．各変数の共通性を適切に定めることにより，共通因子空間の次元数を因子分析にかける変数の個数に比べかなり小さく定めることができる．1例をあげよう．

(14.7)式の左辺に示されている，変数 x, y, z 間の相関係数行列の階数 (rank)（巻末付録参照）は (14.9) 式が正の値をとる場合，3である．ここで，$a > bc$, $b > ca$, $c > ab$ という関係式が成立している場合，変数 x, y, z の共通性の推定値を $h_x^2 = ac/b$, $h_y^2 = ab/c$, $h_z^2 = bc/a$ とおくと，

$$R_h = \begin{pmatrix} h_x^2 & a & c \\ a & h_y^2 & b \\ c & b & h_z^2 \end{pmatrix} = \begin{pmatrix} \sqrt{\dfrac{ac}{b}} \\ \sqrt{\dfrac{ab}{c}} \\ \sqrt{\dfrac{bc}{a}} \end{pmatrix} \begin{pmatrix} \sqrt{\dfrac{ac}{b}} & \sqrt{\dfrac{ab}{c}} & \sqrt{\dfrac{bc}{a}} \end{pmatrix} \tag{14.18}$$

と分解されることにより，上式で表される行列の階数は 1 となる．

　多変量データのまとめ方の手法としての因子分析を主成分分析と比較すると，共通性の推定，因子数の推定，相関係数行列の対角成分を共通性の推定値で置き換えた行列 R_h の非負定符号性などに関するさまざまな問題点が生ずるが，共通因子軸の回転により，より解釈しやすい因子を抽出できるという利点が存在する．なお，共通因子軸の回転方法には，因子軸の直交性を仮定する直交回転，直交性を仮定しない斜交回転があり，単純構造をみたす因子負荷量を得るためのさまざまな回転基準が提唱されている．その中でも，因子負荷量の 2 乗の分散を最大にするバリマックス回転法（varimax rotation），ある想定された仮説行列になるべく近づけるように回転するプロクラステス回転法（Procrustes rotation）などが著名である．さらには，バリマックス回転によって得られた因子負荷量を k 乗したものを仮説行列としてプロクラステス回転して得られるプロマックス回転（Promax rotation）が 1990 年代以降，心理学の文献においては，多用されるようになってきた．プロクラステス回転の最近の動向については，Gower & Dijksterhuis（2004）を参照されたい．

　因子分析における因子得点 f は主成分分析における主成分得点と異なり，すでに述べたように，潜在変数である．その意味で．因子分析は p 個の変数を含む確率ベクトル x を $x = \Lambda f + \varepsilon$（ただし，$\Lambda$ は因子負荷量行列，f は因子得点ベクトル，ε は独自因子に対応する確率ベクトル）と表記すれば，f を既知とする母数モデルと f を確率ベクトルとみなす変量モデルがあることになる．このいずれのモデルにおいても x は確率変数となることから，それによって導かれる母分散共分散行列を Σ とすると，$\Sigma = \Lambda \Lambda' + \Psi$（$\Psi$ は独自分散を対角成分とする対角行列）と分解される．なお，因子分析の理論を詳述した解説書としては，芝（1972, 1979），丘本（1986），柳井他（1990），市川（2010）を挙げておこう．芝は因子分析の記述面，丘本，市川は因子分析モデルの推測面を強調しているが，

柳井他は因子分析の記述面と推測面をともに解説したバランスのとれた書物になっている．外国で出版された因子分析の書物は多数あるが，ここでは，Harman (1976) と Barthromew (1987) を挙げておく．なお，因子分析の研究論文の多くは Psychometrika 誌に掲載されている．因子分析研究の成果のひとつに，因子負荷量の標準誤差の推定がある．この推定法についてのプログラムは，SPSS には含まれていないが，SAS の PROC FACTOR において，「SE」を表示すると最尤推定法による因子負荷量の標準誤差が出力される．

14.11 共分散構造分析モデルと項目反応理論

多変量解析における潜在変数モデルとしては，因子分析の他に共分散構造分析と項目反応理論がある．共分散構造分析とは，所与の変数間の母共分散行列 Σ をさまざまな形に分解する仮説モデルを設定し，構成されたモデルがデータより計算される分散共分散行列 C によって可能な限り説明できるように，モデルに含まれる母数の推定，および検定をおこなうものである．

なお，共分散構造分析は，構造方程式モデル (structure equation model) とよばれることがあり，その下位モデルとして，因子数や，ある特定の変数に対する因子負荷量を固定して因子分析を行う検証的因子分析 (confirmatory factor analysis)，時間的に前後関係の明確な変数間の回帰分析および重回帰分析を組み合わせたパス解析などを含むものである．

共分散構造分析をはじめて学ぼうとする読者であれば，まず，共分散構造分析の基本概念について，豊田他 (1992) を，つづいて，共分散構造分析の 21 の適用例を紹介した豊田 (編) (1998) を読むべきであろう．これらを読んだ読者は，共分散構造分析の理論と適用例について取り扱った解説書である Bollen (1988)，豊田 (1992)，狩野 (1997, 2002)，豊田 (1999, 2000) に進むと良い．

共分散構造分析のプログラムは SPSS には含まれていないが EQS, Amos, LISEL のプログラムが利用可能であり，その使用法について狩野・三浦 (2002) に詳しい記述がある．なお，最近では，SPSS のデータをそのまま用いることができるなどの利用しやすさという点で Amos が多用されている．

多変量データにもとづくもう一つの分析法に項目反応理論 (Item Response Theory, IRT と略記) がある．IRT は計量心理学の分野で開発されたもので，例

えば数学のテストにおいて正解, 不正解のように採点される2値反応データから, j 番目のテスト項目の難易度 ((14.19) 式中の b_j), 識別度 ((14.19) 式中の a_j, 被験者の潜在的能力 θ を推定することを目的としたもので, 被験者の能力 θ によって j 番目の項目に正答する確率を次式によって定義される2母数ロジスティックモデルが用いられる.

$$P_j(\theta) = \frac{1}{1 + \exp(-Da_j(\theta - b_j))} \tag{14.19}$$

項目反応理論とその適用例については, 芝 (編) (1991), 池田 (1994), 渡辺・野口 (1991) 等を参照されたい. IRTのプログラムはSPSSには含まれていないが, BILOGが最も利用されている. なお, 上式の D は1.7である.

14.12 多次元尺度法

これまでに解説した主成分分析, および因子分析法は, p 個の変数に関する n 組の多変量データから, p 個の変数間の相関係数行列を求め, それを分析するものであったが, 直接的に変数間 (又は個体間) の類似度 (又は非類似度) の指標が与えられている場合, それらの変数 (又は個体) が含まれている最小次元の空間を見いだす多変量解析の手法が多次元尺度構成法 (multidimensional scaling, 略してMDS) と呼ばれるものである.

MDSの手法には, 個体間の距離を間隔尺度 (または比尺度) の変数としてそのまま取り扱う計量的多次元尺度構成法 (metric MDS), さらに, 個体間の距離を順序尺度, 又は名義尺度の質的データとみなして取り扱う非計量的多次元尺度構成法 (nonmetric MDS) がある. なお, 計量的MDSにおいては, 変数 i と j の非類似性を d_{ij}^2 とし, さらに $\overline{d_{i.}^2} = \sum_{j=1}^{p} d_{ij}^2/p, \ \overline{d_{.j}^2} = \sum_{i=1}^{p} d_{ij}^2/p, \ \overline{d^2} = \sum_{i=1}^{p}\sum_{j=1}^{p} d_{ij}^2/p^2$ と

おくと, これをもとにヤング–ハウスホルダー (Young–Householder) 変換

$$h_{ij} = (-(1/2)(d_{ij}^2 - \overline{d_{i.}^2} - \overline{d_{.j}^2} + \overline{d^2})) \tag{14.20}$$

によって変換された距離行列 $H = (h_{ij})$ の固有値問題に帰着され, 計算法は実質的には主成分分析と同一になる. 一方, 非計量的MDSの代表的な方法には高根芳雄らによるALSCAL (alternating least squares algorithm for individual differences scaling) があり, その解法には, 各種の非線形逐次解法が必要とされ,

モデルとデータの当てはまりの良さを示すストレスという基準を最小化にするような解がえられるように工夫されている．なお，同一の評定項目間の類似性（あるいは非類似性）行列が複数個与えられている場合，評定する被験者を第3の次元として分析を行う，3次元MDS（個人差MDS）も存在する．SPSSには，これらの多次元尺度法のプログラムも含まれている．通常のMDSの場合，[分析]→[尺度]→[多次元尺度法]を選択すると，距離行列が与えられている場合と，与えられていない場合にわけて計算が可能となるようにプログラムが組まれている．また，3次元MDSが可能な方法として，多次元尺度法（PROXSCAL, Commandeur & Heiser (1993)）も含まれている．なお，多次元尺度法の詳細については，斉藤 (1980)，高根 (1980) を参照されたい．

14.13　クラスター分析

クラスター分析 (cluster analysis) については9章で詳述したので，ここでは簡単にふれる．クラスター分析とは個体間（変数間）の類似性（または非類似性）が何らかの方法で測られる場合，これらの個体（または変数）をいくつかのまとまり（クラスター）に分類する数値分類の手法である．クラスター分析はもともと生物学の分野で発展し，植物の系統分類の客観的手法として脚光を浴びるようになったものであるが，最近では，生物学，医学，心理学，社会学をはじめとした多数の領域で幅広く適用されるようになっている．クラスター分析の手法は，大きく階層的手法，非階層的手法に分かれ，さらに前者の方法には，異なるクラスター間の距離の求め方に応じて，最近隣法，最遠隣法，群平均法，重心法，メディアン法，ウォード法などに分類される．この他，非階層的方法の1つに，k−means 法と呼ばれる手法がある．この手法は，クラスター数をある特定の個数に定め，それぞれのクラスターに初期値として，全ての個体を配置し，クラスター内の個体間のユークリッドの距離の平方和を最小にするようなクラスターを定めるものである．クラスター分析の結果の表示は第9章で紹介したデンドログラムによる方法が主流であるが，主成分分析や多次元尺度法，および後述する対応分析等によって得られた個体の布置にクラスターを表示する方法も有用である．

14.14　正準相関分析

　正準相関分析(canonical correlation method)とは，複数個の説明変数に対して，複数個の目的変数が同時に存在する場合の多変量解析の手法で，ホテリングによって導入されたものである．上記の$(p+q)$個の変数間の相関係数行列を

$$R = \begin{pmatrix} R_{XX} & R_{XY} \\ R_{YX} & R_{YY} \end{pmatrix} \tag{14.21}$$

とすれば，2組の線形結合 $f = w_1 x_1 + w_2 x_2 + \cdots + w_p x_p = Xw$，および $g = v_1 y_1 + v_2 y_2 + \cdots + v_q y_q = Yv$ 間の相関係数

$$r(f,\, g) = \frac{(Xw,\, Yv)}{\|Xw\|\|Yv\|} = \frac{w'X'Yv}{\sqrt{w'X'Xw}\,\sqrt{v'Y'Yv}} = \frac{w'R_{XY}v}{\sqrt{w'R_{XX}w}\,\sqrt{v'R_{YY}v}} \tag{14.22}$$

を最大にする次式の最大固有値 λ の平方根は正準相関係数(canonical correlation coefficient)とよばれる．，

$$(R_{XY}R_{YY}^{-1}R_{YX})w = \lambda R_{XX}w \tag{14.23}$$

そのときの係数は上記の固有値 λ に対応する固有ベクトル w，および，$v = (1/\sqrt{\lambda})R_{YY}^{-1}R_{YX}w$ によって与えられる．

このようにして得られる合成変数 f および g は正準変数(canonical variable)とよばれる．ところで，正準変数の個数は一般に一つではなく，$\mathrm{rank}(R_{XY}) = m$ の場合，全部で m 組の正準変数が導かれ，それに応じて m 組の正準相関係数が導かれる．

　なお，正準相関分析のプログラムはSPSSのデータ・エディターを開いて，[分析]→「データの分解]→[最適尺度]をクリックし，「多重グループ」を選択すると，「非線形正準相関分析」が表示される．ここで，さらに，「測定尺度」を「離散数値」とした場合に「正準相関分析」が計算可能となるが，このプログラムは，オランダ学派の「カテゴリカル主成分分析」の特別な場合に相当するもので，通常の正準相関分析用のプログラムではない．このため，通常の正準相関分析が必要な場合はSASを利用するとよい．なお，正準相関分析の詳細については，柳井(1994)を参照してほしい．

14.15 判別分析

　重回帰分析や正準相関分析の場合と異なって，外的基準の変数 Y が量的デー タでなく，個体の所属するグループを名義尺度の数値として与える質的データの 場合の多変量解析の方法が判別分析 (discriminant analysis) とよばれるもので， フィッシャーによって導入されたものである．判別分析の手法は複数の説明変 数の線形結合 (判別関数) を構成するもので，その方法として，以下の2通りの基 準が存在する．

（ⅰ）p 個の変数に多変量正規分布を仮定し，それにもとづき計算される m 個の グループの尤度を比較する，

（ⅱ）p 個の変数に特定の分布を仮定せず，グループ間の級内分散に対する級間分 散の比を最大にするように，p 個の変数の線形結合を求める．

（ⅰ）の場合，線形な判別関数を構成するには各グループの母分散共分散行列の 同等性が必要とされ，それを Σ とおくと k 群への判別係数ベクトルは，$\Sigma^{-1}\mu_k$ （$k = 1, \cdots, m$）となる．なお，グループ数が2の場合に得られる判別関数の係数 ベクトルは，$\Sigma^{-1}(\mu_1 - \mu_2)$ となる．ただし，$\mu_k (k = 1, 2)$ はグループ 1, 2 の母平均 ベクトルである．また，このとき，2群の母平均ベクトル $\mu_k (k = 1, 2)$ 間の多次元 的距離が，

$$(\mu_1 - \mu_2)' \Sigma^{-1} (\mu_1 - \mu_2)$$

で与えられるマハラノビスの汎距離 (Mahalanobis generalized distance) となる．

（ⅱ）の場合の方法は，正準相関分析において，基準変数を判別の対象となるグ ループ数 (m とする) をカテゴリー数としたダミー変数に置き換えたものに一致 し，このとき，全部で，$(m-1)$ 個の線形結合が構成される．このような理由から， （ⅱ）の方法にもとづく判別分析の方法は正準判別分析 (canonical discriminant analysis) とよばれる．上記の線形結合は正準判別関数である．SPSS においては， 上記の（ⅰ），（ⅱ）のうちいずれの場合も計算可能であるが，第 10 章においては， 主に（ⅱ）の方法について解説した．正準判別分析は，14.14 で解説した正準相関 分析において分析の対象となる 2 つの変数群，X，Y のうち，Y がダミー変数行 列になって，(14.23) 式が，$R_B w = \lambda R_{XX} w$ といった式に帰着される場合である．

ただし，R_B はグループ間分散共分散行列，R_{XX} は X の分散共分散行列である．

なお，判別分析は，1930 年代当時は人骨の多種にわたる測定値から，その種族の推定を行う人類学上の問題に適用されていたが，現在では患者の医療検査成績にもとづいて病名の診断を行う計量診断，生徒の性格，興味検査の結果から進むべき進路に関する適性診断など，医学，心理学の領域においても広く適用されている．

14.16　質的データの分析（数量化理論と対応分析）

これまでに解説した重回帰分析，および判別分析においては，説明変数は原則として間隔尺度からなる量的データによってあらわされるものと仮定してきたが，市場調査，世論調査，あるいは，原因の不明な疾病に関する疫学的調査などによって収集されるデータには，説明変数に支持政党，職業，居住地域のような名義尺度の変数が含まれることが少なくない．このような場合に有用な方法として林知己夫による数量化理論（Quantification theory）（林，1974）がある．数量化理論の方法は大きく第 1 類，第 2 類，第 3 類，第 4 類に分類され，理論的には，第 1 類，第 2 類は，名義尺度の変数を用いた重回帰分析と正準判別分析に対応する．第 3 類は，名義尺度を用いた主成分分析とみなすこともできるが，正準相関分析において 2 組の変数群を共に名義尺度のダミー変数とすることによって計算が可能となる．ここで，二つの項目①，②があり，項目①が，支持政党（1：自民党，2：民主党：3：公明党：4：共産党），項目②が，職業（1 農林漁業，2 技術職，3 事務職，4 その他）とそれぞれの項目が 4 つずつのカテゴリにわかれている場合の 8 人の回答が

$$G_1 = \begin{pmatrix} 1 & 0 & 0 & 0 \\ 0 & 1 & 0 & 0 \\ 0 & 0 & 0 & 1 \\ 1 & 0 & 0 & 0 \\ 0 & 0 & 1 & 0 \\ 1 & 0 & 0 & 0 \\ 0 & 1 & 0 & 0 \\ 0 & 0 & 0 & 1 \end{pmatrix}, \ G_2 = \begin{pmatrix} 1 & 0 & 0 & 0 \\ 0 & 1 & 0 & 0 \\ 0 & 0 & 0 & 1 \\ 0 & 0 & 1 & 0 \\ 0 & 1 & 0 & 0 \\ 1 & 0 & 0 & 0 \\ 0 & 0 & 0 & 1 \\ 0 & 0 & 1 & 0 \end{pmatrix}$$ であったとしよう．

このとき, $N = (G' G_2) = \begin{pmatrix} 2 & 0 & 1 & 0 \\ 0 & 1 & 0 & 1 \\ 0 & 1 & 0 & 0 \\ 0 & 0 & 1 & 1 \end{pmatrix}$.

上記の G_1, G_2 と与えられている場合, 支持政党 (縦側) と職業 (横側) に関するクロス表 (SPSSでは, コレスポンデンステーブルと呼ばれる) が上記の N である.

ここで, N の各列の合計値, 各行の合計値を対角要素とする対角行列を

$D_1 = \begin{pmatrix} 3 & 0 & 0 & 0 \\ 0 & 2 & 0 & 0 \\ 0 & 0 & 1 & 0 \\ 0 & 0 & 0 & 2 \end{pmatrix}$, $D_2 = \begin{pmatrix} 2 & 0 & 0 & 0 \\ 0 & 2 & 0 & 0 \\ 0 & 0 & 2 & 0 \\ 0 & 0 & 0 & 2 \end{pmatrix}$ とおき, G_1, G_2 の 4 つのカテゴリ

に与える重みベクトルを $a' = (a_1, a_2, a_3, a_4)$, $b' = (b_1, b_2, b_3, b_4)$ とすると, これらの値は (14.23) 式の x, y に上式の G_1, G_2 を対応させ, $D_1 = (G_1)' G_1$, $D_2 = (G_2)' G_2$ となることに注意すれば

$$(ND_2^{-1}N')a = \lambda D_1 a, \; b = (1/\sqrt{\lambda})D_2^{-1}N'a \tag{14.24}$$

という固有方程式を解くことに帰着される. なお, 上式の場合, 固有値 λ (その平方根は特異値とよばれる) とそれに対応する固有ベクトル (a, b) は 4 組得られるが, 最大固有値は 1 となるため, 2 番目から 4 番目に大きい 3 つの固有値 (または特異値) とそれに対応する固有ベクトル a をもとめ, (14.24) 式の右の式より, b の値を求めればよい. この分析法は, 数量化理論 3 類の特殊な場合に相当するものであるが, フランスのデータ解析学派によるコレスポンデンス・アナリシス (対応分析) (correspondence analysis) (大隈他 (1994)), さらには西里静彦による双対尺度法 (dual scaling) (西里 (1982)) とよばれることがある. SPSS において, 数量化理論III類の分析を行う場合, カテゴリー数が 2 の場合は, 計算例 4 で述べるコレスポンデンス分析を行えばよい. さらに項目数が 3 の場合には, [データの分析]→[最適尺度]によって現れるダイアログボックスで,「最適尺度水準」を「すべての変数が多重名義」として「等質性分析 (HOMALS)」を行えばよい.

「計算例 4」 SPSS によるコレスポンデンス・アナリシスの分析手順

まず, [分析]→[データの分類]→[コレスポンデンス分析] と順にクリックす

る． なお，[コレスポンデンス分析] を実施する場合，入力するデータは，上記の項目①に関しては，変数名を x として $(1, 2, 4, 1, 3, 1, 2, 4)$ という 8 個の数を縦に入力する．つづいて，項目②に関しては変数名を y として $(1, 2, 4, 3, 2, 1, 4, 3)$ という 8 個の数を入力し，「コレスポンデンス・アナリシス」をクリックして現れた「行の変数」には，x を「列の変数」には y を入力する．つづいて，x, y ともに，「範囲の定義」をクリックし，この場合であれば，最大値 4，最小値 1 を入力し，「更新」をクリックする．制約条件は「デフォルト状態」の「なし」でよい．

上記のデータを分析すると，最も大きい特異値は 0.919，つづいて，0.657，0.239 と 3 つの次元が得られた．このうち，特異値の大きい二つの次元において得られた 4 つのカテゴリの重みは表 14.4 のようになった．項目群①と②の計 8 つのカテゴリに与えられた重みを，x 軸（次元 1），y 軸（次元 2）として表したものが図 14.8 である．

なお，各次元に対する各カテゴリの寄与率も算出されるが，ここでは省略する．

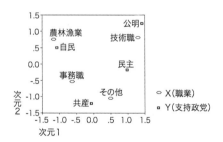

図 14.8 コレスポンデンス・アナリシスによるバイプロット

表 14.4 コレスポンデンス・アナリシスによる項目群①と②の各カテゴリー与えられる

項目群①	次元 1	次元 2	項目群②	次元 1	次元
自民党	-1.702	0.499	農林漁業	-1.167	0.759
民主党	0.974	-0.171	技術職	1.299	0.821
公明党	1.143	0.249	事務職	-0.622	-0.535
共産党	-0.072	-1.202	その他	0.491	-1.045

参考文献

Anderson, T.W. (1958 初版, 2003 第 3 版) *Introduction to Multivariate Analysis*, John Wiley & Sons, New York

Commandeur, J.J.F., and W.J.Heiser. 1993. *Mathematical derivations in the proximity scaling (PROXSCAL) of symmetric data matrices*. Leiden : Department of Data Theory, University of Leiden.

Gower,J.C. and Dijksterhuis G.B. (2004) *Procrustes Problems*, Oxford University Press

Harman,H.H. (1976) *Modern Factor Analysis (3rd Edition)* , University of Chicago Press

林知己夫 (1974) 数量化の方法, 東洋経済出版社.

池田央 (1994) 現代テスト理論, 朝倉書店.

狩野裕 (1997, 第 2 版 (三浦由子共著) 2002) グラフィカル多変量解析, 現代数学社.

西里静彦 (1982) 質的データの数量化, 朝倉書店.

丘本正 (1986) 因子分析の基礎, 日科技連出版.

大隈昇・ルバール・モリノウ ワーウィック・馬場康維 (1994) 記述的多変量解析法, 日科技連出版.

斎藤堯幸 (1980) 多次元尺度構成法, 朝倉書店.

芝祐順 (1972, 第 2 版 1979) 因子分析法, 東大出版会.

芝祐順編 (1991) 項目反応理論—基礎と応用, 東大出版会.

Spearman,C (1904) General intelligence objectively determined and measured. American J. of Psychology, 15 , 201–293.

鈴木雪夫・竹内啓 (編) (1987) 社会科学の計量分析—多変量解析の理論と応用, 東大出版会.

豊田秀樹・前田忠彦・柳井晴夫 (1992) 原因を探る統計学—共分散構造分析入門, 講談社.

豊田秀樹 (1992) SAS による共分散構造分析, 東大出版会.

豊田秀樹編 (1998) 共分散構造分析入門「事例編」—構造方程式モデリング, 北大路書房.

豊田秀樹 (1998) 共分散構造分析入門—構造方程式モデリング, 朝倉書店.

豊田秀樹 (2000) 構造方程式モデリング—共分散構造分析応用編, 朝倉書店.

高根芳雄 (1980) 多次元尺度法, 東大出版会.

柳井晴夫・岩坪秀一 (1976) 複雑さに挑む科学—多変量解析入門, 講談社.

柳井晴夫・竹内啓 (1983) 射影行列・一般逆行列・特異値分解, 東大出版会.

柳井晴夫・繁桝算男・前川眞一・市川雅教 (1990) 因子分析—その基礎と応用, 朝倉書店.

柳井晴夫・岩坪秀一・石塚智一編 (1990) 人間行動の計量分析—多変量データ解析の理論と応用, 東大出版会.

柳井晴夫・岡太彬訓・繁桝算男・高木広文・岩崎学 (2002) 多変量解析実例ハンドブック, 朝倉書店.

柳井晴夫 (1994) 多変量データ解析—理論と応用, 朝倉書店.

吉沢正・芳賀芳郎 (1992, 1997) 多変量解析事例集, 第1巻, 第2巻, 日科技連出版.

渡部洋編 (1992) 心理教育のための多変量解析—事例編, 福村出版.

渡辺真澄・野口裕之 (1999) 組織心理測定論—項目反応理論のフロンティア, 白桃書房.

市川雅教 (2010) 因子分析, シリーズ行動計量の科学, 朝倉書店

付　録

行列の階数 (rank) について

　簡単のため，3×3 行列 A, B, 4×3 行列 C, D および E を下のように定義しよう．

$$A = \begin{pmatrix} 1 & 0 & 0 \\ 0 & 1 & 0 \\ 0 & 0 & 1 \end{pmatrix}, B = \begin{pmatrix} 1 & 0 & 1 \\ 1 & 1 & 2 \\ 0 & 1 & 1 \end{pmatrix},$$

$$C = \begin{pmatrix} 1 & 2 & 1 \\ 2 & 1 & 1 \\ 2 & 1 & 1 \\ 1 & 2 & 1 \end{pmatrix}, D = \begin{pmatrix} 1 & 2 & 3 \\ 1 & 2 & 3 \\ 1 & 2 & 3 \\ 1 & 2 & 3 \end{pmatrix}, E = \begin{pmatrix} 1 & 2 & 1 \\ 2 & 1 & 1 \\ 2 & 1 & 1 \\ 1 & 2 & 4 \end{pmatrix}$$

　行列の階数 (rank) とは，列ベクトル（または行ベクトル（数字を横に並べたベクトル））の含まれる最小の空間の次元数と定義されるものである．したがって，行列 A に含まれる 3 つの列ベクトル（数字を縦に並べたベクトル）は，それぞれ，3 次元空間の x 軸，y 軸，z 軸に相当する単位ベクトルと呼ばれるもので，これらの 3 つの列ベクトルが含まれる最小の空間の次元数は 3 であるから，行列 A の階数は 3 である．一方，行列 B の場合，3 列目（右端）の列ベクトルの数は，第 1，および第 2 列ベクトルの数字の和になっている．したがって，これらの列ベクトルを左から，x, y, z とすれば，$z = x + y$，という関係式が成立する．したがって，B の列ベクトル x, y, z の含まれる最小の空間は 2 次元となるので，B の階数は 2，すなわち，$\mathrm{rank}(B) = 2$，となる．C に含まれる列ベクトルを左から x, y, z とすると，$z = (x + y)/3$，という関係が成立し x, y, z は 2 次元となることから，$\mathrm{rank}(C) = 2$ となる．次に行列 C においても，3 つの列ベクトルを左から，x, y, z とすると，$y = 2x$, $z = 3x$ という関係が成立し，y, z のベクトルをベクトル x をそれぞれ 2 倍，3 倍したものに等しくなり，x, y, z の含まれる最小の空間の次元数は 1 となる．したがって，$\mathrm{rank}(D) = 1$ となる．次に E の階数について考える．このとき，次の性質が成立することを利用する．

「性質①」行列 E の転置行列を E' とすると，

$$\text{rank}(E) = \text{rank}(E'E) = \text{rank}(EE').$$

「性質②」3×3 のある正方行列 F の行列式が 0 でないとき，行列 F の階数は 3 である．（これは $n \times n$ の行列式について成立する）

ここで，$\det(A)$ を正方行列 A の行列式とすると

$$\det(E'E) = \det\begin{pmatrix} 10 & 8 & 9 \\ 8 & 10 & 8 \\ 9 & 8 & 19 \end{pmatrix} = 1900 + 576 + 576 - 810 - 640 - 1216 = -190$$

となるので性質②より $\text{rank}(E'E) = 3$．したがって，性質②より，$\text{rank}(E) = 3$ となる．

おわりに

　あらゆる種類の「情報」が大量に溢れている現代社会にあっては，「情報」の取り扱い方を知っていることは非常に大きな意味がある．とくに「情報」が「数値データ」である場合，多くの人にとって統計的方法はきわめて強力な道具となりうる．さらに，私たちが数値データを拠りどころにして何らかの意思決定や判断を行おうとするならば，そのデータが持っている「確かさ」（あるいは不確実性）の程度が，意思決定の成否に大きな影響を与えることになる．一般に数値データの不確実性を数量的に表現するためには統計的方法が不可欠である．現実に，数値データは，自然科学，人文科学などの学問分野だけでなく政治，経済，社会，ビジネス，一般生活といった広い範囲に浸透しており，これらのデータを解析するための統計的方法の活用範囲もそれに応じて拡大してきている．

　この統計的方法を間違いなく使いこなすためにはその基礎となる統計学の知識が必要である．統計学は現実問題に具体的に活用されてこそその存在意義がある．すなわち，統計理論の理解とその方法の現実的応用は，数値データを取り扱う上でどちらも欠かせないことなのである．さらに，統計的方法を実践するには何らかの計算手段が必要である．最近では，コンピュータが個人の生活に深く入り込んできており，計算手段としてコンピュータのソフトウェアを使う機会も次第に増えてきている．しかし，統計計算用ソフトウェアには年々便利な機能が追加されていく一方で，利用者にはそれらの機能のすべてを十分に使いこなすことが逆に難しくなってきている現状がある．

　このような状況にあって，本書は，統計解析を行おうとする読者に計算手段の1つであるSPSSを利用して計算例を示しながら統計学の基本的理論も理解していただけるように心がけて編集された．「はじめに」でも述べたように主に医学・看護学，生物学，心理学などの分野で統計学を用いる読者を対象として書かれたものであるが，上述のように，統計学の応用範囲は数値データを取り扱うあらゆる分野に及ぶことを考えれば，本書の活用範囲も広がっていくのではないだろうか．

編著者の一人である柳井晴夫教授は，長年統計学に対する研鑽を積み重ねており，その豊富な経験の中で統計学が広く現実問題に応用されることを願い続けてきた．本書は，同教授の大学入試センター研究開発部の定年退官を前に，同教授の東京大学医学部，および大学入試センター在職時代に多くの影響を受けた執筆者達の手により，この願いを1つの本として集約させるという形でまとめられたものである．

　現実社会における様々な現象には偶然性，不確実性，曖昧さといった要素が存在しており，これらの要素は，将来に関するいろいろな予測を難しくする原因となっている．しかし，すべての現象が決定論的に完璧に説明されることがない限りは，これらの要素を無視することはできず，むしろ不確実な要素を積極的に受け入れていく方が現実的だと思われる．そう考えると，統計学的な考え方やその応用は今後もわれわれの社会において必要不可欠なものであり続けるであろう．あるいは，ますますその重要性を増していくであろう．本書が1つのきっかけとなり，読者が統計的理論とその現実的応用に興味を持っていただけるならば幸いである．

2006年2月

緒方裕光

参考図書

朝野熙彦(2000)入門多変量解析の実際(第2版),講談社サイエンティフィック.

Geoffrey R. Norman, David L. Streiner(中野正孝・本多正幸・宮崎有紀子・野尻雅美訳)(2005)論文が読める！早わかり統計学–臨床研究データを理解するためのエッセンス　第2版,メヂカルサイエンスインターナショナル.

石井秀宗(2005)統計分析のここが知りたい ——保健・看護・心理・教育系研究のまとめ方,文光堂.

Linn,R.L(ed.)(1989) *Educational Measurement*, 池田央監訳(1992)教育測定学「原著第3版」(上巻),(下巻).　みくに出版.

松尾太加志・中村知靖(2002)誰も教えてくれない因子分析法,北大路書房.

緒方裕光・柳井晴夫(1999)統計学 ——基礎と応用,現代数学社.

芝祐順・南風原朝和(1990)行動科学における統計解析法.東京大学出版会.

繁桝算男・柳井晴夫・森敏明編著(1999)Q&Aで知る統計データ解析,サイエンス社.

東京大学教養学部統計学教室編(1992)自然科学の統計学,東京大学出版会.

豊川裕之・柳井晴夫編著(1986)医学・保健学の例題による統計学,現代数学社.

山田剛史・村井潤一郎(2004)よくわかる心理統計,ミネルヴァ書房.

柳井晴夫(1994)多変量データ解析法 ——理論と応用,朝倉書店.

柳井晴夫・高木広文編著(1995)新版看護学全書　統計学,メヂカルフレンド社.

田栗正章・藤越康祝・柳井晴夫・C・R・ラオ(2007)やさしい統計入門 ——視聴率調査から多変量解析まで,講談社ブルーバックス.

索引

//編著者略歴//

柳井晴夫　大学入試センター名誉教授
　1970 年　東京大学大学院教育研究科
　　　　　教育心理修了 (計量心理学)
　　　　　教育学博士，医学博士
　主要著書　多変量解析実例ハンドブック (共編) 朝倉書店
　　　　　多変量データ解析法　朝倉書店

緒方裕光　女子栄養大学大学院教授
　1982 年　東京大学大学院医学系研究科
　　　　　保健学修了 (疫学)
　　　　　保健学博士
　主要著書　統計学—基礎と応用—（共著）　現代数学社
　　　　　統計の基礎—保健学・医学・生物学における統計学入門—
　　　　　　　　　　　　　　　　　　　　　日本医学図書館協会

**改訂新版
SPSS による統計データ解析**

2006 年 4 月　3 日　　初　　版 1 刷発行	
2010 年 7 月　3 日　　　 〃　　 3 刷発行	
2020 年 2 月 25 日　改訂新版 1 刷発行	
2023 年 3 月 17 日　　　 〃　　 2 刷発行	

編著者　　柳井晴夫・緒方裕光
発行者　　富田　淳
発行所　　株式会社 現代数学社　〒606-8425　京都市左京区鹿ヶ谷西寺ノ前町 1
　　　　　　　　　　　　　　　　TEL 075 (751) 0727　　FAX 075 (744) 0906
装　幀　　中西真一（株式会社 CANVAS）
印刷・製本　山代印刷株式会社

ISBN978 - 4 - 7687 - 0528 - 5

● 落丁・乱丁は送料小社負担でお取替え致します．
● 本書のコピー、スキャン、デジタル化等の無断複製は著作権法上での例外を除き禁じられています。本書を代行業者等の第三者に依頼してスキャンやデジタル化することは、たとえ個人や家庭内での利用であっても一切認められておりません。